化学工业出版社"十四五"普通高等教育规划教材

普通高等教育一流本科专业建设成果教材

建筑构造

JIANZHU
GOUZAO

邹 波 李晓红 陶传奇 主编

U0230838

化学工业出版社

·北京·

内容简介

　　《建筑构造》根据我国建筑业的现行标准和规范，运用简练的文字、真实的建筑实例、翔实的内容阐述了民用建筑、工业建筑等的构造方法、构造做法。全书共 8 部分，15 个章节，分别介绍了建筑物的基本概念——建筑物的分类、基本构成、构造，建筑承载构造——基础、墙体、楼地层和屋面、楼梯、非承重墙，建筑装修——门和窗、建筑物面层，建筑围护系统，地下建筑，变形缝，装配式建筑，工业建筑。建筑承载构造和建筑装修部分对构件进行了 Revit 建模，并配有操作视频，每章均有在线题库可供读者自测，所有数字资源读者扫描书中二维码即可获得。

　　本书遵循"理论融合实践"的原则，可作为高等教育土木类、建筑类及相关专业教学用书，也可作为相关专业职业人才培训的参考资料。

图书在版编目（CIP）数据

建筑构造 / 邹波，李晓红，陶传奇主编. —北京：化
学工业出版社，2023.8
化学工业出版社"十四五"普通高等教育规划教材
普通高等教育一流本科专业建设成果教材
　ISBN 978-7-122-43554-5

　Ⅰ．①建… Ⅱ．①邹… ②李… ③陶… Ⅲ．①建筑构造－
高等学校－教材　Ⅳ．①TU22

　中国国家版本馆 CIP 数据核字（2023）第 092979 号

责任编辑：刘丽菲　郝英华
文字编辑：罗　锦　师明远
责任校对：边　涛
装帧设计：刘丽华

出版发行：化学工业出版社
　　　　　（北京市东城区青年湖南街13号　邮政编码100011）
印　　刷：北京云浩印刷有限责任公司
装　　订：三河市振勇印装有限公司
787mm×1092mm　1/16　印张19½　字数510千字
2024年6月北京第1版第1次印刷

购书咨询：010-64518888
售后服务：010-64518899
网　　址：http://www.cip.com.cn
凡购买本书，如有缺损质量问题，本社销售中心负责调换。

定　　价：58.00元

前言

依据《普通高等学校教材管理办法》（教材〔2019〕3 号）文件精神，根据土木类各专业教学实施计划和课程概要、课程标准的要求，编写《建筑构造》。本教材为辽宁省普通高等学校第三批一流本科教育示范专业——"城市地下空间工程"专业（辽教函〔2020〕394 号），核心课程《建筑构造》配套教材。教材旨在为城市地下空间工程、土木工程、工程管理、工程造价、建筑学等土木类、建筑类专业的学生提供一个全面、深入的建筑构造知识体系，同时也为技术人员的建筑构造理论学习提供参考。

本教材主要有以下特点：

1. 总结归纳，模块化教学

全书以大量性民用建筑构造为主要内容，分建筑物的基本概念、建筑承载构造、建筑装修、建筑围护系统、地下建筑构造、变形缝、装配式建筑、工业建筑八个部分展开叙述。本书采用模块化设计，逻辑清晰，结构层次分明。

2. 具象实践，数字化教学

为加深学生对建筑构造的理解，在理论讲解后，增加数字化产出教学环节。利用三维模拟软件针对相应建筑构造进行计算机模拟仿真，升级教学实例呈现模式，使抽象的知识概念转为看得见、拆得开、建得出、改得了的数字化模型。这部分同时配套数字资源，学生可扫码观看，随时学习。

3. 与时俱进，升级教材内容

根据"新工科"育人要求，对《建筑构造》教材进行了升级改造，利用 Revit 的工程应用性，结合课程内容，编写专业知识与"X＋信息技术"深度融合的教材内容。以实际工程为导向，根据行业、企业发展需求，针对现阶段城市建设发展趋势，增添了装配式建筑构造与设计、地下建筑构造等内容。

4. 立德树人，融合思政教学

结合本专业教学实际情况，教材中在相应的教学环节，添加知识拓展，内容紧扣专业知识，融合习近平新时代中国特色社会主义思想、体现社会主义核心价值观，为教学过程提供优质思政教学素材。

本书由邹波、李晓红、陶传奇主编，付春、李海军、高路参编。各章执笔人如下：第 1、2、3 章为邹波；第 4、5、6 章为李晓红；第 7、8、9 章为李海军；第 10、11、12 章为付春；第 13、14、15 章为陶传奇；全书 Revit 建模部分为高路编撰。

限于编者的水平，本书还有一些不足，恳请使用的教师和同学批评指正。

编者

2023 年 8 月

目录

第一部分 建筑物的基本概念

019 | 第3章 建筑构造概述

第二部分　建筑承载构造

044 第4章　基础

057 第5章　墙体

072 第6章 楼地层和屋面

106 ∣ 第7章　楼梯

128　第8章　非承重墙

第三部分　建筑装修

第四部分 建筑围护系统

第五部分　地下建筑

第12章　地下建筑构造

第六部分　变形缝

第七部分　装配式建筑

第八部分　工业建筑

第一部分
建筑物的基本概念

第1章
建筑物的分类

　　建筑物的类型有很多，而各种建筑物都有不同的使用要求和特点，因此有必要对建筑物进行分类，以便于研究同类建筑的特点和共性，并用来指导设计和施工。

　　建筑物一般从以下几个方面进行分类。

1.1　建筑物按使用功能分类

　　根据建筑物的使用功能，通常可以将建筑物分为生产性建筑和非生产性建筑两大类。生产性建筑是指供人们从事各类生产加工的房屋，可分为工业建筑和农业建筑。非生产性建筑可统称为民用建筑。

　　构筑物一般指人们不直接在内进行生产和生活活动的场所，如水塔、烟囱、栈桥、堤坝、蓄水池等。

1.1.1　民用建筑

　　民用建筑是供人们居住和进行公共活动的建筑的总称。民用建筑按使用功能分为居住建筑和公共建筑两大类。

　　居住建筑是供人们居住使用的建筑，可分为住宅建筑和宿舍建筑。如图1-1所示，为住宅建筑。

　　公共建筑是供人们进行各种公共活动的建筑。如图1-2所示，为办公建筑；如图1-3所示，为医院建筑。公共建筑包括以下几类。

图1-1　住宅建筑

图1-2　办公建筑

图1-3　医院建筑

（1）教育建筑，如托儿所、幼儿园、学校等。
（2）办公建筑，如机关、企业单位的办公楼等。
（3）科研建筑，如研究所、实验室等。
（4）商业建筑，如商店、商场、菜市场、餐馆、食堂、旅店等。
（5）金融建筑，如银行、证券交易所、保险公司等。
（6）文娱建筑，如电影院、剧院、音乐厅、影城、会展中心、展览馆、博物馆等。
（7）医疗建筑，如医院、诊所、疗养院等。
（8）体育建筑，如体育馆、体育场、健身房等。
（9）交通建筑，如航空港、火车站、汽车站、地铁站、水路客运站等。
（10）民政建筑，如养老院、福利院、殡仪馆等。
（11）司法建筑，如检察院、法院、公安局、监狱等。
（12）宗教建筑，如寺院、教堂等。
（13）通信建筑，如电信楼、广播电视台、邮政局等。
（14）园林建筑，如公园、动物园、植物园、亭台楼榭等。
（15）纪念性建筑，如纪念堂、纪念碑、陵园等。

1.1.2　工业建筑

工业建筑是指供人们从事各类生产活动和储存的工业建筑物和构筑物。如图 1-4 所示，为工业建筑。

图1-4　工业建筑

工业建筑物类型：

（1）按用途分，主要有生产厂房、辅助生产厂房、动力用厂房、储存用房屋、运输用房屋和其他。

（2）按层数分，有单层厂房、多层厂房、混合层次厂房等。

（3）按生产状况分，有冷加工车间、热加工车间、恒温恒湿车间、洁净车间、其他各种情况的车间（有爆炸可能性的车间，有大量腐蚀作用的车间，有防微震、高度噪声、电磁波干扰等车间）。

（4）按工业类别分，有化工厂房、医药厂房、纺织厂房、冶金厂房等。

1.1.3　农业建筑

农业建筑是指以农业生产为主要使用功能的建筑。如图1-5所示，为农产品加工贸易建筑。农业建筑类型包括：动物生产建筑、植物栽培建筑、农产品贮藏保鲜及其他库房建筑、农副产品加工建筑、农机具维修建筑、农村能源建筑等，如畜禽饲养场、温室、种子库、粮食与饲料加工站、农机修理站、沼气池等。

图1-5　农产品加工贸易建筑

1.2　民用建筑按层数及总高度分类

（1）民用建筑按地上建筑高度或层数进行分类应符合下列规定。

建筑高度不大于27.0m的住宅建筑、建筑高度不大于24.0m的公共建筑及建筑高度大于24.0m的单层公共建筑为低层或多层民用建筑；

建筑高度大于27.0m的住宅建筑和建筑高度大于24.0m的非单层公共建筑，且高度不大于100.0m的，为高层民用建筑；

建筑高度大于100.0m为超高层建筑。

（2）一般建筑按层数划分时，公共建筑和宿舍建筑1~3层为低层，4~6为多层，大于等于7层为高层；住宅建筑1~3层为低层，4~9层为多层，10层及以上为高层。

（3）民用建筑按高度和层数分类，还应符合《建筑设计防火规范》有关规定。《建筑设计防火规范》规定，民用建筑根据其建筑高度和层数可分为单、多层民用建筑和高层民用建筑，高层民用建筑根据其建筑高度、使用功能和楼层的建筑面积可分为一类和二类。民用建筑分类符合表1-1规定。

表 1-1　民用建筑分类

名称	高层民用建筑		单、多层民用建筑
	一类	二类	
住宅建筑	建筑高度大于 54m 的住宅建筑（包括设置商业服务网点的住宅建筑）	建筑高度大于 27m，但不大于 54m 的住宅建筑（包括设置商业服务网点的住宅建筑）	建筑高度不大于27m 的住宅建筑（包括设置商业服务网点的住宅建筑）
公共建筑	1.建筑高度大于 50m 的公共建筑； 2.建筑高度大于 24m 以上部分任一楼层建筑面积大于 1000m² 的商店、展览、电信、邮政、财贸金融建筑和其他多种功能组合的建筑； 3.医疗建筑、重要公共建筑、独立建造的老年人照料设施； 4.省级及以上的广播电视和防灾指挥调度建筑、网局级和省级电力调度建筑； 5.藏书超过 100 万册的图书馆和书库	除一类高层公共建筑外的其他高层公共建筑	1.建筑高度大于24m 的单层公共建筑； 2.建筑高度不大于 24m 的其他公共建筑

注：建筑高度大于 100m 为超高层建筑。

1.3　民用建筑按设计使用年限、耐火等级、抗震设防等级分类

1.3.1　建筑物按建筑结构的设计使用年限分类

建筑结构的设计使用年限，应按表 1-2 采用。

表 1-2　建筑结构的设计使用年限

类别	设计使用年限/年	示例
1	5	临时性建筑
2	25	易于替换结构构件的建筑
3	50	普通建筑和构筑物
4	100	纪念性建筑和特别重要的建筑

1.3.2　建筑物按耐火等级分类

在建筑设计中，应对建筑的防火与安全给予足够的重视，特别是在选择结构材料和构造做法上，应根据建筑性质分别对待。现行《建筑设计防火规范（2018 年版）》（GB 50016—2014）把建筑物的耐火等级划分成四级，一级耐火性能最好，四级最差。性质重要的或规模较大的建筑，通常按一、二级耐火等级进行设计；大量性或一般的建筑按二、三级耐火等级设计；次要或临时建筑按四级耐火等级设计。

对任一建筑构件按"时间-温度标准曲线"进行耐火试验，从受到火的作用时起，到失去支

持能力或完整性被破坏或失去隔火作用为止的这段时间，称为耐火极限。不同耐火等级建筑物相应构件的燃烧性能和耐火极限不应低于表 1-3 的规定。

表1-3 建筑物相应构件的燃烧性能和耐火极限   单位：h

构件名称		耐火等级			
		一级	二级	三级	四级
墙	防火墙	不燃性 3.00	不燃性 3.00	不燃性 3.00	不燃性 3.00
	承重墙	不燃性 3.00	不燃性 2.50	不燃性 2.00	难燃性 0.50
	非承重外墙	不燃性 1.00	不燃性 1.00	不燃性 0.50	可燃性
	楼梯间和前室的墙 电梯井的墙 住宅建筑单元之间的墙 和分户墙	不燃性 2.00	不燃性 2.00	不燃性 1.50	难燃性 0.50
	疏散走道两侧的隔墙	不燃性 1.00	不燃性 1.00	不燃性 0.50	难燃性 0.25
	房间隔墙	不燃性 0.75	不燃性 0.50	难燃性 0.50	难燃性 0.25
柱		不燃性 3.00	不燃性 2.50	不燃性 2.00	难燃性 0.50
梁		不燃性 2.00	不燃性 1.50	不燃性 1.00	难燃性 0.50
楼板		不燃性 1.50	不燃性 1.00	不燃性 0.50	可燃性
屋顶承重构件		不燃性 1.50	不燃性 1.00	可燃性 0.50	可燃性
疏散楼梯		不燃性 1.50	不燃性 1.00	不燃性 0.50	可燃性
吊顶（包括吊顶搁栅）		不燃性 0.25	难燃性 0.25	难燃性 0.15	可燃性

1.3.3 建筑物按抗震设防等级分类

甲类（特殊设防类）：指使用上有特殊设施，涉及国家公共安全的重大建筑工程和地震时可能发生严重次生灾害等特别重大灾害后果，需要进行特殊设防的建筑。

乙类（重点设防类）：指地震时使用功能不能中断或需尽快恢复的生命线相关建筑，以及地震时可能导致大量人员伤亡等重大灾害后果，需要提高设防标准的建筑。

丙类（标准设防类）：指大量的除甲、乙、丁类以外按标准要求进行设防的建筑。

丁类（适度设防类）：指使用上人员稀少且震损不致产生次生灾害，允许在一定条件下适度降低要求的建筑。

1.4 建筑物按结构类型、结构承重方式、施工方法分类

（1）建筑物按结构类型分类

建筑物按结构类型的不同，可以分为砖木结构、砖混结构、钢筋混凝土结构和钢结构四大类。

（2）建筑物按结构承重方式分类

建筑物按结构承重方式不同，可以分为墙承重结构、框架结构、排架结构、剪力墙结构、框架剪力墙结构、筒体结构、大跨度空间结构等。

（3）建筑物按施工方法分类

① 现浇现砌式建筑。这种建筑物的主要承重构件均是在施工现场浇筑和砌筑而成。

② 预制装配式建筑。这种建筑物的主要承重构件是在加工厂制成预制构件，在施工现场进行装配而成。

③ 部分现浇或现砌建筑。这种建筑物的一部分构件（如墙体）是在施工现场浇筑或砌筑而成，一部分构件（如楼板，楼梯）则采用在加工厂制成的预制构件。

④ 部分装配式建筑。由部分预制部件在工地装配而成的建筑，称为部分装配式建筑。按预制构件的形式和施工方法分为砌块建筑、板材建筑、盒式建筑、骨架板材建筑及升板升层建筑等五种类型。

1.5 建筑信息模型技术（BIM 技术）

"十四五"建筑业发展规划指出，以建设世界建造强国为目标，着力构建市场机制有效、质量安全可控、标准支撑有力、市场主体有活力的现代化建筑业发展体系。到 2035 年，建筑业发展质量和效益大幅提升，建筑工业化全面实现，建筑品质显著提升，企业创新能力大幅提高，高素质人才队伍全面建立，产业整体优势明显增强，"中国建造"核心竞争力世界领先，迈入智能建造世界强国行列，全面服务社会主义现代化强国建设。同时提出"加快推进建筑信息模型（BIM）技术在工程全寿命期的集成应用，健全数据交互和安全标准，强化设计、生产、施工各环节数字化协同，推动工程建设全过程数字化成果交付和应用"。

BIM 全称为 Building Information Modeling，其中文含义为"建筑信息模型"，是以建筑工程项目的各项相关信息数据作为模型的基础进行建筑模型的建立，通过数字信息仿真模拟建筑物所具有的真实信息。它具有可视化、协调性、模拟性、优化性和可出图性五大特点。

BIM 模型，可以为设计施工和运营提供相协调的、内部保持一致的并可进行运算的信息。在 BIM 模型中包含详细工程信息，这些模型和信息应用于建筑工程的设计、施工管理以及物业和运营管理等建筑全寿命周期管理（Building Lifecycle Management）过程中。市场上创建 BIM 模型的软件多种多样，其中比较具有代表性的有 Autodesk Revit 系列、Gehry Technologies、Bentley Architecture 系列和 Graphisoft ArchiCAD 等，在我国应用比较广泛的是 Autodesk Revit 系列。

知识拓展　　"水立方"变身"冰立方"

　　"可持续·向未来"不单单是北京冬奥会的目标，也是建筑行业的未来发展方向，国家游泳中心联合众多大学组建科研团队共同合作、攻坚克难将水立方变身"冰立方"，将国家游泳中心打造成了可转换式双奥场馆，这意味着国家游泳中心可以在夏季举办游泳比赛，在冬季举办冰壶比赛，实现场馆资源的最大化利用。

 课后习题　　　　　　　　　　　　　　　　　　　　　　　　　
在线题库
参考答案

1. 建筑物按使用功能是如何分类的？请举例。
2. 民用建筑按地上建筑高度或层数如何分类？
3. 民用建筑按《建筑设计防火规范》如何分类？
4. 建筑物按建筑结构的设计使用年限如何分类？
5. 建筑物按耐火等级如何分类？
6. 建筑物按抗震设防等级如何分类？抗震设防标准是如何规定的？
7. 建筑物按结构类型、结构承重方式、施工方法如何分类？

第2章
建筑物的基本构成

2.1　建筑物的各组成部分及其作用

　　建筑物一般都由基础、墙或柱、楼地面、楼梯、屋顶和门窗六大部分组成，建筑的详细构造如图2-1所示。这些构件处在不同的部位，发挥各自的作用。

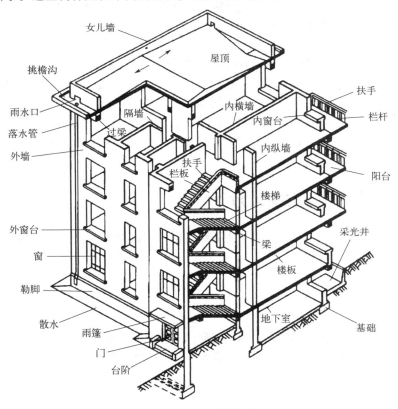

图 2-1　建筑的构造组成

　　（1）基础：基础与地基直接接触，是位于建筑物最下部的承重构件，其作用是承受建筑物的全部荷载，并将其传递给它下面的土层地基。因此，基础必须具有足够的强度、坚固稳定、安全可靠，并能抵御地下各种有害因素的侵蚀。

（2）墙与柱：墙是建筑物的承重构件和围护构件。墙起着承重、围护和分隔作用。墙作为承重构件时，承受着建筑物由屋顶和楼板层传来的荷载，并将这些荷载传给基础。当柱承重时，柱间的墙仅起围护作用和分隔作用。墙作为围护构件时，外墙起着抵御自然界各种因素影响与破坏的作用，内墙起着分隔空间、组成房间、隔声的作用。墙体要有足够的强度、稳定性、隔热保温、隔声、防水及防潮、防火、耐久等性能。柱是框架或排架结构的主要承重构件。柱和承重墙一样承受着屋顶和楼板层传来的荷载，它必须具有足够的强度、刚度和稳定性。

（3）楼地面：包括楼板层和地坪层。楼板层是建筑水平方向的承重和分隔构件，它承受着家具、设备和人体荷载及本身的自重，并将这些荷载传给墙或柱。同时，楼板层将建筑物分为若干层，并对墙体起着水平支撑的作用和保温、隔热及防水作用。楼板层应有足够的强度、刚度、隔声、防水、防潮、防火等能力。地坪层是底层房间与土壤层相接触的部分，它承受着底层房间内部的荷载。地坪层应具有坚固、耐磨、防潮、防水和保温等性能。

（4）楼梯：楼梯是建筑的垂直交通构件，供人们上下楼层和紧急疏散之用。楼梯应有足够的通行能力以及防水、防滑的功能。

（5）屋顶：屋顶是建筑物最上部的外围护构件和承重构件，由屋面和承重结构两大部分组成。作为外围护构件，屋顶抵御着各种自然因素（风、雨、雪霜、冰雹、太阳辐射热、低温）对顶层房间的侵害；作为承重构件，屋顶承重结构承受风雪荷载及施工、检修等屋顶的全部荷载，并将这些荷载传给墙和柱。因此，屋顶应有足够的强度、刚度及隔热、防水、保温等性能。此外，屋顶对建筑立面造型有重要的作用。

（6）门窗：门与窗均属非承重构件，门的主要作用是交通，同时还兼有采光、通风及分隔房间的作用。门的大小和数量以及开启方向是根据通行能力、使用方便程度和防火要求决定的。窗的作用是采光和通风。门窗是房屋围护结构的一部分，在立面造型中占有较重要的地位。门、窗需考虑保温、隔热、隔声、防风沙、防火排烟等要求。

建筑物除由上述 6 大基本部分组成外，还有一些附属部分，如阳台、雨篷、散水、勒脚、防潮层等，有的还有特殊要求，如楼层之间设置电梯、自动扶梯或坡道等。

2.2　建筑物的构成系统分析

如果将建筑物看成一个大系统，其各主要组成部分可以看成子系统，建筑物的子系统由结构系统、围护系统和设备系统组成。

2.2.1　结构系统

结构系统即建筑物结构支承体系，承受竖向荷载和侧向荷载，并将这些荷载安全地传至地基，一般将其分为上部结构和地下结构：上部结构是指基础以上部分的建筑结构，包括墙、柱、梁、屋顶等；地下结构指建筑物的基础结构。

2.2.2　围护系统

建筑物的围护系统由屋面、外墙、门、窗等组成。屋面、外墙围护出的内部空间，能够遮蔽外界恶劣气候，同时也起到隔声的作用，从而保证使用人群的安全性和私密性。门是连接内外的通道，窗户可以透光、通气和开阔视野。内墙将建筑物内部划分为不同的单元。

2.2.3　设备系统

设备系统通常包括供电系统、给排水系统、供热通风空调系统、消防系统等。其中供电系统分为强电系统和弱电系统两部分，强电系统指供电、照明等，弱电系统指满足人员对信息要求的管网系统，包括电话、电视、广播、宽带、卫星、无线信号等管网。给水系统为建筑物的使用人群提供饮用水和生活用水，排水系统排走建筑物内的污水。供热通风空调系统指改善室内空气环境的设备及管道，包括采暖、空调、排气、排烟等设备管道。消防系统指保证人员防火安全的系统，包括报警、喷洒、防火栓、灭火器、防火门、防火楼梯、防火墙、防火卷帘、消防广播、消防照明等设施设备。

2.3　常用的建筑物结构支承体系及其基本构成

建筑构造、建筑经济和建筑整体造型都受到建筑结构因素的影响。建筑结构是构成建筑物并为其使用功能提供空间环境的支承体系，承担着建筑物在重力、风力、撞击、振动等作用下产生的各种荷载；同时建筑结构又是影响建筑构造、建筑经济和建筑整体造型的基本因素。为此，有必要了解建筑物的结构支承体系对构造形式选择的影响、建筑结构与其各组成部分的构造关系、不同建筑结构与建筑构造的关系等；了解建筑物的结构支承体系对建筑刚度、强度、稳定性和耐久性因素的影响。

受压、受弯、受扭矩、抗剪的一系列构件构成建筑物的结构支承体系，建筑物受到的各种作用力通过这个结构支承体系传到地基上。

2.3.1　墙承重结构

墙承重结构是指以墙体、钢筋混凝土梁板等构件构成承重结构系统，主要由墙体来承受由屋顶和楼板传来的荷载的建筑。图 2-2 为墙承重结构建筑示例；图 2-3 为墙承重结构建筑施工现场。墙承重结构的传力途径是：屋盖的重量由屋架（或梁）承担，屋架（或梁）支撑在承重墙上，楼层的重量由组成楼板的梁、板传递给承重墙。因此，屋盖、楼层的荷载均由承重墙承担。墙下有基础，基础下为地基，全部荷载由墙、基础传到地基上。

图 2-2　墙承重结构建筑示例图

图 2-3　墙承重结构建筑施工现场

墙承重结构建筑的主要承重构件是墙、梁板、基础等。墙承重结构分为横墙承重、纵墙承重、纵横墙混合承重三种。

采用横墙承重的结构布置，建筑设计时房间的开间大部分相同，开间的尺寸一般符合钢筋混凝土板经济跨度。横墙承重的建筑物整体刚度和抗震性能较好，立面开窗灵活；但由于横墙间距受梁板跨度限制，房间的开间不大，平面布置和房间划分的灵活性差。因此，适用于有大量相同开间，而房间面积较小的建筑，如宿舍等。

采用纵墙承重的结构布置，建筑设计时房间的进深基本相同，进深的尺寸一般符合钢筋混凝土板的经济跨度。纵墙承重的主要特点是平面布置时房间大小比较灵活，建筑在使用过程中，可以根据需要改变横向隔断的位置，以调整房间使用面积的大小；但建筑整体刚度和抗震性能差，立面开窗受限制。因此，适用于一些开间尺寸比较多样的办公楼以及房间布置比较灵活的住宅建筑。

在建筑平面组合中，一部分房间的开间尺寸和另一部分房间的进深尺寸符合钢筋混凝土板的经济跨度时，建筑平面可以采用纵横墙混合承重的结构布置。这种布置方式的特点是，平面中房间安排比较灵活，建筑刚度也相对较好；但是由于楼板铺设的方向不同，平面形状较复杂，因此施工时比上述两种布置方式麻烦。一些开间进深都较大的教学楼，可采用有梁板等水平构件的纵横墙混合承重的结构布置。

2.3.2　框架结构

框架结构是由许多梁和柱共同组成框架来承受房屋全部荷载的结构。图2-4为框架结构组成示意图；图2-5为框架结构施工现场图；如图2-6所示，为框架结构建筑内部图。框架结构主要承重体系由横梁和柱组成，即由梁和柱组成框架共同抵抗使用过程中出现的水平荷载和竖向荷载。横梁与柱为刚接（钢筋混凝土结构中通常通过端部钢筋焊接后浇灌混凝土，使其形成整体）连接，从而构成了一个整体刚架（或称框架）。砌在框架内的墙，仅起围护和分隔作用，除负担本身自重外，不承受其他荷载。为减轻框架荷载，应尽量采用轻质墙，一般用预制的加气混凝土、膨

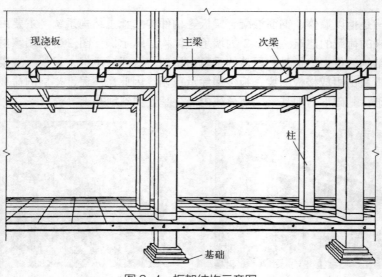

图2-4　框架结构示意图

胀珍珠岩、泡沫混凝土砌块（墙板）、空心砖或多孔砖、浮石、蛭石、陶粒等轻质板材砌筑。一般框架以现场浇筑居多，为了加速工程进度，节约模板与顶撑，也可采取部分预制（如柱）、部分现浇（梁）或柱梁预制接头现浇的施工方式。框架结构一般适用于建造不超过 15 层的房屋。

　　框架结构又称构架式结构。房屋的框架按跨数分有单跨、多跨；按层数分有单层、多层；按立面构成分为对称、不对称；按所用材料分为钢框架、混凝土框架、胶合木结构框架、钢与钢筋混凝土混合框架等。其中最常用的是混凝土框架（现浇式、装配式、装配整体式，也可根据需要施加预应力，主要是对梁或板）、钢框架。装配式、装配整体式混凝土框架和钢框架适合大规模工业化施工，效率较高，工程质量较好，可设计成静定的三铰框架或超静定的双铰框架与无铰框架。混凝土框架结构广泛用于住宅、学校、办公楼，也可根据需要对混凝土梁或板施加预应力，以适用于较大跨度的建筑。钢框架结构常用于大跨度的公共建筑、多层工业厂房和一些特殊用途的建筑物，如剧场、商场、体育馆、火车站、展览厅、造船厂、飞机库、停车场、轻工业车间等。

图 2-5　框架结构施工现场图

图 2-6　框架结构建筑内部图

　　框架结构的主要优点：空间分隔灵活，自重轻，节省材料；可以较灵活地配合建筑平面布置，利于安排需要较大空间的建筑结构；框架结构的梁、柱构件易于标准化、定型化，便于采用装配整体式结构，以缩短施工工期；采用现浇混凝土框架时，结构的整体性、刚度较好，设计处理好也能达到较好的抗震效果，而且可以把梁或柱浇筑成各种需要的截面形状。

　　框架结构的缺点为：框架节点应力集中显著；框架结构的侧向刚度小，属柔性结构，在强烈地震作用下，结构所产生水平位移较大，易造成严重的结构性破坏；吊装次数多，接头工作量大，工序多，浪费人力；施工受季节、环境影响较大；不适宜建造高层建筑。框架是由梁柱构成的杆系结构，其承载力和刚度都较低，特别是在水平方向（即使考虑现浇楼面与梁共同工作以提高楼面水平刚度，但也是有限的），它的受力特点类似于竖向悬臂剪切梁，其总体水平位移上大下小，但相对于各楼层而言，层间变形上小下大，设计时如何提高框架的侧向刚度及控制好结构侧移为重要因素。对于钢筋混凝土框架，当高度较高、层数较多时，结构底部各层不但柱的轴力很大，而且梁和柱因水平荷载所产生的弯矩和整体的侧移亦显著增加，从而导致截面尺寸和配筋增大，给建筑平面布置和空间处理带来困难，影响建筑空间的合理使用，在材料消耗和造价方面，也趋于不合理。

2.3.3　剪力墙结构

　　剪力墙结构是指纵横向的主要承重结构全部为剪力墙（结构墙）的结构。图 2-7 为剪力墙结构施工现场。剪力墙结构在高层房屋中被大量运用。当剪力墙处于建筑物中合适的位置时，它们能形成一种有效抵抗水平荷载作用的结构体系，同时，又能起到对空间的分割作用。剪力墙的高度一般与整个房屋的高度相等，自基础直至屋顶，高达几十米或 100 多米；其宽度则视建筑平面的布置而定，一般为几米到十几米。相对而言，它的厚度则很薄，一般仅为 200～300mm，最小可达 160mm。因此，剪力墙在其墙身平面内的抗侧移刚度很大，而其墙身平面外刚度却很小，一般可以忽略不计。所以，建筑物上大部分的水平作用或水平剪力通常被分配到剪力墙上，这也是剪力墙名称的由来。事实上，"剪力墙"更确切的名称应该是"结构墙"。

2.3.4　框架剪力墙结构

框架剪力墙结构俗称框剪结构，它是框架结构和剪力墙结构两种结构系统的结合，在结构平面布置上除了布置框架还增加了部分剪力墙（或称抗震墙），吸取了各自的长处，既能为建筑平面布置提供较大的使用空间，又具有良好的抗侧力性能。框剪结构中的剪力墙可以单独设置，也可以利用电梯井、楼梯间、管道井等墙体设置。框架剪力墙结构中，框架和剪力墙是协同工作的，框架主要承受垂直荷载，剪力墙主要承受水平荷载。框架剪力墙结构既具有框架结构布置灵活、使用方便的特点，又有较大的刚度和较强的抗震能力，因而被广泛应用于高层办公建筑和旅馆建筑中。框剪结构一般宜用于 10～20 层的建筑。图 2-8 为框架剪力墙结构施工现场。

图 2-7　剪力墙结构施工现场

图 2-8　框架剪力墙结构施工现场

2.3.5　排架结构

排架结构是采用屋架和柱构成的排架作为建筑承重骨架的结构。如图 2-9 所示，为排架结构单层工业厂房示意图；如图 2-10 所示，为钢筋混凝土排架柱施工现场；如图 2-11 所示，为排架结构施工现场。排架结构主要承重体系由屋架和柱组成。屋架与柱的顶端为铰接（通常为焊接或螺栓连接），而柱的下端嵌固于基础内。排架结构主要用于单层厂房，由屋架、柱子和基础构成横向平面排架，是厂房的主要承重体系，再通过屋面板、吊车梁、支撑等纵向构件将平面排架联结起来，构成整体的空间结构。排架结构常用于高大空旷的单层建筑物如工业厂房、飞机库和影剧院的观众厅等，其柱顶用大型屋架或桁架联结，再覆以装配式的屋面板，根据需要，有的排架建筑屋顶还要设置大型的天窗，有的则需沿纵向设置吊车梁。由于排架结构的房屋刚度小，重心高，需承受动荷载，因此需要安装柱间斜支撑和屋盖部分的水平斜支撑，还要在两侧山墙设置抗风柱。

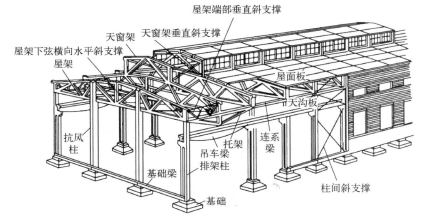

图 2-9　排架结构单层工业厂房示意图

图 2-10　钢筋混凝土排架柱施工现场

图 2-11　排架结构施工现场

2.3.6　筒体结构

　　筒体结构是指由一个或几个筒体作承重结构的高层建筑体系，适用于层数较多的高层建筑。在侧向风荷载的作用下，其受力类似刚性箱形截面的悬臂梁，具有很强的抗侧力及承重力，良好的刚度和抗震能力，在现代高层建筑中应用广泛。图 2-12 为框架筒体结构施工现场。

　　筒体结构作为高层建筑的一种结构形式，古已有之，如北宋至和二年（公元 1055 年）建成的中国定县开元寺塔，塔身为砖砌筒中筒，共 11 级，高 83.7m。

　　按布置方式和构造可将筒体结构分为三种基本形式。单筒结构，包括框架单筒结构和桁架单筒结构；筒中筒结构，由内筒和外筒共同组成；束筒结构，即组合筒结构。筒体结构按材料区分有钢筋

图 2-12　框架筒体结构施工现场

混凝土结构和钢结构，以及两者相结合的结构。

2.3.7　大跨度空间结构

　　大跨度空间结构是国家建筑科学技术发展水平的重要标志之一。世界各国对空间结构的研究和发展都极为重视，例如在国际性的博览会、奥运会、亚运会举办期间，各国都以新型的空间结构来展示本国的建筑科学技术水平，空间结构已经成为衡量一个国家建筑技术水平高低的标志之一。图 2-13 为大跨度空间钢结构施工现场。

　　横向跨越 60m 以上空间的各类结构可称为大跨度空间结构。近年来我国大跨度空间结构发展迅速，特别是北京夏季、冬季奥运会大型体育场馆的建设规模和技术水平在世界上都是领先的。空间结构以其优美的建筑造型和良好的力学性能而被广泛应用于大跨度建筑中。常用的大跨度空间结构形式包括折板结构、壳体结构、网架结构、悬索结构、充气结构、膜结构等。

　　（1）折板结构，是一种由许多块钢筋混凝土板连接成波折形整体薄壁折板的结构。这种折板主要用于大跨度空间结构的屋顶，也可作为垂直构件的墙体或其他承重构件使用。折板结构组合形式有单坡和多坡，单跨和多跨，平行折板和复式折板等，能适应不同建筑平面的需要。常用的截面形状有 V 形和梯形，板厚一般为 5 ~ 10cm，最薄的预制预应力板的厚度为 3cm；跨度为 6 ~ 40m，波折宽度一般不大于 12m，现浇折板波折的倾角不大于 30°；坡度大时须采用双面模板或喷射法施工。折板可分为有边梁和无边梁两种。无边梁折板由若干等厚度的平板和横隔板组成，V 形折板是无边梁折板的一种常见形式。有边梁折板由板、边梁、横隔板等组成，一般为现浇结构。如图 2-14 所示，为变截面桁架折板钢屋盖结构。

　　图 2-13　大跨度空间钢结构施工现场　　　　　图 2-14　变截面桁架折板钢屋盖结构

　　（2）壳体结构的壳体形式有圆筒形扁壳，球形扁壳，劈锥形扁壳和各种双曲抛物面、扭曲面等形式。壳体结构可以减轻自重，节约钢材、水泥，而且造型新颖流畅。图 2-15 为国家大剧院壳体屋面。

　　（3）网架结构，是使用比较普遍的一种大跨度结构。这种结构整体性强，稳定性好，空间刚度大，抗震性能好。网架高度较小，能利用较小杆形构件拼装成大跨度的建筑，有效地利用建筑空间。适合工业化生产的大跨度网架结构，外形可分为平板型网架和壳形网架两类，能适应圆形、方形、多边形等多种平面形状。平板型网架多为双层，壳形网架有单层和双层之分，并有单曲线、双曲线等屋顶形式。如图 2-16 所示，为网架屋顶结构施工现场。

（4）悬索结构，是由钢索网、边缘构件和下部支承构件三部分组成的大跨度结构，在悬索结构上部铺设预制钢筋混凝土板构成屋面，建筑造型轻盈明快。图 2-17 为悬索结构屋顶。

（5）充气结构，是用尼龙薄膜、人造纤维表面敷涂料等作材料，通过充气构筑成的大跨度结构。这种结构安装、拆卸都很方便。图 2-18 为充气结构屋顶。

图 2-15　国家大剧院壳体屋面

图 2-16　网架屋顶结构施工现场

图 2-17　悬索结构屋顶

图 2-18　充气结构屋顶

（6）膜结构，按结构分类为骨架式膜结构、张拉式膜结构、充气式膜结构 3 种形式。骨架式膜结构，是以钢或是集成材构成屋顶的骨架，在其上方张拉膜材的构造形式。因屋顶造型比较简单，开口不易受限制，经济效益高等特点，广泛适用于大、小规模的空间。张拉式膜结构，以膜材、钢索及支柱构成，利用钢索与支柱在膜材中导入张力以达安定的形式，除了可实践、具创意、创新且美观的造型外，也是最能展现膜结构特点的构造形式。大型跨距空间多采用以钢索与压缩材构成钢索网来支承上部膜材的形式。因施工精度要求高，结构性能强，且具丰富的表现力，所以造价略高于骨架式膜结构。充气式膜结构，是将膜材固定于屋顶结构周边，利用送风系统让室内气压上升到一定压力后，使屋顶内外产生压力差以抵抗外力，因利用气压来支撑并用钢索作为辅助材，无需任何梁、柱支撑，可得更大的空间，施工快捷，经济效益高。但充气式膜结构需维持 24 小时送风机运转，在持续运行及机器维护费用的成本上较高。

现今，膜结构已经被应用到各类建筑结构中，在我们的城市中充当着不可或缺的角色。如图 2-19 所示，为膜结构建筑，如图 2-20 所示，为膜结构帽顶式车棚。

图 2-19　膜结构

图 2-20　膜结构帽顶式车棚

 知识拓展　突破强度规范的"鸟巢"钢结构

　　国家体育场——鸟巢，它树枝般的钢网把一个可容 10 万人的体育场编织成一个温馨鸟巢，仿若用来孕育与呵护生命的摇篮。这样复杂结构建筑对于钢结构的设计和施工提出了很高的要求。在此背景下，钢结构设计和施工的团队经过不断的探索和试验，突破了现有的强度规范，成功地打造出了高质量、高强度的"鸟巢"钢结构。

 课后习题

在线题库
参考答案

1. 简述建筑物的各组成部分及其作用。
2. 建筑物的构成系统包括哪些?
3. 常用的建筑物结构类型有哪些? 分析建筑物结构类型与建筑构造的关系。

第 3 章
建筑构造概述

　　建筑构造是建筑设计不可分割的一部分，建筑构造重点研究建筑物各组成部分的构造原理和构造方法，是对实践经验的高度概括，涉及建筑材料、建筑物理、建筑力学、建筑结构、建筑施工以及建筑经济等有关方面的知识。

3.1　建筑构造原理、影响因素及设计原则

　　建筑构造是指建筑物各组成部分基于科学原理的材料选用及做法设计。其研究的是根据建筑物的功能、材料性质、受力情况、施工方法和建筑形象等要求，选择设计适用、安全、经济、美观、合理的构造方案，为建筑设计提供可靠的技术保证，并为建筑设计中综合解决技术问题及进行施工图设计、绘制大样图等提供依据。建筑构造具有实践性和综合性强的特点。它涉及建筑材料、力学、结构、施工等相关知识。

3.1.1　建筑构造原理

　　建筑构造原理就是综合多方面的技术知识，根据多种客观因素，以选材、选型、工艺、安装为依据，研究各种构配件构造方案及其细部构造的合理性以及如何更有效地满足建筑使用功能的理论。在进行建筑设计时，不但要解决空间的划分和组合、外观造型等问题，还必须考虑建筑构造上的可行性。在建筑构造设计中需要综合考虑结构选型、材料的选用、施工的方法、构配件的制造工艺，以及技术经济、艺术处理等问题。

3.1.2　影响建筑构造的因素

　　一幢建筑物建成并投入使用后，要经受来自人为和自然界各种因素的作用。为了提高建筑物对外界各种影响的抵抗能力，延长使用寿命和保证使用质量，在进行建筑构造设计时，必须充分考虑到各种因素对建筑物的影响，以便根据影响程度采取相应的构造方案和措施。影响建筑构造的因素很多，大致可归纳为以下几方面。

　　（1）外力作用的影响。作用在建筑物上的外力称为荷载。荷载的大小和作用方式是结构设计和结构选型的重要依据，它决定着构件的形状、尺寸和用料，而构件的形状、尺寸、用料等又与建筑构造密切相关。因此，在确定建筑构造方案时，必须考虑外力的影响。

（2）自然环境的影响。自然界的风霜雨雪、冷热寒暖的气温变化、太阳热辐射等均是影响建筑物使用质量和使用寿命的重要因素。在建筑构造设计时，必须针对所受影响的性质与程度，对建筑物的相关部位采取相应的措施，如防潮、防水、保温、隔热、设变形缝等构造措施。

（3）人为因素的影响。人们在从事生产和生活活动时，也常常会对建筑物造成一些人为的不利影响，如机械振动、化学腐蚀、爆炸、火灾、噪声等。因此，在建筑构造设计时，应针对各种影响因素采取防震、防腐、防火、隔声等相应的构造措施。

（4）物质技术条件的影响。建筑材料、结构、设备和施工技术是构成建筑的基本要素，由于建筑物的质量标准和等级的不同，在材料的选择和构造方式上均有所区别。随着建筑业的发展，新材料、新结构、新设备和新工艺的不断出现，建筑构造要解决的问题越来越多、越来越复杂。

（5）经济条件的影响。为了减少能耗、降低建造成本及使用维护费用，在建筑方案设计阶段——影响工程总造价的关键阶段，就必须深入分析各建筑设计参数与造价的关系，即在满足适用、安全的条件下，合理选择技术上可行、经济上节约的设计方案。建筑构造设计是建筑设计方案不可分割的一部分，也必须考虑经济效益问题。

3.1.3　建筑构造设计原则

（1）满足使用功能要求。满足使用功能要求是整个建筑设计的根本。建筑物的使用功能要求和某些特殊需要，如保温、隔热、隔声、防震、防腐蚀等，在建筑构造设计时，应综合分析诸多因素，选择确定最经济合理的构造方案。

（2）有利于结构安全。建筑物除根据荷载的性质、大小进行必要的结构计算，确定构件的必须尺寸外，在构造上需采用相应的措施，以保证房屋的整体刚度和构件之间的可靠连接，使之有利于结构的稳定和安全。

（3）适应建筑工业化的需要。为了提高建设速度，改善劳动条件，保证施工质量，在构造设计时，应大力推广先进技术，选用各种新型建筑材料，采用标准化设计和定型构配件，提高构配件间的通用性和互换性，为建筑构配件的生产工厂化，施工机械化和管理科学化创造有利条件，以适应建筑工业化的需要。

（4）考虑建筑节能与环保的要求。在建筑构造设计时，要在我国颁布的有关建筑节能设计标准的基础上，选择节能环保的绿色建材，确定合理的构造方案，提高围护结构保温、隔热、防潮、密封等方面的性能，从而减少建筑设备的能耗，节约能源，保护环境。

（5）经济合理。降低成本、合理控制造价指标是构造设计的重要原则之一。在建筑构造设计时，严格执行建筑法规，注意节约材料；在材料的选择上，从实际出发，因地制宜，就地取材，降低消耗，节约投资。

（6）注意美观。建筑构造设计是建筑内外部空间以及造型设计的继续和深入，尤其某些细部构造，若处理不当，不仅影响精致和美观，也直接影响建筑物的整体效果，应充分考虑和研究。

总之，在构造设计中，必须全面贯彻国家建筑政策、法规，充分考虑建筑物的使用功能、所处的自然环境、材料供应以及施工技术条件等因素，综合分析、比较，选择最佳的构造方案。

3.2　建筑构造的基本研究内容

建筑构造研究主要考虑以下三个方面：

（1）研究如何选定运用符合要求的各种材料与产品，有机地制造、组合各种建筑构配件；

（2）研究建筑各构配件之间整体构成的体系，各构配件之间相互连接组合的技术措施；

（3）研究各构配件细部构造和通过构配件构造措施，使之在使用过程中能满足各种使用功能的要求。

3.3　建筑构造的表达方式

建筑构造的表达依据《房屋建筑制图统一标准》（GB/T 50001—2017）、《建筑制图标准》（GB/T 50104—2010）等标准。

为了统一房屋建筑制图规则，保证制图质量，提高制图效率，做到图面清晰、简明，符合设计、施工、审查、存档的要求，适应工程建设的需要而制定了《房屋建筑制图统一标准》。《房屋建筑制图统一标准》是房屋建筑制图的基本规定，适用于总图、建筑、结构、给水排水、暖通空调、电气等各专业制图。房屋建筑制图除应符合《房屋建筑制图统一标准》的规定外，尚应符合国家现行有关标准以及各专业制图标准的规定。房屋建筑制图统一标准主要内容包括总则、术语、图纸幅面规格与图纸编排顺序、图线、字体、比例、符号、定位轴线、常用建筑材料图例、图样画法、尺寸标注、计算机辅助制图文件、计算机辅助制图文件图层、计算机辅助制图规则、协同设计等。

为了使建筑专业、室内设计专业制图标准化，保证制图质量，提高制图效率，做到图面清晰、简明，符合设计、施工、审查、存档的要求，适应工程建设的需要而制定了《建筑制图标准》。对于建筑专业、室内设计专业制图，除符合《房屋建筑制图统一标准》还应符合《建筑制图标准》的规定。

《建筑制图标准》适用于建筑专业的下列工程制图：

（1）新建、改建、扩建工程各阶段设计图、竣工图；

（2）原有建筑物、构筑物的实测图；

（3）通用设计图、标准设计图。

《建筑制图标准》主要内容包括总则、一般规定、图例、图样画法等。

3.3.1　图线

《建筑制图标准》中对图线作了如下规定：图线的宽度 b，应根据图样的复杂程度和比例，并按现行国家标准《房屋建筑制图统一标准》的有关规定选用，宜按照图纸比例及图纸性质从1.4mm、1.0mm、0.7mm、0.5mm 线宽系列中选取。每个图样，应根据复杂程度与比例大小，先选定基本线宽 b，再选用表 3-1 中相应的线宽组。

表 3-1　线宽组　　　　单位：mm

线宽比	线宽组			
b	1.4	1.0	0.7	0.5
$0.7b$	1.0	0.7	0.5	0.35
$0.5b$	0.7	0.5	0.35	0.25
$0.25b$	0.35	0.25	0.18	0.13

建筑专业制图采用的各种图线，应符合表 3-2 的规定。图样中图线表示如图 3-1 ~ 图 3-3 所示。绘制较简单的图样时，可采用两种线宽，其线宽比宜为 $b:0.25b$。

表 3-2   图线

名称		线型	线宽	用途
实线	粗	——————	b	1.平、剖面图中被剖切的主要建筑构造（包括构配件）的轮廓线； 2.建筑立面图或室内立面图的外轮廓线； 3.建筑构造详图中被剖切的主要部分的轮廓线； 4.建筑构配件详图中的外轮廓线； 5.平、立、剖面的剖切符号
实线	中粗	——————	$0.7b$	1.平、剖面图中被剖切的次要建筑构造（包括构配件）的轮廓线； 2.建筑平、立、剖面图中建筑构配件的轮廓线； 3.建筑构造详图及建筑构配件详图中的一般轮廓线
	中	——————	$0.5b$	小于 0.7b 的图形线、尺寸线、尺寸界线、索引符号、标高符号、详图材料做法引出线、粉刷线、保温层线、地面、墙面的高差分界线等
	细	——————	$0.25b$	图例填充线、家具线、纹样线等
虚线	中粗	- - - - - - -	$0.7b$	1.建筑构造详图及建筑构配件的不可见轮廓线； 2.平面图中的起重机（吊车）轮廓线； 3.拟建、扩建建筑物轮廓线
	中	- - - - - - -	$0.5b$	投影线、小于 0.5b 的不可见轮廓线
	细	- - - - - - -	$0.25b$	图例填充线、家具线等
单点长画线	粗	—— · ——	b	起重机（吊车）轨道线
	细	—— · ——	$0.25b$	中心线、对称线、定位轴线
折断线	细	——／\———	$0.25b$	部分省略表示时的断开界线
波浪线	细	～～～	$0.25b$	部分省略表示时的断开界线、曲线形构件断开界线、构造层次的断开界线

注：地坪线宽可用 1.4b。

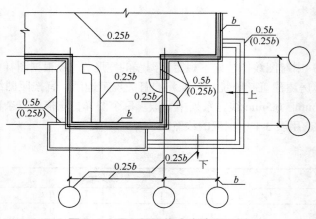

图 3-1   平面图图线宽度选用示例

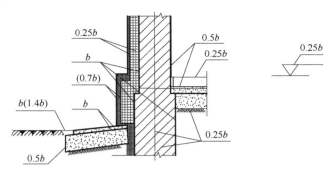

图 3-2　墙身剖面平面图图线宽度选用示例

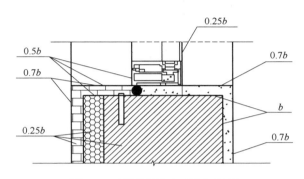

图 3-3　详图图线宽度选用示例

3.3.2　图样比例

建筑专业制图选用的各种比例，宜符合表 3-3 的规定。

表 3-3　建筑专业制图选用的各种比例

图名	比例
建筑物或构筑物的平面图、立面图、剖面图	1∶50、1∶100、1∶150、1∶200、1∶300
建筑物或构筑物的局部放大图	1∶10、1∶20、1∶25、1∶30、1∶50
配件及构造详图	1∶1、1∶2、1∶5、1∶10、1∶15、1∶20、1∶25、1∶30、1∶50

3.3.3　建筑平面图图样画法

如图 3-4 所示，为某住宅标准层建筑施工平面图。建筑平面图图样画法应符合以下规定：

（1）平面图的方向宜与总图（建筑总平面图）方向一致。平面图的长边宜与横式幅面图纸的长边一致。

（2）在同一张图纸上绘制多于一层的平面图时，各层平面图宜按层数由低向高的顺序从左至右或从下至上布置。

（3）除顶棚平面图外，各种平面图应按正投影法绘制。

（4）建筑物平面图应在建筑物的门窗洞口处水平剖切俯视，屋顶平面图应在屋面以上俯视，图内应包括剖切面及投影方向可见的建筑构造以及必要的尺寸、标高等，表示高窗、洞口、通气孔、槽、地沟及起重机等不可见部分时，应采用虚线绘制。

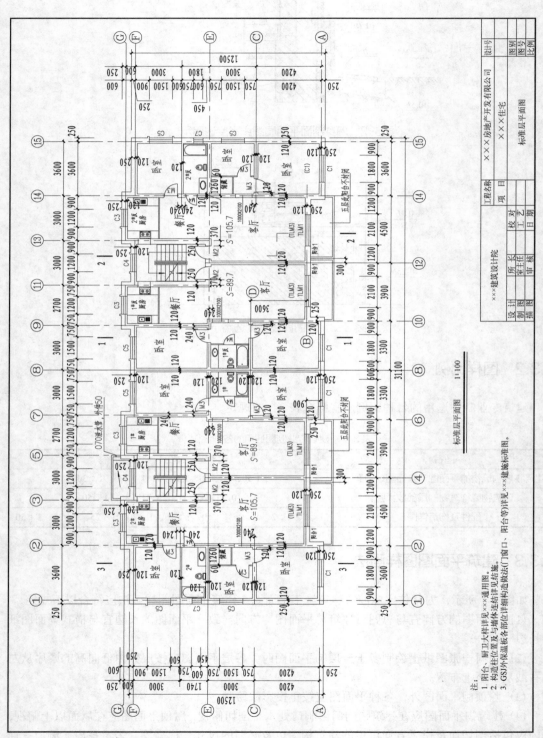

图3-4 某住宅标准层建筑施工平面图

注：
1. 阳台、厨卫大样详见×××通用图。
2. 构造柱位置及与墙体连接详见结施。
3. GSJ外保温墙板各部位详细构造做法(门窗口、阳台等详见×××建施标准图。

（5）建筑物平面图应注写房间的名称或编号。编号应注写在直径为 6mm 细实线绘制的圆圈内，并应在同张图纸上列出房间名称表。

（6）平面较大的建筑物，可分区绘制平面图，但每张平面图均应绘制组合示意图。各区应分别用大写拉丁字母编号。在组合示意图中需提示的分区，应采用阴影线或填充的方式表示。

（7）顶棚平面图也称天花平面图，宜采用镜像投影法绘制。

3.3.4　建筑立面图图样画法

如图 3-5 所示，为某住宅⑮～①轴立面施工图。建筑立面图图样画法应符合以下规定：

图 3-5　某住宅⑮～①轴立面施工图

（1）各种立面图应按正投影法绘制。

（2）建筑立面图应包括投影方向可见的建筑外轮廓线和墙面线脚、构配件、墙面做法及必要的尺寸和标高等。

（3）平面形状曲折的建筑物，可绘制展开立面图、展开室内立面图。圆形或多边形平面的建筑物，可分段展开绘制立面图、室内立面图，但均应在图名后加注"展开"二字。

（4）较简单的对称式建筑物或对称的构配件等，在不影响构造处理和施工的情况下，立面图可绘制一半，并应在对称轴线处画对称符号。

（5）在建筑物立面图上，相同的门窗、阳台、外檐装修、构造做法等可在局部重点表示，并应绘出其完整图形，其余部分可只画轮廓线。

（6）在建筑物立面图上，外墙表面分格线应表示清楚。应用文字说明各部位所用面材及色彩。

（7）有定位轴线的建筑物，宜根据两端定位轴线号编注立面图名称。无定位轴线的建筑物可按平面图各面的朝向确定名称。

3.3.5 建筑剖面图图样画法

图 3-6 为某住宅 2—2 剖面施工图。建筑剖面图图样画法应符合以下规定：

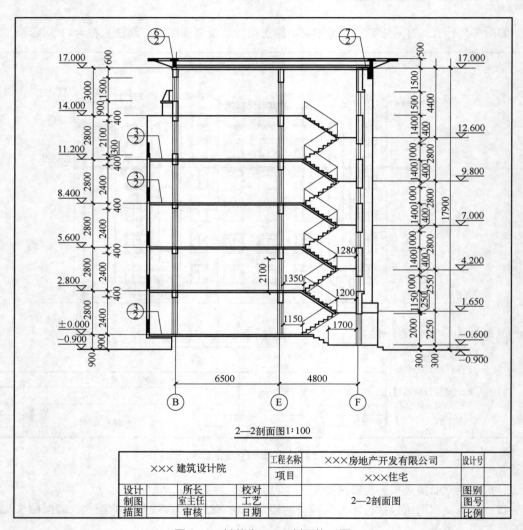

图 3-6 某住宅 2—2 剖面施工图

（1）剖面图的剖切部位，应根据图纸的用途或设计深度，在平面图上选择能反映全貌、构造特征以及有代表性的部位剖切。

（2）各种剖面图应按正投影法绘制。

（3）建筑剖面图内应包括剖切面和投影方向可见的建筑构造、构配件以及必要的尺寸、标高等。

（4）剖切符号可用阿拉伯数字、罗马数字或拉丁字母编号，如图 3-7 所示。

3.3.6　其他规定

（1）指北针应绘在建筑物±0.000 标高的平面图上，并应放在明显位置，所指的方向应与总图一致。

（2）零配件详图与构造详图，宜按直接正投影法绘制。

（3）零配件外形或局部构造的立体图，宜按现行国家标准《房屋建筑制图统一标准》（GB/T 50001—2017）的有关规定绘制。

（4）不同比例的平面图、剖面图，其抹灰层、楼地面、材料图例的省略画法，应符合下列规定：

① 比例大于 1:50 的平面图、剖面图，应画出抹灰层、保温隔热层等与楼地面、屋面的面层线，并宜画出材料图例；

② 比例等于 1:50 的平面图、剖面图，剖面图宜画出楼地面、屋面的面层线，宜绘出保温隔热层，抹灰层的面层线应根据需要确定；

③ 比例小于 1:50 的平面图、剖面图，可不画出抹灰层，但剖面图宜画出楼地面、屋面的面层线；

④ 比例为 1:100～1:200 的平面图、剖面图，可画简化的材料图例，但剖面图宜画出楼地面、屋面的面层线；

⑤ 比例小于 1:200 的平面图、剖面图，可不画材料图例，剖面图的楼地面、屋面的面层线可不画出。

（5）相邻的立面图或剖面图，宜绘制在同一水平线上，图内相互有关的尺寸及标高，宜标注在同一竖线上，如图 3-8 所示。

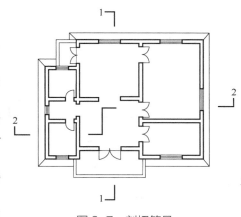

图 3-7　剖切符号

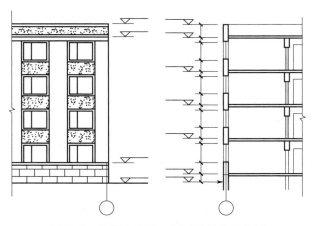

图 3-8　相邻立面图、剖面图的位置关系

3.3.7　剖切符号

建筑图图样中剖切符号应符合以下规定：

（1）剖切符号宜优先选择国际通用方法表示，如图 3-9 所示，也可采用常用方法表示，如

图 3-10 所示，同一套图纸应选用一种表示方法。

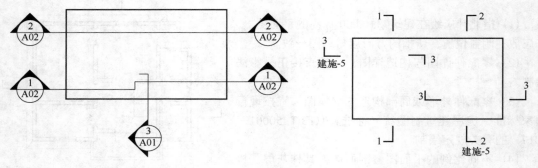

图 3-9　剖视的剖切符号（一）　　　　图 3-10　剖视的剖切符号（二）

（2）剖切符号标注的位置应符合下列规定：

① 建（构）筑物剖面图的剖切符号应注在±0.000 标高的平面图或首层平面图上；

② 局部剖切图（不含首层）、断面图的剖切符号应注在包含剖切部位的最下面一层的平面图上。

（3）采用国际通用剖视表示方法时，剖面及断面的剖切符号应符合下列规定：

① 剖面剖切索引符号应由直径为 8~10mm 的圆和水平直径以及两条相互垂直且外切圆的线段组成，水平直径上方应为索引编号，下方应为图纸编号（详细规定见 3.3.8 节索引符号与详图符号），线段与圆之间应填充黑色并形成箭头表示剖视方向，索引符号应位于剖线两端；断面及剖视详图剖切符号的索引符号应位于平面图外侧一端，另一端为剖视方向线，长度宜为 7~9mm，宽度宜为 2mm。

② 剖切线与符号线线宽应为 0.25b。

③ 需要转折的剖切位置线应连续绘制。

④ 剖切符号的编号宜由左至右、由下向上连续编排。

（4）采用常用方法表示时，剖面的剖切符号应由剖切位置线及剖视方向线组成，均应以粗实线绘制，线宽宜为 b。剖面的剖切符号应符合下列规定：

① 剖切位置线的长度宜为 6~10mm；剖视方向线应垂直于剖切位置线，长度应短于剖切位置线，宜为 4~6mm。绘制时，剖视剖切符号不应与其他图线相接触。

② 剖视剖切符号的编号宜采用粗阿拉伯数字，按剖切顺序由左至右、由下向上连续编排，并应注写在剖视方向线的端部，如图 3-10 所示。

③ 需要转折的剖切位置线，应在转角的外侧加注与该符号相同的编号。

④ 断面的剖切符号应仅用剖切位置线表示，其编号应注写在剖切位置线的一侧；编号所在的一侧应为该断面的剖视方向，其余同剖面的剖切符号，如图 3-11 所示。

⑤ 当与被剖切图样不在同一张图内，应在剖切位置线的另一侧注明其所在图纸的编号，如图 3-11 所示，也可在图上集中说明。

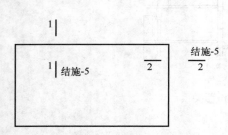

图 3-11　断面的剖切符号

⑥ 索引剖视详图时，应在被剖切的部位绘制剖切位置线，并以引出线引出索引符号，引出线所在的一侧应为剖视方向。索引符号编号的详细规定见 3.3.8 节索引符号与详图符号。

3.3.8　索引符号与详图符号

建筑图图样中索引符号与详图符号应符合以下规定：

（1）图样中的某一局部或构件，如需另见详图，应以索引符号索引 [图 3-12（a）]。索引符号应由直径为 8～10mm 的圆和水平直径组成，圆及水平直径线宽宜为 0.25b。索引符号编写应符合下列规定：

① 当索引出的详图与被索引的详图同在一张图纸内，应在索引符号的上半圆中用阿拉伯数字注明该详图的编号，并在下半圆中间画一段水平细实线，如图 3-12（b）所示。

② 当索引出的详图与被索引的详图不在同一张图纸中，应在索引符号的上半圆中用阿拉伯数字注明该详图的编号，在索引符号的下半圆用阿拉伯数字注明该详图所在图纸的编号，如图 3-12（c）所示。数字较多时，可加文字标注。

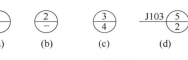

图 3-12　索引符号

③ 当索引出的详图采用标准图时，应在索引符号水平直径的延长线上加注该标准图集的编号，如图 3-13（d）所示。需要标注比例时，应在文字的索引符号右侧或延长线下方，与符号下对齐。

（2）当索引符号用于索引剖视详图时，应在被剖切的部位绘制剖切位置线，并以引出线引出索引符号，引出线所在的一侧应为剖视方向。索引符号的编号如图 3-13 所示。

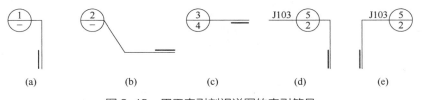

图 3-13　用于索引剖视详图的索引符号

（3）零件、钢筋、杆件及消火栓、配电箱、管井等设备的编号宜以直径为 4～6mm 的圆表示，圆线宽为 0.25b，同一图样应保持一致，其编号应用阿拉伯数字按顺序编写，如图 3-14 所示。

（4）详图的位置和编号应以详图符号表示。详图符号的圆直径应为 14mm，线宽为 b。详图编号应符合下列规定：

① 当详图与被索引的图样同在一张图纸内时，应在详图符号内用阿拉伯数字注明详图的编号，如图 3-15 所示；

② 当详图与被索引的图样不在同一张图纸内时，应用细实线在详图符号内画一水平直径，在上半圆中注明详图编号，在下半圆中注明被索引的图纸的编号，如图 3-16 所示。

图 3-14　零件、钢筋等的　　图 3-15　与被索引图样同在　　图 3-16　与被索引图样不在
　　　　　编号　　　　　　　　　　一张图纸内的详图索引　　　　同一张图纸内的详图索引

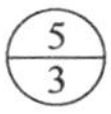

3.3.9　引出线

建筑图图样中引出线应符合以下规定：

（1）引出线线宽应为 0.25*b*，宜采用水平方向的直线，或与水平方向成 30°、45°、60°、90°的直线，并经上述角度再折成水平线。文字说明宜注写在水平线的上方，如图 3-17（a）所示，也可注写在水平线的端部，如图 3-17（b）所示。索引详图的引出线，应与水平直径线相连接，如图 3-17（c）所示。

（2）同时引出的几个相同部分的引出线，宜互相平行，如图 3-18（a）所示，也可画成集中于一点的放射线，如图 3-18（b）所示。

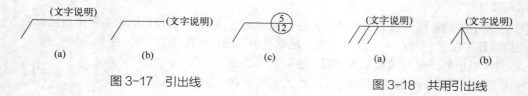

图 3-17　引出线　　　　　　　　　图 3-18　共用引出线

（3）多层构造或多层管道共用引出线，应通过被引出的各层，并用圆点示意对应各层次。文字说明宜注写在水平线的上方，或注写在水平线的端部，说明的顺序应由上至下，并应与被说明的层次对应一致；如层次为横向排序，则由上至下的说明顺序应与由左至右的层次对应一致，如图 3-19 所示。

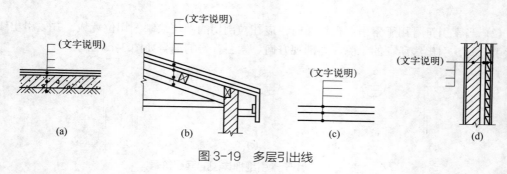

图 3-19　多层引出线

3.3.10　其他符号

建筑图图样中其他符号应符合以下规定：

（1）对称符号应由对称线和两端的两对平行线组成。对称线应用单点长画线绘制，线宽宜为 0.25*b*；平行线应用实线绘制，其长度宜为 6～10mm，每对的间距宜为 2～3mm，线宽宜为 0.5*b*；对称线应垂直平分于两对平行线，两端超出平行线宜为 2～3mm，如图 3-20 所示。

（2）连接符号应以折断线表示需连接的部分。两部位相距过远时，折断线两端靠图样一侧应标注大写英文字母表示连接编号。两个被连接的图样应用相同的字母编号，如图 3-21 所示。

图 3-20　对称符号　　　　　　　　　图 3-21　连接符号

（3）指北针的形状宜符合图 3-22 的规定，其圆的直径宜为 24mm，用细实线绘制；指针尾部的宽度宜为 3mm，指针头部应注"北"或"N"字。需用较大直径绘制指北针时，指针尾部的宽度宜为直径的 1/8。

（4）指北针与风玫瑰结合时宜采用互相垂直的线段，线段两端应超出风玫瑰轮廓线 2～3mm，垂点宜为风玫瑰中心，北向应注"北"或"N"字，组成风玫瑰所有线宽均宜为 0.5b。

（5）对图纸中局部变更部分宜采用云线，并宜注明修改版次。修改版次符号宜为边长 0.8cm 的正等边三角形，修改版次应采用数字表示，如图 3-23 所示。变更云线的线宽宜按 0.7b 绘制。

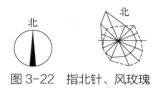

图 3-22　指北针、风玫瑰

图 3-23　变更云线

注：1 为修改次数

3.3.11　定位轴线

建筑图图样中定位轴线应符合以下规定：

（1）定位轴线应用 0.25b 线宽的单点长画线绘制。

（2）定位轴线应编号，编号应注写在轴线端部的圆内。圆应用 0.25b 线宽的实线绘制，直径宜为 8～10mm。定位轴线圆的圆心应在定位轴线的延长线上或延长线的折线上。

（3）除较复杂需采用分区编号或圆形、折线形外，平面图上定位轴线的编号，宜标注在图样的下方及左侧，或在图样的四面标注。横向编号应用阿拉伯数字，从左至右顺序编写；竖向编号应用大写英文字母，从下至上顺序编写，如图 3-24 所示。

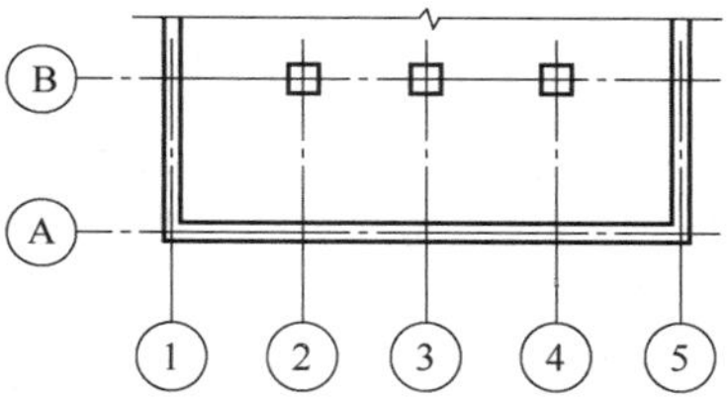

（4）英文字母作为轴线号时，应全部采用大写字母，不应用同一个字母的大小写来区分轴线号。英文字母的 I、O、Z 不得用作轴线编号。当字母数量不够使用时，可增用双字母或单字母加数字注脚。

图 3-24　定位轴线的编号顺序

（5）组合较复杂的平面图中定位轴线可采用分区编号，如图 3-25 所示，编号的注写形式应

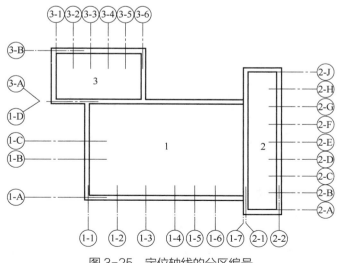

图 3-25　定位轴线的分区编号

为"分区号——该分区定位轴线编号"，分区号宜采用阿拉伯数字或大写英文字母表示；多子项的平面图中定位轴线可采用子项编号，编号的注写形式为"子项号——该子项定位轴线编号"，子项号采用阿拉伯数字或大写英文字母表示，如"1-1""1-A"或"A-1""A-2"。当采用分区编号或子项编号，同一根轴线有不止 1 个编号时，相应编号应同时注明。

(6) 附加定位轴线的编号应以分数形式表示，并应符合下列规定：

① 两根轴线的附加轴线，应以分母表示前一轴线的编号，分子表示附加轴线的编号，编号宜用阿拉伯数字顺序编写；

② 1 号轴线或 A 号轴线之前的附加轴线的分母应以 01 或 0A 表示。

(7) 一个详图适用于几根轴线时，应同时注明各有关轴线的编号，如图 3-26 所示。

(8) 通用详图中的定位轴线，应只画圆，不注写轴线编号。

(9) 圆形与弧形平面图中的定位轴线，其径向轴线应以角度进行定位，其编号宜用阿拉伯数字表示，从左下角或-90°（若径向轴线很密，角度间隔很小）开始，按逆时针顺序编写；其环向轴线宜用大写英文字母表示，从外向内顺序编写，如图 3-27、图 3-28 所示。圆形与弧形平面图的圆心宜选用大写英文字母编号（I、O、Z 除外），有不止 1 个圆心时，可在字母后加注阿拉伯数字进行区分，如 P1、P2、P3。

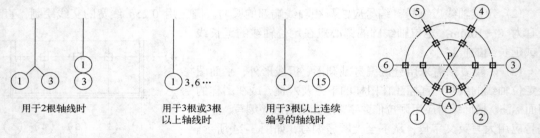

图 3-26 详图的轴线编号   图 3-27 圆形平面定位轴线的编号

(10) 折线形平面图中定位轴线的编号可按图 3-29 的形式编写。

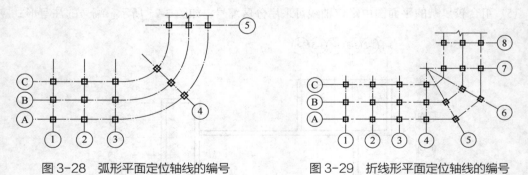

图 3-28 弧形平面定位轴线的编号   图 3-29 折线形平面定位轴线的编号

3.3.12 常用建筑材料图例

建筑图图样中常用建筑材料图例应符合以下规定：

(1) 标准只规定了常用建筑材料的图例画法，对其尺度比例不作具体规定。使用时，应根据图样大小而定，并应符合下列规定：

① 图例线应间隔均匀、疏密适度，做到图例正确、表示清楚；

② 不同品种的同类材料使用同一图例时，应在图上附加必要的说明；

③ 两个相同的图例相接时，图例线宜错开或使倾斜方向相反，如图 3-30 所示；

④ 两个相邻的填黑或灰的图例间应留有空隙，其净宽度不得小于 0.5mm，如图 3-31 所示。

 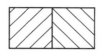

图 3-30　相同图例相接时的画法

图 3-31　相邻涂黑图例的画法

（2）下列情况可不绘制图例，但应增加文字说明：

① 一张图纸内的图样只采用一种图例时；

② 图形较小无法绘制表达建筑材料图例时。

（3）需画出的建筑材料图例面积过大时，可在断面轮廓线内，沿轮廓线作局部表示，如图 3-32 所示。

图 3-32　局部表示图例

（4）当选用标准中未包括的建筑材料时，可自编图例。但不得与标准所列的图例重复。绘制时，应在适当位置画出该材料图例，并加以说明。

（5）常用建筑材料应按表 3-4 所示图例画法绘制。

表 3-4　常用建筑材料图例

序号	名称	图例	备注
1	自然土壤		包括各种自然土壤
2	夯实土壤		—
3	砂、灰土	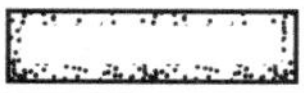	—
4	砂砾石、碎石三合土	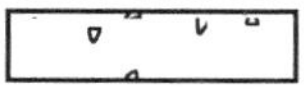	—
5	石材	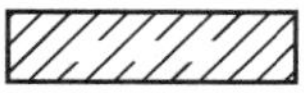	—
6	毛石	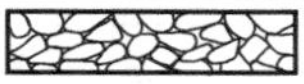	—
7	实心砖、多孔砖	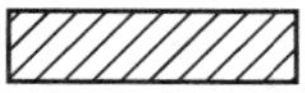	包括普通砖、多孔砖、混凝土砖等砌体
8	耐火砖		包括耐酸砖等砌体
9	空心砖、空心砌块	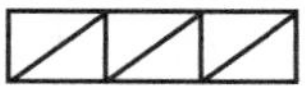	包括空心砖、普通或轻骨料混凝土小型空心砌块等砌体
10	加气混凝土	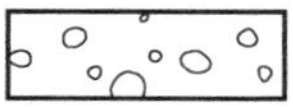	包括加气混凝土砌块砌体、加气混凝土墙板及加气混凝土材料制品等
11	饰面砖	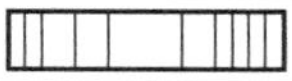	包括铺地砖、玻璃马赛克、陶瓷锦砖、人造大理石等
12	焦渣、矿渣	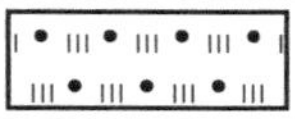	包括与水泥、石灰等混合而成的材料
13	混凝土	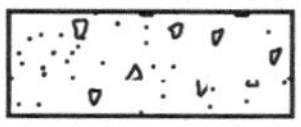	1.包括各种强度等级、骨料、添加剂的混凝土；2.在剖面图上绘制表达钢筋时，则不需要绘制图例线；
14	钢筋混凝土		3.断面图形较小，不易绘制表达图例线时，可填黑或深灰（灰度宜 70%）

续表

序号	名称	图例	备注
15	多孔材料		包括水泥珍珠岩、沥青珍珠岩、泡沫混凝土、软木、蛭石制品等
16	纤维材料		包括矿棉、岩棉、玻璃棉、麻丝、木丝板、纤维板等
17	泡沫塑料材料		包括聚苯乙烯、聚乙烯、聚氨酯等多聚合物类材料
18	木材		1.上图为横断面，左上图为垫木、木砖或木龙骨； 2.下图为纵断面
19	胶合板		应注明为 X 层胶合板
20	石膏板		包括圆孔或方孔石膏板、防水石膏板、硅钙板、防火石膏板等
21	金属		1.包括各种金属； 2.图形较小，可填黑或深灰（灰度宜 70%）
22	网状材料		1.包括金属、塑料网状材料； 2.应注明具体材料名称
23	液体		应注明具体液体名称
24	玻璃		包括平板玻璃、磨砂玻璃、夹丝玻璃、钢化玻璃、中空玻璃、夹层玻璃、镀膜玻璃等
25	橡胶		—
26	塑料		包括各种软、硬塑料及有机玻璃等
27	防水材料		构造层次多或绘制比例大时，采用上面的图例
28	粉刷		本图例采用较稀的点

注：1.本表中所列图例通常在 1:50 及以上比例的详图中绘制表达。
　　2.如需表达砖、砌块等砌体墙的承重情况时，可通过在原有建筑材料图例上增加填灰等方式进行区分，灰度宜为 25%左右。
　　3.序号 1、2、5、7、8、14、15、21 图例中的斜线、短斜线、交叉线等均为 45°。

3.3.13　尺寸标注

建筑图图样尺寸标注应符合以下基本规定：

（1）尺寸可分为总尺寸、定位尺寸和细部尺寸。绘图时，应根据设计深度和图纸用途确定所需注写的尺寸。

（2）建筑物平面、立面、剖面图，宜标注室内外地坪、楼地面、地下层地面、阳台、平台、檐口、屋脊、女儿墙、雨篷、门、窗、台阶等处的标高。平屋面等不易标明建筑标高的部位可标注结构标高，应进行说明。结构找坡的平屋面，屋面标高可标注在结构板面最低点，并注明找坡坡度。有屋架的屋面，应标注屋架下弦搁置点或柱顶标高。有起重机的厂房剖面图应标注轨顶标高、屋架下弦杆件下边缘或屋面梁底、板底标高。梁式悬挂起重机宜标出轨距尺寸，并应以米（m）计。

（3）楼地面、地下层地面、阳台、平台、檐口、屋脊、女儿墙、台阶等处的高度尺寸及标高，宜按下列规定注写：

① 面图及其详图应注写完成面标高；

② 立面图、剖面图及其详图应注写完成面标高及高度方向的尺寸；

③ 其余部分应注写毛面尺寸及标高；

④ 标注建筑平面图各部位的定位尺寸时，应注写与其最邻近的轴线间的尺寸；标注建筑剖面各部位的定位尺寸时，应注写其所在层次内的尺寸；

⑤ 设计图中连续重复的构配件等，当不易标明定位尺寸时，可在总尺寸的控制下，定位尺寸不用数值而用"均分"或"EQ"字样表示，如图 3-33 所示。

建筑图图样中尺寸标注还应符合以下具体详细规定：

（1）尺寸界线、尺寸线及尺寸起止符号

① 图样上的尺寸，应包括尺寸界线、尺寸线、尺寸起止符号和尺寸数字，如图 3-34 所示。

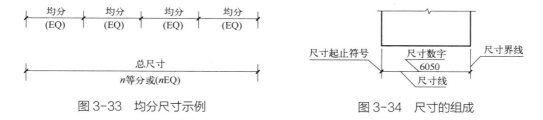

图 3-33　均分尺寸示例　　　　　　　图 3-34　尺寸的组成

② 尺寸界线应用细实线绘制，应与被注长度垂直，其一端应离开图样轮廓线不小于 2mm，另一端宜超出尺寸线 2～3mm。图样轮廓线可用作尺寸界线，如图 3-35 所示。

③ 尺寸线应用细实线绘制，应与被注长度平行，两端宜以尺寸界线为边界，也可超出尺寸界线 2～3mm。图样本身的任何图线均不得用作尺寸线。

④ 尺寸起止符号用中粗斜短线绘制，其倾斜方向应与尺寸界线成顺时针 45°角，长度宜为 2～3mm。轴测图中用小圆点表示尺寸起止符号，小圆点直径 1mm，如图 3-36（a）所示。半径、直径、角度与弧长的尺寸起止符号，宜用箭头表示，箭头宽度 b 不宜小于 1mm，如图 3-36（b）所示。

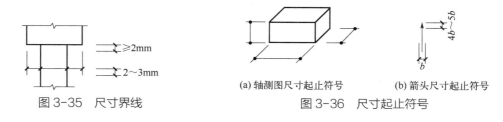

图 3-35　尺寸界线　　　　　　（a）轴测图尺寸起止符号　　（b）箭头尺寸起止符号

　　　　　　　　　　　　　　　　　　　　图 3-36　尺寸起止符号

（2）尺寸数字

① 图样上的尺寸，应以尺寸数字为准，不应从图上直接量取。

② 图样上的尺寸单位，除标高及总平面以 m 为单位外，其他必须以 mm 为单位。

③ 尺寸数字的方向，应按图 3-37（a）的规定注写。若尺寸数字在 30°斜线区内，也可按

图 3-37 （b）的形式注写。

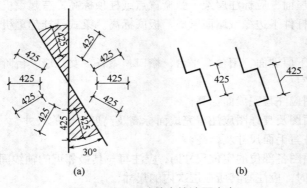

图 3-37　尺寸数字的注写方向

④ 尺寸数字应依据其方向注写在靠近尺寸线的上方中部。如没有足够的注写位置，最外边的尺寸数字可注写在尺寸界线的外侧，中间相邻的尺寸数字可上下错开注写，可用引出线表示标注尺寸的位置，如图 3-38 所示。

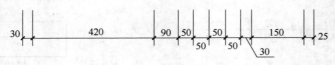

图 3-38　尺寸数字的注写位置

（3）尺寸的排列与布置

① 尺寸宜标注在图样轮廓以外，不宜与图线、文字及符号等相交，如图 3-39 所示。

② 互相平行的尺寸线，应从被注写的图样轮廓线由近向远整齐排列，较小尺寸应离轮廓线较近，较大尺寸应离轮廓线较远，如图 3-40 所示。

③ 图样轮廓线以外的尺寸界线，距图样最外轮廓之间的距离不宜小于 10mm。平行排列的尺寸线的间距宜为 7～10mm，并应保持一致，如图 3-40 所示。

④ 总尺寸的尺寸界线应靠近所指部位，中间的分尺寸的尺寸界线可稍短，但其长度应相等，如图 3-40 所示。

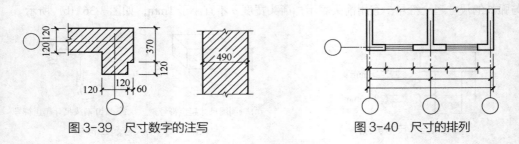

图 3-39　尺寸数字的注写　　　　　图 3-40　尺寸的排列

（4）半径、直径、球的尺寸标注

① 半径的尺寸线应一端从圆心开始，另一端画箭头指向圆弧。半径数字前应加注半径符号"R"，如图 3-41 所示。

② 较小圆弧的半径，可按图 3-42 的形式标注。

图 3-41　半径标注方法

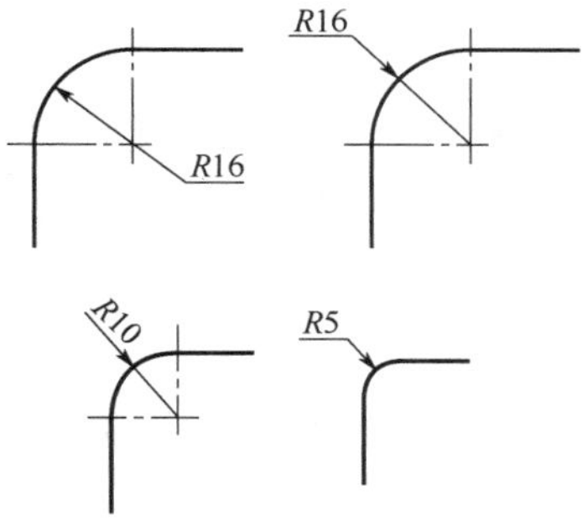

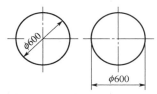

图 3-42　小圆弧半径的标注方法

③ 较大圆弧的半径，可按图 3-43 的形式标注。

④ 标注圆的直径尺寸时，直径数字前应加直径符号"ϕ"。在圆内标注的尺寸线应通过圆心，两端画箭头指至圆弧，如图 3-44 所示。

图 3-43　大圆弧半径的标注方法

图 3-44　圆直径的标注方法

⑤ 较小圆的直径尺寸，可标注在圆外，如图 3-45 所示。

⑥ 标注球的半径尺寸时，应在尺寸前加注符号"SR"。标注球的直径尺寸时，应在尺寸数字前加注符号"$S\phi$"。注写方法与圆弧半径和圆直径的尺寸标注方法相同。

（5）角度、弧度、弧长的标注

① 角度的尺寸线应以圆弧表示。该圆弧的圆心应是该角的顶点，角的两条边为尺寸界线。起止符号应以箭头表示，如没有足够位置画箭头，可用圆点代替，角度数字应沿尺寸线方向注写，如图 3-46 所示。

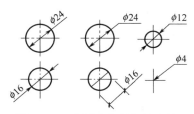

图 3-45　小圆直径的标注方法

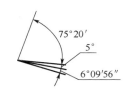

图 3-46　角度标注方法

② 标注圆弧的弧长时，尺寸线应以与该圆弧同心的圆弧线表示，尺寸界线应指向圆心，起止符号用箭头表示，弧长数字上方或前方应加注圆弧符号"⌒"，如图 3-47 所示。

③ 标注圆弧的弦长时，尺寸线应以平行于该弦的直线表示，尺寸界线应垂直于该弦，起止符号用中粗斜短线表示，如图 3-48 所示。

（6）薄板厚度、正方形、坡度、非圆曲线等尺寸标注

① 在薄板板面标注板厚尺寸时，应在厚度数字前加厚度符号"t"，如图 3-49 所示。

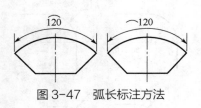

图 3-47　弧长标注方法

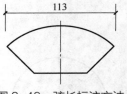

图 3-48　弦长标注方法

② 标注正方形的尺寸，可用"边长×边长"的形式，也可在边长数字前加正方形符号"□"，如图 3-50 所示。

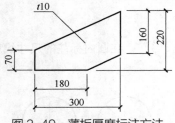

图 3-49　薄板厚度标注方法

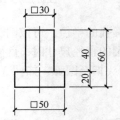

图 3-50　标注正方形尺寸

③ 标注坡度时，应加注坡度符号"←———"或"←———"，如图 3-51（a）、（b）所示，箭头应指向下坡方向，如图 3-51（c）、（d）所示。坡度也可用直角三角形的形式标注，如图 3-51（e）、（f）所示。

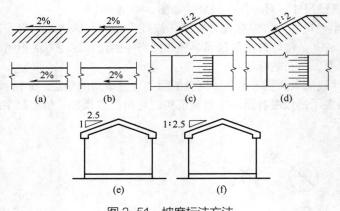

图 3-51　坡度标注方法

④ 外形为非圆曲线的构件，可用坐标形式标注尺寸，如图 3-52 所示。

⑤ 复杂的图形，可用网格形式标注尺寸，如图 3-53 所示。

（7）尺寸的简化标注

① 杆件或管线的长度，在单线图（桁架简图、钢筋简图、管线简图）上，可直接将尺寸数字沿杆件或管线的一侧注写，如图 3-54 所示。

② 连续排列的等长尺寸，可用"等长尺寸×个数＝总长"，如图 3-55（a）所示或"总长（等分个数）"，如图 3-55（b）所示的形式标注。

③ 构配件内的构造要素（如孔、槽等）如相同，可仅标注其中一个要素的尺寸，如图 3-56 所示。

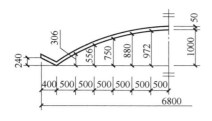

图 3-52　坐标法标注曲线尺寸

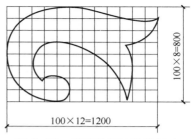

图 3-53　网格法标注曲线尺寸

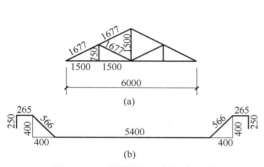

图 3-54　单线图尺寸标注方法

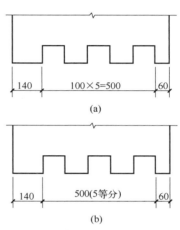

图 3-55　等长尺寸简化标注方法

④ 对称构配件采用对称省略画法时，该对称构配件的尺寸线应略超过对称符号，仅在尺寸线的一端画尺寸起止符号，尺寸数字应按整体全尺寸注写，其注写位置宜与对称符号对齐，如图 3-57 所示。

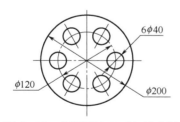

图 3-56　相同要素尺寸标注方法

图 3-57　对称构件尺寸标注方法

⑤ 两个构配件如个别尺寸数字不同，可在同一图样中将其中一个构配件的不同尺寸数字注写在括号内，该构配件的名称也应注写在相应的括号内，如图 3-58 所示。

⑥ 数个构配件如仅某些尺寸不同，这些有变化的尺寸数字，可用拉丁字母注写在同一图样中，另列表格写明其具体尺寸，如图 3-59 所示。

（8）标高

① 标高符号应以等腰直角三角形表示，并应按图 3-60（a）所示形式用细实线绘制，如标注位置不够，也可按图 3-60（b）所示形式绘制。标高符号的具体画法可按图 3-60（c）、（d）所示。

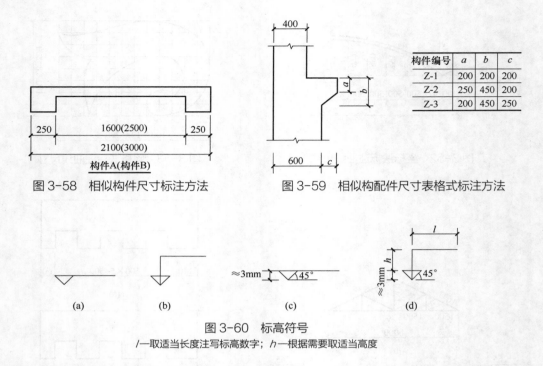

图 3-58 相似构件尺寸标注方法   图 3-59 相似构配件尺寸表格式标注方法

构件编号	a	b	c
Z-1	200	200	200
Z-2	250	450	200
Z-3	200	450	250

图 3-60 标高符号

l—取适当长度注写标高数字；h—根据需要取适当高度

② 总平面图室外地坪标高符号宜用涂黑的三角形表示，具体画法可按图 3-61 所示。

③ 标高符号的尖端应指至被注高度的位置。尖端宜向下，也可向上。标高数字应注写在标高符号的上侧或下侧，如图 3-62 所示。

④ 标高数字应以 m 为单位，注写到小数点以后第三位。在总平面图中，可注写到小数点以后第二位。

⑤ 零点标高应注写成±0.000，正数标高不注"＋"，负数标高应注"－"，例如 3.000、-0.600。

⑥ 在图样的同一位置需表示几个不同标高时，标高数字可按图 3-63 的形式注写。

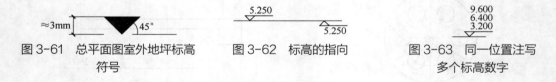

图 3-61 总平面图室外地坪标高   图 3-62 标高的指向   图 3-63 同一位置注写
　　　符号　　　　　　　　　　　　　　　　　　　　　　　　　　　　多个标高数字

3.4 建筑模数协调标准

3.4.1 模数

为推进建筑工业化，实现建筑或部件的尺寸和安装位置的模数协调，国家制定了《建筑模数协调标准》（GB/T 50002—2013），标准适用于一般民用与工业建筑的新建、改建和扩建工程的设计、部件生产、施工安装的模数协调。 建筑模数协调设计除应符合《建筑模数协调标准》

外，尚应符合国家现行有关标准的规定。

模数是建筑各构配件选定的尺寸单位，作为建筑各构配件尺度协调中的增值单位。模数包括基本模数、扩大模数和分模数。

基本模数，它是模数协调中的基本尺寸单位，用 M 表示。基本模数的数值应为 100mm（1M 等于 100mm）。整个建筑物和建筑物的一部分以及建筑部件的模数化尺寸，应是基本模数的倍数。

扩大模数是基本模数的整数倍数，扩大模数基数应为 2M、3M、6M、9M、12M、…

分模数是基本模数的分数值，分模数基数应为 M/10、M/5、M/2。一般为整数分数。模数数列是以基本模数、扩大模数、分模数为基础，扩展成的一系列尺寸。

模数协调是应用模数实现尺寸协调及安装位置的方法和过程。模数协调应实现下列目标：

（1）实现建筑的设计、制造、施工安装等活动的互相协调；

（2）能对建筑各部位尺寸进行分割，并确定各部件的尺寸和边界条件；

（3）优选某种类型的标准化方式，使得标准化部件的种类最优；

（4）有利于部件的互换性；

（5）有利于建筑部件的定位和安装，协调建筑部件与功能空间之间的尺寸关系。

3.4.2　构件的相关尺寸

建筑设计中构件常用三种尺寸是指标志尺寸、构造尺寸、实际尺寸。

（1）标志尺寸是用以标注建筑物定位轴线之间或定位面之间的距离大小（如开间、柱距、进深、跨度、层高等），以及建筑制品、建筑构配件、有关设备位置的界线之间的尺寸。标志尺寸应符合模数协调的规定。一般情况下标志尺寸是构件的称谓尺寸，是应用最广泛的房屋构造的定位尺寸。

（2）构造尺寸是指建筑制品、建筑构配件、建筑组合件的设计尺寸。一般情况下，标志尺寸扣除预留的缝隙尺寸或必要的支撑尺寸即为构造尺寸。

（3）实际尺寸是建筑制品、建筑构配件、建筑组合件等生产制作后的实际尺寸，实际尺寸与构造尺寸的差值应符合建筑公差的规定。

 知识拓展　　流水中的流水别墅

建筑是为了满足人们的社会生活需要而建设的。在设计建筑的时候，不能一味追求富丽堂皇、美轮美奂的艺术效果，同时也要兼顾功能、环境、力学、技术条件、经济条件等众多因素。曾经被奉为"20 世纪最伟大的住宅"的流水别墅，因为在设计时考虑不周，在建造和使用过程中，也出现了不少问题和困难，最终被使用者遗弃。

 课后习题　　　　　　　　　　　　　　　　　　　　　　　　　
在线题库
参考答案

1. 简述建筑构造概念及其研究内容。

2. 影响建筑构造的因素有哪些?

3. 简述建筑构造设计原则。

4. 建筑平面图图样画法主要有哪些规定?

5. 建筑立面图图样画法主要有哪些规定?

6. 建筑剖面图图样画法主要有哪些规定?

7. 简述模数、基本模数、扩大模数和分模数的概念。

8. 简述标志尺寸、构造尺寸、实际尺寸的关系。

第二部分
建筑承载构造

第4章
基础

4.1 建筑物的地基与基础

4.1.1 地基

建筑物基础是建筑物最下部的承重构件，是建筑物的重要组成部分。它将结构所承受的各种作用传递到下面的土体或岩体上。支承基础的土体或岩体称为地基，如图4-1所示。地基根据是否经过人工处理分为天然地基和人工地基。

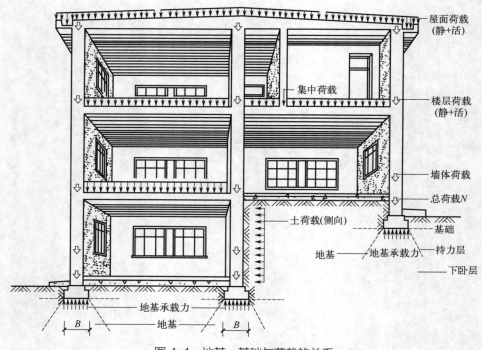

图 4-1 地基、基础与荷载的关系

天然地基是指具有足够的承载能力、可以直接在其上建造基础的天然土层。岩石、碎石、砂石、黏性土等，一般均可作为天然地基。当天然土层的承载力不能满足承载的要求，即不能在其上直接建造基础时，必须对这种土层进行人工加固以提高其承载能力，这种经过人工加固的地基叫作人工地基。淤泥、淤泥质土、各种人工填土等，一般都具有孔隙比大、压缩性高、强度低的特性，必须对其进行不同程度的人工加固处理后，才有可能作为建筑物的地基使用。建筑工程中常采用的人工加固地基的方法主要有夯（压）实法、换土法、打桩法以及化学加固法等。

4.1.2　基础

　　室外设计地面至基础底面的垂直距离称为基础的埋置深度，简称基础的埋深，如图 4-2 所示。埋深≥5m 的基础称为深基础，埋深 < 5m 的称为浅基础，当基础直接做在地表面上时则称为不埋基础。基础的埋深一般情况下不应小于 0.5m。按基础的受力特点可将基础分为刚性基础和柔性基础。

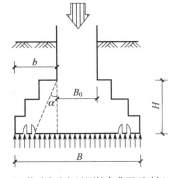

图 4-2　基础的埋置深度

4.1.2.1　刚性基础

　　刚性基础通常是指由砖、块石、毛石、素混凝土、三合土和灰土等材料建造的无需配置钢筋的基础。刚性基础也常被称为刚性扩展基础。刚性基础有抗压强度较高，但抗拉、抗剪强度较低等特点。刚性基础可用于六层及六层以下（三合土基础不宜超过四层）的民用建筑和砌体承重的厂房。

　　刚性基础底宽应根据材料的刚性角来决定。在刚性基础挑出的放脚部分，将其对角连线与高度线所形成的夹角称为刚性角，用 α 表示，如图 4-3 (a)、(b) 所示。基础放脚宽高比与刚性角有如下关系：

$$\frac{b}{H} = \tan\alpha \tag{4-1}$$

　　根据试验得知，上部结构（墙或柱）在基础中传递压力在刚性角内是有效的。超出刚性角的范围，由于在地基反作用力的作用下，基础放大的侧翼会因受剪而破坏失效，因此，刚性基础的底部只能够控制在一定的压力分布角，或称刚性角的范围内。

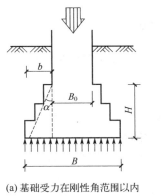

(a) 基础受力在刚性角范围以内　　　　　(b) 基础宽度超过刚性角范围而破坏

图 4-3　刚性基础

　　刚性基础的特点是稳定性好、施工简便、能承受较大的荷载，主要缺点是自重大，且当基础持力层为软弱土时，由于扩大基础面积有一定限制，须对地基进行处理或加固后才能采用。对于荷载大或上部结构对沉降差较敏感的情况，当持力层为深厚软土时，刚性基础作为浅基础是不适宜的。

常见的刚性基础有：

（1）毛石基础。毛石基础是用强度较高、未风化的毛石砌筑的，如图4-4所示。

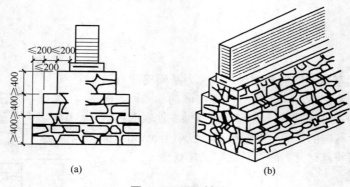

(a)　　　　　　　　　(b)

图4-4　毛石基础

（2）砖基础。砖基础以砖为基础材料，取材容易、价格较低、施工简便，是常用的刚性基础之一；但由于强度、耐久性、抗冻性较差，多用于干燥而温暖地区的中小型建筑，如图4-5所示。

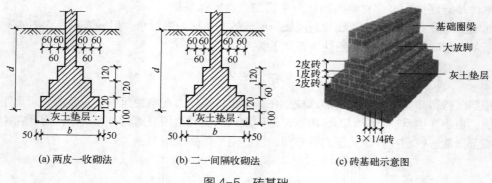

(a) 两皮一收砌法　　　(b) 二一间隔收砌法　　　(c) 砖基础示意图

图4-5　砖基础

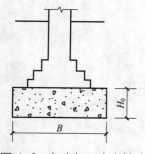

图4-6　灰土与三合土基础

（3）灰土与三合土基础。灰土基础是由粉状的石灰与松散的粉土加适量水拌和而成的，石灰与粉土的体积比一般为3:7或4:6。灰土基础施工时应逐层铺设，每层夯实前虚铺220mm厚，夯实后的厚度为150mm。灰土基础的抗冻、耐水性差，适用于地下水位较低的建筑。三合土一般指的是用石灰、黄土、细砂等三种材料，按1:2:4或是1:3:6的体积比加水进行配合。将拌好的三合土材料在基槽内以150mm厚为一步（虚铺220mm）分层夯实。三合土基础一般用于4层以下的民用住宅，基础宽度一般不小于600mm；三合土不能配制钢筋使用，因为钢筋会使三合土内部不密实；制作三合土耗时较长，施工虽不复杂但比较麻烦，人工成本较高。灰土与三合土基础如图4-6所示。

（4）素混凝土基础。素混凝土基础经过支模板浇筑混凝土制成，断面有多种形式，如台阶形或锥形等，如图 4-7 所示。台阶形基础每台阶高度宜控制在 200 ~ 500mm。基础总高度在 350mm 以内可做成一层，在 350 ~ 900mm 时可做成两层，超过 900mm 时做成三层。

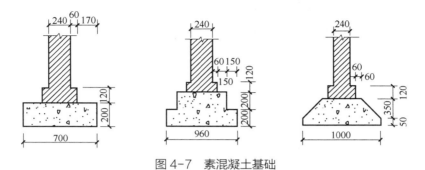

图 4-7　素混凝土基础

4.1.2.2　柔性基础

当基础承受较大外荷载且存在弯矩和水平荷载作用，地基承载力又较低，刚性基础不能满足地基承载力和基础埋深的要求时，可以考虑采用柔性基础，即钢筋混凝土基础。钢筋混凝土基础可用扩大基础底面积的方法来满足地基承载力的要求，而不必增加基础的埋深。

柔性基础拥有整体性较好，抗弯强度大，能发挥钢筋的抗拉性能及混凝土的抗压性能等特点，在基础设计中广泛采用，特别适用于荷载大、土质较软弱，并且需要基底面积较大而又必须浅埋的情况。

4.2　建筑物基础常用构造形式

4.2.1　独立基础

独立基础又称为"单独基础""柱状基础"。它是彼此独立建造且不连续的基础。独立基础的类型如图 4-8 所示。独立基础分为柱下独立基础和墙下独立基础两种形式。

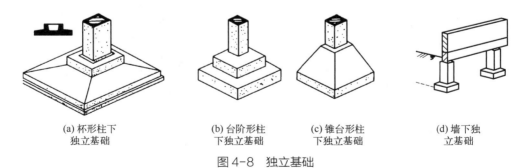

(a) 杯形柱下　　(b) 台阶形柱　　(c) 锥台形柱　　(d) 墙下独
独立基础　　　　下独立基础　　　下独立基础　　　立基础

图 4-8　独立基础

4.2.1.1　柱下独立基础

柱下独立基础实质上就是柱子伸入地面以下的部分，根据上面柱子的形状和力的作用方向，将基础平面做成正方形或矩形，常用的剖面形式有台阶形、锥台形、杯形等。其基础材料可为：

灰土、毛石砌体、毛石混凝土和钢筋混凝土等几种。柱下的钢筋混凝土独立基础，主要为阶梯形。在工业厂房，钢筋混凝土柱下大多数采用装配式的杯形基础。

杯形基础又称杯口基础。它是呈杯状的钢筋混凝土独立基础，由底板和杯口组成。杯形基础主要用于工业厂房柱下独立基础，即是将预制钢筋混凝土柱子插入基础的杯口中，找正定位后，再于杯口缝中浇灌细石混凝土，使柱子根部与基础结为一体。

4.2.1.2　墙下独立基础

墙下独立基础是位于构架立柱、房屋所有转角处、墙壁交叉处等墙下面的独立基础。一般在其顶面搁置钢筋混凝土梁，然后在梁上砌筑墙体。在低层民用建筑的墙下独立基础的顶面，也可作砖拱来代替钢筋混凝土梁。

一般在墙下多为砌筑带形基础，只是当为下列情况之一时才考虑采用墙下独立基础：

（1）多层框架结构的民用建筑或用排架承重的工业厂房，其墙体仅承受自重（围护墙）；

（2）地基土质良好，其计算强度大大超过房屋荷载所产生的应力，如采用带形基础，不足以充分利用地基的承载能力；

（3）地基上部为厚度较大的软土层，而其下面土质较好，采用带形基础（砌置到下面的好土层上）或采用加固上部土壤措施不够经济时。

4.2.2　条形基础

条形基础是指基础长度远大于宽度和高度的基础，可以分为墙下条形基础和柱下条形基础。柱下条形基础又可分为单向条形基础和十字交叉条形基础。条形基础必须有足够的刚度将柱子的荷载较均匀地分布到扩展的条形基础底面积上，并且能够调整可能产生的不均匀沉降。当单向条形基础底面积仍不足以承受上部结构荷载时，可以在纵横两个方向将柱基础连成十字交叉条形基础，以增加房屋的整体性，减小基础的不均匀沉降。

4.2.2.1　柱下条形基础

柱下条形基础是常用于软弱地基上框架结构或排架结构的一种基础。它可以用于地基承载力不足，需加大基础底面积，而配置柱下独立基础又在平面某个方向尺寸上受到限制的情况；尤其是当各柱的荷载或地基压缩性分布不均匀，且建筑物对不均匀沉降敏感时，在柱列下配置抗弯刚度较大的条形基础，能收到一定的效果。柱下条形基础又可分为单向条形基础和十字交叉条形基础，如图4-9所示。

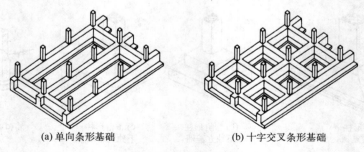

(a) 单向条形基础　　　　　　　　　　(b) 十字交叉条形基础

图4-9　柱下条形基础

柱下条形基础的构造，除了应满足扩展基础的构造外，还应该满足以下规定：

（1）柱下条形基础梁的高度宜为柱距的 1/8～1/4；翼板厚度不应小于 200mm；当翼板厚度大于 250mm 时，宜采用变厚度翼板，其顶面坡度宜小于或等于 1:3。

（2）条形基础的端部向外伸出，其长度为第一跨距的 25%。

（3）现浇柱与条形基础梁的交接处，基础梁的平面尺寸应大于柱的平面尺寸，且柱的边缘至基础梁边缘的距离不得小于 50mm。

（4）条形基础梁顶部和底部的纵向受力钢筋除应满足计算要求外，顶部钢筋应按计算配筋全部贯通，底部通长钢筋不应少于底部受力钢筋截面总面积的 1/3。

（5）柱下条形基础的混凝土强度等级不应低于 C20。

4.2.2.2　墙下条形基础

墙下条形基础有刚性条形基础和钢筋混凝土条形基础两种。墙下刚性条形基础在砌体结构中应用广泛，如图 4-10（a）所示。当上部墙体荷载较大而土质较差时，可考虑采用"宽基浅埋"的墙下钢筋混凝土条形基础，如图 4-10（b）所示。墙下钢筋混凝土条形基础一般做成板式（或称无肋式），如图 4-11（a）所示。但当基础延伸方向的墙上荷载及地基土的压缩性不均匀时，为了增强基础的整体性和纵向抗弯能力，减小不均匀沉降，常将墙下钢筋混凝土条形基础做成梁式（或称带肋式），如图 4-11（b）所示。

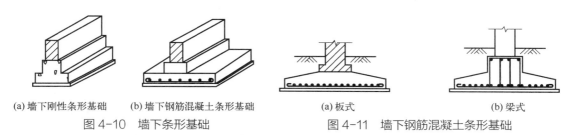

(a) 墙下刚性条形基础　(b) 墙下钢筋混凝土条形基础　　　　(a) 板式　　　　　　　(b) 梁式

图 4-10　墙下条形基础　　　　　　　图 4-11　墙下钢筋混凝土条形基础

4.2.3　整体式基础

整体式基础包括筏形基础和箱形基础，属于连续基础。

4.2.3.1　筏形基础

当地基承载力较弱，上部荷载很大，或有地下室，可将基础底板连成一片而成为筏形基础。筏形基础也称满堂基础，采用钢筋混凝土浇筑而成，柱子通过柱脚支承在底板上（平板式筏形基础）；当柱距较大、柱荷载相差也较大时，板内会产生比较大的弯矩，应在板上（或板下）沿柱轴线纵横向布置基础梁，形成梁板式筏形基础。梁板式筏形基础可分为下梁板式和上梁板式。下梁板式基础底板上面平整，可作建筑物底层地面，如图 4-12、图 4-13 所示。筏形基础比十字交叉条形基础具有更大的整体刚度，有利于调整地基的不均匀沉降，能适应上部结构荷载分布的变化。筏形基础的适用范围十分广泛，在多层建筑和高层建筑中都可以采用。

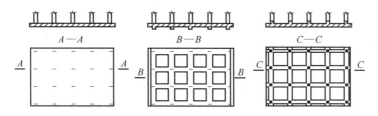

(a) 平板式柱下筏形基础　(b) 下梁板式柱下筏形基础　(c) 上梁板式柱下筏形基础

图 4-12　筏形基础

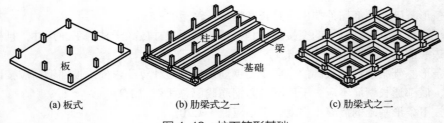

(a) 板式　　　　　(b) 肋梁式之一　　　　　(c) 肋梁式之二

图 4-13　柱下筏形基础

筏形基础的构造要求：

（1）筏形基础的混凝土强度等级不应低于 C30。当有地下室时应采用防水混凝土。采用筏形基础的地下室应沿四周布置钢筋混凝土外墙，外墙厚度不应小于 250mm，内墙厚度不应小于 200mm。

（2）筏形基础的钢筋间距不应小于 150mm，宜为 200～300mm，受力钢筋直径不宜小于 12mm。梁板式筏基的底板与基础梁的配筋除满足计算要求外，纵横方向的底部钢筋还应有 1/3～1/2 贯通全跨，其配筋率不应小于 0.15%，顶部钢筋按计算配筋全部连通。

（3）当筏板的厚度大于 2000mm 时，宜在板厚中间部位设置直径不小于 12mm、间距不大于 300mm 的双向钢筋网。

4.2.3.2　箱形基础

箱形基础是由钢筋混凝土的底板，顶板，外墙及纵、横内隔墙组成的整体空间结构，如同一个刚度极大的箱子，故称为箱形基础，如图 4-14 所示。根据建筑物高度、对地基稳定性的要求和使用功能的需要，箱形基础可为一层或多层。与筏形基础相比，箱形基础具有更大的抗弯刚度和更好的抗震性能，只能产生大致均匀的沉降或整体倾斜，从而基本上消除了因地基变形而导致建筑物开裂的可能性，因此，其适用于软弱地基上的高层、重型或对不均匀沉降有严格要求的建筑物。

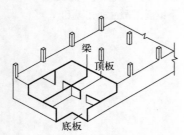

图 4-14　箱形基础

箱形基础埋深较大，基础中空，从而使开挖卸去的土重部分抵偿了上部结构传来的荷载（补偿效应），因此，与一般实体基础相比，它能显著减小基底压力，降低基础沉降量。

高层建筑的箱形基础往往与地下室结合考虑，其地下空间可用作人防、设备间、库房、商店以及污水处理等。但与筏形基础相比，箱形基础的地下空间较小且由于有内隔墙，箱形基础地下室的用途不如筏形基础地下室广泛，如不能应用于地下停车场等。

4.2.4　桩基础

当地基土上部为软弱土，且荷载很大，采用浅基础已不能满足地基强度和变形的要求时，可利用地基下部比较坚硬的土层作为基础的持力层，设计成深基础。桩基础是最常见的深基础，广泛应用于各种工业与民用建筑中。

桩基础是由桩和承台两部分组成的，如图 4-15 所示。桩在平面上可以排成一排或几排，所有桩的顶部由承台连成一个整体并传递荷载。在承台上再修筑上部结构。桩基础的作用是将承台以上上部结构传来的荷载通过承台，由桩传到较深的地基持力层中，承台将各桩连成一个整体共同承受荷载，并将荷载较均匀地传给各个基桩。

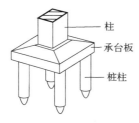 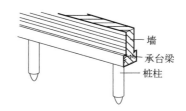

图 4-15　桩基组成

4.2.4.1　桩基础的适用条件

（1）荷载较大，地基上部土层软弱，适宜的地基持力层位置较深，采用浅基础或人工地基在技术上、经济上不合理时。

（2）河床冲刷较大，河道不稳定或冲刷深度不易计算正确，位于基础或结构物下面的土层有可能被侵蚀、冲刷，如采用浅基础不能保证基础安全时。

（3）当地基计算沉降过大或建筑物对不均匀沉降敏感时，采用桩基础穿过松软（高压缩）土层，将荷载传到较坚实（低压缩性）土层，以减少建筑物沉降并使沉降较均匀。

（4）当建筑物承受较大的水平荷载，需要减少建筑物的水平位移和倾斜时。

（5）当施工水位或地下水水位较高，采用其他深基础施工不便或经济上不合理时。

（6）地震区，在可液化地基中采用桩基础可增加建筑物抗震能力，桩基础穿越可液化土层并伸入下部密实稳定土层，可消除或减轻地震对建筑物的危害。

以上情况也可以采用其他形式的深基础，但桩基础由于耗材少、施工快速简便，往往是优先考虑的深基础方案。

当上层软弱土层很厚，桩底不能达到坚实土层时，就需要用较多、较长的桩来传递荷载，此时桩基础稳定性稍差，沉降量也较大；而当覆盖层很薄，桩的入土深度不能满足稳定性要求时，则不宜采用桩基础。设计时，应综合分析上部结构特点、使用要求、场地水文地质条件、施工环境及技术力量等，经多方面比较，确定适宜的基础方案。

4.2.4.2　桩基础的分类

（1）按施工方式分类：可分为预制桩和灌注桩两大类。

（2）按桩身材料分类：

① 混凝土桩：混凝土又可分为混凝土预制桩和混凝土灌注桩（简称灌注桩）两类。

② 钢桩：常见的是型钢和钢管两类。钢桩的优点是抗压抗弯强度高，施工方便；缺点是价格高，易腐蚀。

③ 组合桩：即采用两种材料组合而成的桩。例如，钢管桩内填充混凝土或上部为钢管桩、下部为混凝土桩。

（3）按桩的承载性状分类：

① 摩擦桩：在极限承载力状态下，桩顶荷载由桩侧阻力承受，如图 4-16（a）所示。

② 端承摩擦桩：在极限承载力状态下，桩顶荷载主要由桩侧阻力承受，部分桩顶荷载由桩端阻力承受。

③ 端承桩：在极限承载力状态下，桩顶荷载由桩端阻力承受，如图 4-16（b）所示。

④ 摩擦端承桩：在极限承载力状态下，桩顶荷载主要由桩端阻力承受，部分桩顶荷载由桩侧阻力承受。

4.2.4.3　桩基的构造

（1）桩基宜选用中、低压缩性土层作桩端持力层；同一结构单元内的桩基，不宜选用压缩性差异较大的土层作桩端持力层，不宜采用部分摩擦桩和部分端承桩。

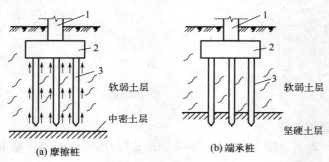

图 4-16 桩基础示意图
1—上部结构；2—承台；3—桩

（2）设计使用年限不少于 50 年时，非腐蚀环境中预制桩的混凝土强度等级不应低于 C30，预应力桩不应低于 C40，灌注桩的混凝土强度等级不应低于 C25；二 b 类环境及三类、四类、五类微腐蚀环境中不应低于 C30。设计使用年限不少于 100 年的桩，桩身混凝土的强度等级宜适当提高。水下灌注混凝土的桩身强度等级不宜高于 C40。

（3）桩身配筋应根据计算结果及施工工艺要求配筋，可沿桩身纵向不均匀配筋。腐蚀环境中的灌注桩主筋直径不宜小于 16mm，非腐蚀性环境中灌注桩的主筋直径不应小于 12mm。

（4）灌注桩主筋混凝土保护层厚度不应小于 50mm，预制桩不应小于 45mm，预应力管桩不应小于 35mm，腐蚀环境中的灌注桩不应小于 55mm。

4.2.4.4 承台构造

承台有多种形式，如柱下独立桩基承台、箱形承台、筏形承台、柱下梁式承台和墙下条形承台等。承台的作用是将桩连成一个整体，并把建筑物的荷载传到桩上，因而承台要有足够的强度和刚度。

以下主要介绍板式承台的构造要求：

（1）承台的厚度不应小于 300mm，承台的宽度不应小于 500mm，边桩中心至承台边缘的距离不宜小于桩的直径或边长，且桩的外边缘至承台边缘的距离不小于 150mm。

（2）承台混凝土强度等级不应低于 C20；纵向钢筋的混凝土保护层厚度不应小于 70mm，当有混凝土垫层时，保护层厚度不应小于 50mm。

（3）矩形承台板其配筋按双向均匀通长布置，钢筋直径不宜小于 10mm，间距不宜大于 200mm。承台梁的主筋除满足计算要求外，其直径不宜小于 12mm，架立筋直径不宜小于 10mm，箍筋直径不宜小于 6mm；对于三桩承台，钢筋应按三向板带均匀配置，且最里面的三根钢筋围成的三角形应在柱截面范围内。

4.2.4.5 承台之间的连接

单桩承台宜在两个相互垂直的方向上设置连系梁；两桩承台宜在其短向设置连系梁；有抗震要求的柱下独立承台宜在两个主轴方向设置连系梁。连系梁顶面宜与承台位于同一标高。连系梁的宽度不应小于 250mm，梁的高度可取承台中心距的 1/15～1/10，且不小于 400mm。连系梁内上下纵向钢筋直径不应小于 12mm 且不应少于 2 根，并按受拉要求锚入承台。

4.2.5 壳体基础

为了发挥混凝土抗压性能好的特性，可以将基础做成壳体形式。图 4-17 所示为常见的三种壳体基础形式，即正圆锥壳、M 形组合壳和内球外锥组合壳。壳体基础可用作柱基础和筒形构筑物（如烟囱、水塔、料仓、中小型高炉等）的基础。

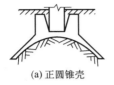 

(a) 正圆锥壳　　　　　　　(b) M形组合壳　　　　　　(c) 内球外锥组合壳

图 4-17　壳体基础的结构形式

4.3　基础埋深的确定

4.3.1　建筑物的影响

基础的埋深，应满足上部结构及基础的构造要求，适合建筑物的具体安排情况和荷载的性质、大小。当有地下室、地下管道或设备时，基础的顶板原则上应低于这些设施的底面。基础应埋置在地表以下，其最小埋置深度为 0.5m，且基础顶面至少应低于设计地面 0.1m，以便于建筑物周围排水的布置。

4.3.2　相邻建筑物的影响

靠近原有建筑物修建新基础时，如基坑深度超过原有基础的埋置深度，可能引起原有基础下沉或倾斜。因此，新建建筑物的基础埋置深度不宜大于原有基础。当埋置深度大于原有基础时，两基础间应保持一定净距 L，其数值应根据建筑荷载大小、基础形式和土质情况确定。通常，L 值不宜小于两基础底面高差 ΔH 的 1～2 倍（土质好时可取低值），如图 4-18 所示。

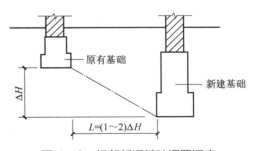

图 4-18　相邻新旧基础埋置深度

4.3.3　荷载的影响

选择基础埋置深度时必须考虑荷载的性质和大小。一般荷载大的基础，其尺寸需要大些，同时也需要适当增加埋置深度。长期作用有较大水平荷载和位于坡顶、坡面的基础应有一定的埋置深度，以确保基础具有足够的稳定性。承受上拔力的基础，如输电塔基础，也要求有一定的埋置深度，以提供足够的抗拔阻力。

4.3.4　土层的影响

直接支撑基础的土层称为持力层，在持力层下方的土层称为下卧层。为了满足建筑物对地基承载力和地基允许变形值的要求，基础应尽可能埋在良好的持力层上。当地基持力层或沉降计算深度范围内存在软弱下卧层时，软弱下卧层的承载力和地基变形也应满足要求。

良好土层的承载力高或较高；软弱土层的承载力低。按照压缩性和承载力的高低，对拟建厂区的土层，可自上而下选择合适的地基承载力和基础埋置深度。在选择中，大致可遇到如下几种情况：

（1）在建筑物影响范围内，自上而下都是良好土层，那么基础埋置深度按其他条件或最小埋置深度确定。

（2）自上而下都是软弱土层，基础难以找到良好的持力层，这时宜考虑采用人工地基或深基础等方案。

（3）上部为软弱土层而下部为良好土层。这时，持力层的选择取决于上部软弱土层的厚度。一般来说，软弱土层厚度小于 2m 者，应选取下部良好的土层作为持力层；软弱土层厚度较大时，宜考虑采用人工地基或深基础等方案。

（4）在满足地基稳定和变形要求的前提下，基础应尽量浅埋，但通常不浅于 0.5m，如图 4-19（a）所示。

（5）地基软弱土层在 2m 内、下卧层为压缩性低的土时，一般应将基础埋在下卧层上，如图 4-19（b）所示。

（6）当软弱土层大于 5m 时，低层轻型建筑应尽量浅埋于软弱土层内，必要时可加强上部结构或进行地基处理，如图 4-19（c）所示。

（7）当地基土由多层土组成且均属于软弱土层或上部荷载很大时，常采用深基础方案，如桩基等，如图 4-19（d）所示。

（注意：上面所划分的良好土层和软弱土层，只是相对于一般中小型建筑而言。对于高层建筑来说，上述所指的良好土层，很可能不符合要求。）

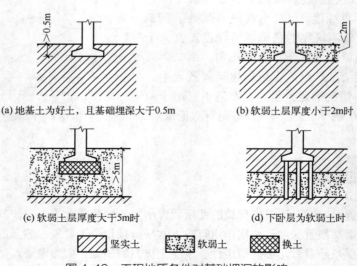

(a) 地基土为好土，且基础埋深大于0.5m　　(b) 软弱土层厚度小于2m时

(c) 软弱土层厚度大于5m时　　(d) 下卧层为软弱土时

⬛ 坚实土　　⬛ 软弱土　　⬛ 换土

图 4-19　工程地质条件对基础埋深的影响

4.3.5　地下水的影响

有地下水存在时，基础应尽量埋置于地下水水位以上，以避免地下水对基坑开挖、基础施工和使用的影响。对于有地下室的厂房、民用建筑和地下储罐，设计时还应考虑地下水的浮力和静水压力的作用以及地下结构抗渗漏的问题。当地下水位较高，基础不能埋在最高水位以上时宜将基础底面埋在最低水位下 200mm，并采用耐水材料，如混凝土和钢筋混凝土等，如图 4-20 所示。

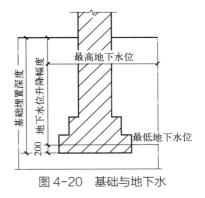

图 4-20　基础与地下水

4.3.6　地基土冻胀的影响

地面以下一定深度的地层温度，随大气温度而变化。当地层温度降至零摄氏度以下时，土中部分孔隙水将冻结而形成冻土。季节性冻土在冬季冻结而在夏季融化，每年冻融交替一次。多年冻土则不论冬夏，常年均处于冻结状态，且冻结连续三年或三年以上。我国东北、华北和西北地区的季节性冻土厚度在 0.5m 以上，最大可达 3m 左右。为防止因地基土的冻胀将基础抬升而导致的破坏，基础应埋置在冻土线以下 200mm，如图 4-21 所示。北京地区冻结深度为 0.8～1.0m，沈阳为 1.6m，哈尔滨为 2m。

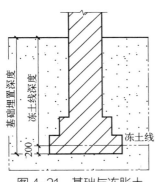

图 4-21　基础与冻胀土

如果季节性冻土由细粒土组成，且土中含水率高而地下水水位又较高，那么不但冻结深度内的土中水被冻结形成冰晶体，而且未冻结区的自由水和部分结合水将不断向冻结区迁移、聚集，使冰晶体逐渐扩大，引发土体膨胀和隆起，形成冻胀现象。到了夏季，地温升高，土体解冻，含水率增加，使土处于饱和及软化状态，强度降低，建筑物下陷。这种现象称为融陷。位于冻胀区内的基础，在土体冻结时，受到冻胀力的作用而上抬，在土体解冻后，又因土体强度降低而下陷。下陷和上抬往往是不均匀的，致使建筑物墙体产生方向相反、互相交叉的斜裂缝或轻型建筑物逐年上抬。

土的冻结不一定产生冻胀，即使产生冻胀，其程度也有所不同。对于结合水含量极少的粗粒土，不存在冻胀问题。某些粉砂、粉土和黏性土的冻胀性，则与冻结以前的含水率有关。另外，冻胀程度还与地下水水位有关。

4.4　建筑基础 Revit 建模

图 4-22 为某建筑独立基础详图。
建模过程可扫描二维码观看建模教学视频。

在线视频

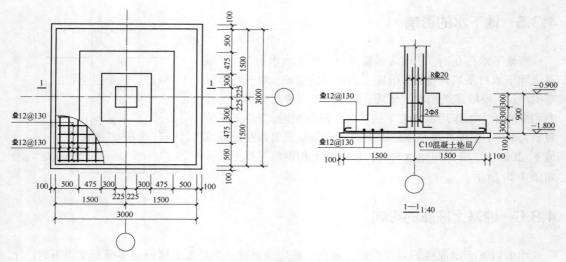

图 4-22   某建筑独立基础详图

知识拓展   上海中心大厦基础施工

上海中心大厦位于上海浦东陆家嘴金融贸易区核心区，主体建筑高 632m。其地理位置、建筑特点使大厦基础的施工成为一个前所未有的建筑难题。中国工程师和施工人员依靠自己的力量，运用多种先进施工技术、解决了大大小小无数个技术难题，成功护航上海中心大厦顺利落成，充分展现了中国的基建能力。

课后习题

1. 简述天然地基与人工地基的区别。
2. 什么是基础的刚性角？
3. 说一说摩擦型桩、端承型桩对荷载的承载区别。
4. 简述壳体基础的特点有哪些。
5. 说一说相邻建筑物基础对基础埋置深度的影响。

第5章
墙体

5.1 墙体概述

5.1.1 墙体的特点与分类

在一般房屋中，墙体承受垂直荷载（如结构自重、楼面活荷载、屋面活荷载等）和水平荷载（如风荷载等），它是一栋房屋能挡风、阻雨、隔热、御寒必不可少的围护部分，它还用来分隔房间。因此墙体起承重作用、围护作用和分隔作用。

在一般混合结构房屋中，墙体的重量约占房屋总重量的50%，其造价为房屋总造价的20%~30%。因此合理选用墙体材料，对减轻房屋重量、降低工程造价、加快工程建设速度有着重要的意义。

5.1.1.1 墙体按材料分类

墙体按组成的材料不同可以分为土墙、石墙、砖墙、砌块墙、钢筋混凝土墙等，如图5-1所示，其他材料的墙还有压型钢板墙和玻璃墙（图5-2）等，随着新的建筑材料的出现，将会有更多类型的墙出现，如膜材墙等。

图5-1 土墙、石墙、砖墙、混凝土墙体

图5-2 玻璃幕墙

5.1.1.2 墙体按构造方式分类

从墙体的构造方式来看，墙一般可以分为实体墙、空体墙和复合墙3种类型，如图5-3所示。

5.1.1.3 墙体按位置和方向分类

如果按照位置和布置方向来分类，墙又可以分为外墙、内墙、横墙和纵墙，除此以外，还经常会碰到"山墙"和"女儿墙"，山墙一般指横向外墙，女儿墙则是指平屋顶四周高出屋面部分的短墙，如图5-4所示。

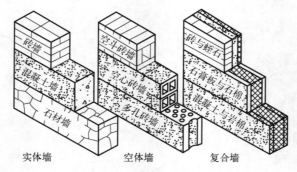

图5-3 墙体按构造方式分类

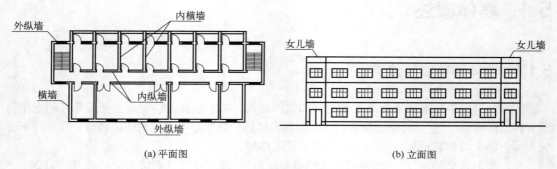

(a) 平面图   (b) 立面图

图5-4 各种墙体名称

5.1.1.4 墙体按施工方式分类

如果按照施工方式分类，可以分为叠砌墙、板筑墙和预制板材墙，如图 5-5 所示。叠砌墙是用砂浆等胶结材料将砖、石、砌块等块材组砌而成；板筑墙是在施工现场支模板现浇而成的墙体；预制板材墙是指在工厂预先制成墙板，在施工现场装配而成的墙体。

图5-5 叠砌墙、板筑墙和预制板材墙

5.1.1.5 墙体按受力情况分类

对于墙的设计而言，首要考虑它的结构要求，即涉及墙体的承重问题。按照受力情况来分，墙可以分为承重墙和非承重墙两大类，如图5-6所示。

（1）承重墙：直接承受上部屋顶、楼板所传来的荷载，它同时还承受风力、地震作用等荷载。

（2）非承重墙：有承自重墙、隔墙（块材隔墙、轻骨架隔墙、板材隔墙）、框架填充墙和幕墙4种常见形式。

以上墙体按受力情况的分类概括如图 5-7 所示。

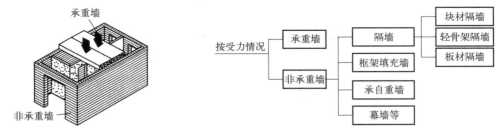

图 5-6　承重墙与非承重墙　　　　　　　　图 5-7　墙体按受力情况分类

5.1.2　墙体的设计要求

5.1.2.1　墙体的结构布置

结构布置指梁、板、柱等结构构件在房屋中的总体布局。砖混结构建筑的结构布置方案，通常有横墙承重、纵墙承重、纵横墙双向承重、部分框架承重、纯框架结构几种方式。

（1）横墙承重，横墙承重方案是将楼板两端搁置在横墙上，纵墙只承担自身的重量，适用于横墙较多且间距较小、位置比较固定的建筑，房屋空间刚度大，结构整体性好，如图 5-8（a）所示。

（2）纵墙承重，纵墙承重方案是将纵墙作为承重墙搁置楼板，而横墙为承自重墙。这样的设计横墙较少，可以满足较大空间的要求，但房屋刚度较差，如图 5-8（b）所示。

（3）纵横墙承重，将两种方式相结合，根据需要使部分横墙和部分纵墙共同作为建筑的承重墙，称为纵横墙承重，如图 5-8（c）所示。该方式可以满足空间组合的需要，且空间刚度也较大。

（4）部分框架承重，当建筑需要大空间时，采用内部框架承重、四周墙承重的方式，称为部分框架承重，如图 5-8（d）所示。因其整体性差，现已少用。

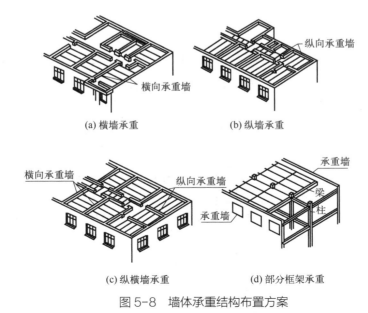

(a) 横墙承重　　　　　　　　　　(b) 纵墙承重

(c) 纵横墙承重　　　　　　　　　(d) 部分框架承重

图 5-8　墙体承重结构布置方案

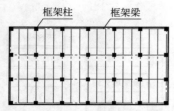

图 5-9　纯框架结构布置示意

（5）纯框架结构，纯框架结构的建筑目前在中小型民用建筑中使用逐渐增多，纯框架结构通过框架梁承担楼板荷载并传递给柱，再向下依次传递给基础和地基。

墙不承受荷载，如图 5-9 所示。

5.1.2.2　墙体承载力和稳定性

墙体承载力是指墙体承受荷载的能力，应通过结构计算确定，它与墙体的材料有关，如砖墙的承载力取决于砖和砌筑砂浆的强度等级。

墙体的稳定性与墙的长度、高度和厚度有关，控制墙体的高厚比（墙体的计算高度与其厚度的比值）是保证墙体稳定性的重要措施，高厚比越大，墙体的稳定性越差。另外，可以通过增加墙垛、结构柱、圈梁、墙内加筋等方法，提高墙体稳定性。

5.1.2.3　其他功能

建筑物的墙体还需满足保温与隔热、隔声、防火、防水、防潮、经济、建筑工业化等要求。

5.2　砌体墙构造

砌体墙是用砂浆等胶结材料将砖石块材组砌而成的墙，如砖墙、石墙及各种砌块墙等，如图 5-10 所示。砌体墙通常具有较好的保温、防火、隔声性能；但砌体墙强度较低，整体性较差，不利于抗震。砌体墙大量应用于低层和多层的民用建筑，如住宅、旅馆、学校、幼儿园、办公建筑和小型商业建筑、工业厂房、诊疗所等。其生产制造及施工操作简单，但现场湿作业多、施工速度慢、劳动强度大。

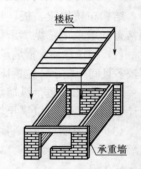

图 5-10　砌体承重墙建筑墙

5.2.1　砌体墙的构造要求

（1）砌体墙承重结构的块体的强度等级，应按下列规定：

① 采用烧结普通砖、烧结多孔砖的强度等级:MU30、MU25、MU20、MU15 和 MU10；

② 蒸压灰砂普通砖、蒸压粉煤灰普通砖的强度等级:MU25、MU20 和 MU15；

③ 混凝土普通砖、混凝土多孔砖的强度等级:MU30、MU25、MU20 和 MU15；

④ 混凝土砌块、轻集料混凝土砌块的强度等级:MU20、MU15、MU10、MU7.5 和 MU5；

⑤ 石材的强度等级:MU100、MU80、MU60、MU50、MU40、MU30 和 MU20。

（2）承重的独立砖柱，截面尺寸不应小于 240mm×370mm。毛石墙厚度不宜小于 350mm，毛料石柱较小边长不宜小于 400mm。当有振动荷载时，墙、柱不宜采用毛石砌体。

（3）跨度大于 6m 的屋架及大于 4.8m（对于砖砌体）、4.2m（对于砌块或料石砌体）或 3.9m（对于毛石砌体）的梁，应在其支承面下的砌体设置钢筋混凝垫块；当墙中设有圈梁时，垫块与圈梁宜浇筑成整体。

（4）当梁跨度大于或等于 6m（对于 240mm 厚砖墙）、4.8m（对于 180mm 厚砖墙、砌块及料石墙体）时，其支承处宜加设壁柱，或采用其他加强措施。

（5）预制钢筋混凝土板的支承长度，在墙上不宜小于 100m；在钢筋混凝土圈梁上不宜小于 80mm；当板支承于内墙时，板端钢筋伸出长度不应小于 70mm，用强度等级不应低于 C25 的混凝土浇筑成板带;当板支承于外墙时,板端钢筋伸出长度不应小于100mm,并用强度等级不应低于C25的混凝土浇筑成板带;预制钢筋混凝土板与现浇板对接时,预制板端钢筋应伸入现浇板中进行连接后,再浇筑现浇板。

5.2.2　墙体材料

砌体包括块材和胶结材料两种材料,由胶结材料将块材砌筑成整体的砌体。块材通常采用各种砖、砌块、石材等;胶结材料主要是指砂浆。

5.2.2.1　常用块材

常用块材可分为砖和砌块。砌块的尺寸通常比砖大,其主规格的高度通常大于115mm。砖的种类很多,从材料上看,有烧结普通砖、页岩砖、灰砂砖、粉煤灰砖、炉渣砖等。从断面上看,有实心砖、多孔砖和空心砖;从生产工艺上看,有烧结砖、蒸压砖等。常用砖的种类及规格见表5-1。

表5-1　常用砖的种类及尺寸规格

简图	名称	规格(长×宽×厚)/mm×mm×mm
实心砖	烧结普通砖	主砖规格:240×115×53
		配砖规格:175×115×53
	蒸压粉煤灰砖	240×115×53
	蒸压灰砂砖	实心砖:240×115×53
空心砖		空心砖:240×115×(53、90、115、175)
	烧结空心砖	290×190(140)×90
		240×180(175)×115
多孔砖	烧结多孔砖	P型:240×115×53
		M型:190×190×90

《砌体结构设计规范》(GB 50003—2011)(以下简称《砌体规范》中规定的块体强度等级分别如下:

(1) 烧结普通砖、烧结多孔砖:MU30、MU25、MU20、MU15和MU10;
(2) 蒸压灰砂普通砖、蒸压粉煤灰普通砖:MU25、MU20和MU15;
(3) 混凝土普通砖、混凝土多孔砖:MU30、MU25、MU20和MU15;
(4) 混凝土砌块、轻集料混凝土砌块:MU20、MU15、MU10、MU7.5和MU5;
(5) 石材:MU100、MU80、MU60、MU50、MU40、MU30和MU20。

5.2.2.2　砂浆

砂浆在砌体中的作用是将块材连成整体并使应力均匀分布,保证砌体结构的整体性。另外,由于砂浆填满块材间的缝隙,减少了砌体的透气性,提高了砌体的隔热性及抗冻性。

砂浆按其组成材料的不同,可分为水泥砂浆、混合砂浆和石灰砂浆。水泥砂浆具有强度高、耐久性好的特点,但保水性和流动性较差,适用于潮湿环境和对强度有较高要求的地上砌体及地下砌体。混合砂浆具有保水性和流动性较好、强度较高、便于施工而且质量容易得到保证的特点，是砌体结构中常用的砂浆。石灰砂浆具有保水性好、流动性好的特点，但强度低，耐久性差，只适用于临时建筑或受力不大的简易建筑。

水泥砂浆：由水泥和砂加水拌和而成，常用级配（水泥∶黄砂）为 1∶2 或 1∶3 等，属于水硬性材料，强度高，较适合用于潮湿环境的砌体砌筑和抹灰，如基础砌筑，卫生间、墙面抹灰等。

混合砂浆：是由水泥、石灰膏、砂加水拌和而成，常用级配（水泥∶石灰∶黄砂）为 1∶1∶6 或 1∶1∶4 等，这种砂浆强度较高，和易性和保水性好，常用于干燥环境下的砌体砌筑和抹灰，如主墙体砌筑。

石灰砂浆：由石灰膏和砂子按一定比例搅拌而成的砂浆，完全靠石灰在空气中硬化而获得强度，常用级配（石灰∶黄砂）为 1∶3 等。石灰砂浆仅适用于强度要求低、干燥环境下的工程，成本比较低。

5.2.3　组砌方式

组砌是指砌块在砌体中的排列。组砌的要求是"横平竖直，砂浆饱满，避免通缝"。上下砌块间的水平缝称为横缝，左右砌块间的垂直缝称为竖缝。避免通缝就是指组砌时应让竖缝交错，保证砌体的整体性。以下以砖墙为例讲解砌体墙的组砌方式。

5.2.3.1　砖墙的组砌

砖墙的组砌中，把砖的长方向垂直于墙面砌筑的砖称为丁砖，把砖的长方向平行于墙面砌筑的砖称为顺砖，如图 5-11 所示。砌筑砂浆的厚度一般为 10mm，允许的公差范围为 8~12mm。普通黏土砖墙常用的组砌方式如图 5-12 所示。

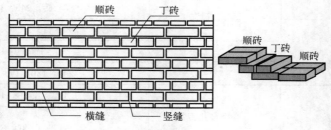

图 5-11　砖墙组砌名称及原则

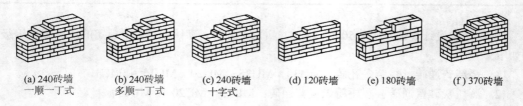

　(a) 240砖墙　　　 (b) 240砖墙　　　 (c) 240砖墙　　　 (d) 120砖墙　　　 (e) 180砖墙　　　 (f) 370砖墙
　　一顺一丁式　　　 多顺一丁式　　　 十字式

图 5-12　砖墙组砌方式

5.2.3.2　墙体尺度

砖墙的厚度取决于荷载大小、层高、横墙间距、保温节能要求、门窗洞口大小及数量等因素，由块材和灰缝的尺寸组合而成，一般承重内墙厚 240mm，寒冷和严寒地区的外墙厚 365mm 和 490mm。

5.2.4　砌体墙的布置

（1）前后对齐。房屋各层的横向砌体墙、纵向砌体墙若分别对齐贯通，各片砌体墙均能形成相当于房屋全宽的竖向整体构件，可以使房屋获得最大的整体抗弯能力。这对于房屋高宽比值很大的房屋来说，是十分必要的，必须做到。砌体墙的对齐贯通，还能减少砌体墙、楼板等受力构件的中间传力环节，使受害部位减少、震害程度减轻。

（2）上下贯通。房屋的内横墙，尽可能做到上下贯通。这样，地震力传递直接，路线最短。

5.3　砌体墙的细部构造

为了保证墙体的耐久性和墙体与其他构件的连接，应在相应的位置进行构造处理。墙身的细部构造包括墙脚、门窗洞口、墙身加固措施及变形缝构造等。

5.3.1　墙脚构造

墙脚是指室内地面以下，基础以上的这段砌体。内外墙都有墙脚，外墙的墙脚又称勒脚。

墙脚的位置如图 5-13 所示。由于墙脚所处的位置常受土壤和地表水的侵蚀，可能导致墙身受潮、饰面层脱落。因此，必须做好墙脚防潮，增强勒脚耐久性，并排除房屋四周的地面水。

5.3.1.1　墙身防潮

墙身防潮的方法是在墙脚铺设防潮层，防止土壤和地表水渗入墙体。防潮层根据其位置又分为水平防潮层和垂直防潮层。如果墙脚采用不透水材料（如条石或混凝土等）或设有钢筋混凝土地圈梁时，可以不设防潮层。

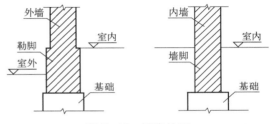

图 5-13　墙脚位置

水平防潮层一般分为油毡防潮层、防水砂浆防潮层和配筋细石混凝土防潮层等，如图 5-14 所示。

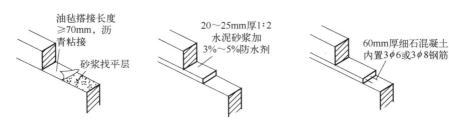

(a) 油毡防潮层　　　(b) 防水砂浆防潮层　　　(c) 配筋细石混凝土防潮层

图 5-14　水平防潮层构造

当室内地面垫层为混凝土等密实材料时，防潮层的位置应设在垫层范围内，低于室内地面 60mm 处，同时还应至少高于室外地面 50mm；当室内地面垫层为透水材料时（如炉渣、碎石等），其位置可与室内地面平齐或高于室内地面 60mm，如图 5-15（a）、（b）所示。

垂直防潮层的做法是在墙体迎向潮气的一面做 20～25mm 厚 1:2 的防水砂浆，或者用 15mm 厚 1:3 的水泥砂浆找平后，再涂防水涂膜 2～3 道或贴高分子防水卷材一道。当内墙两侧地面出现高差时，应在墙身内设高低两道水平防潮层，并在靠土壤一侧加设垂直防潮层，如图 5-15（c）所示。

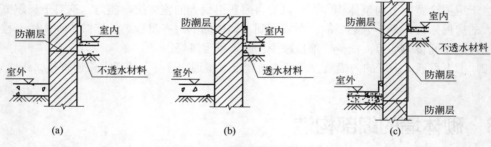

图 5-15　墙身防潮层的设置

5.3.1.2　勒脚构造

勒脚是外墙的墙脚，它和内墙脚一样应做防潮层。同时，因受地表水及外力的影响还需坚固耐久。此外，勒脚的高度、色彩和材质应结合建筑造型的要求设计。勒脚的构造做法通常有以下几种，如图 5-16 所示：

（1）采用 20mm 厚 1∶3 水泥砂浆或水刷石、斩假石抹面；

（2）采用天然石材或人工石材贴面；

（3）采用条石、混凝土等坚固材料。

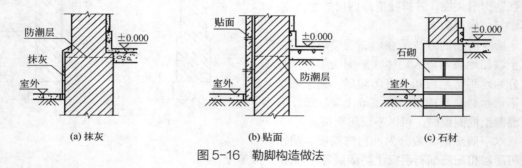

图 5-16　勒脚构造做法

5.3.1.3　散水构造

房屋四周可采用散水和明沟排除雨水。图 5-17 即为外墙周围的散水。当屋面为有组织排水时，一般设散水和暗沟。屋面为无组织排水时，一般设散水和明沟。散水的做法通常是在夯实素土上铺三合土、混凝土等材料，厚度 60～70mm。散水应设不小于 3%的排水坡。散水宽度一般为 0.6～1.0m。散水与外墙交接处应设变形缝，变形缝用弹性材料嵌缝，防止外墙下沉时将散水拉裂，如图 5-18 所示。

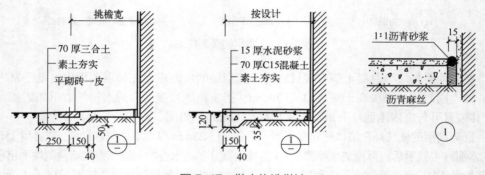

图 5-17　散水构造做法

图 5-18　散水构造做法散水伸缩缝构造

5.3.1.4　明沟构造

明沟的构造做法，如图 5-19 所示，可采用砖砌、石砌、混凝土现浇等方式，沟底应做纵坡，坡度为 0.5% ~ 1%，坡向窨井。明沟中心应正对屋檐滴水位置，外墙与明沟之间应做散水。

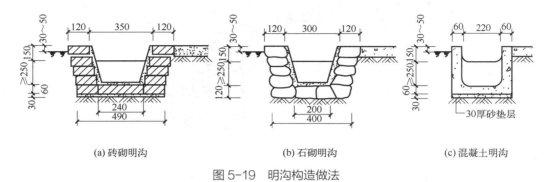

(a) 砖砌明沟　　　　　　　(b) 石砌明沟　　　　　　　(c) 混凝土明沟

图 5-19　明沟构造做法

5.3.2　墙体洞口构造

建筑物的墙上需要留出门窗洞口。现今的门窗基本上都是等到建筑主体结构全部完成（俗称"结构封顶"）后再安装的。如果门窗洞口过大（对内墙指不小于 2.1m 的洞口）影响到建筑物的整体刚度时，应该在洞口两侧设结构柱。同时，无论洞口大小，为了便于墙体砌筑以及使洞口上方的一段墙的自重可以传递到洞口两侧去，在洞口的上方需要架设门窗过梁。

门窗过梁一般有三种形式。它们分别是砖拱（平拱、弧拱和半圆拱）过梁、钢筋砖过梁和钢筋混凝土过梁。

5.3.2.1　砖拱过梁

砖拱过梁是我国传统的门窗过梁做法，常用的砖拱过梁有平拱式、弧拱式、半圆拱式三种如图 5-20 所示，砖拱过梁多用于清水墙。

(a) 平拱式　　　　　　　(b) 弧拱式　　　　　　　(c) 半圆拱式

图 5-20　门窗砖拱过梁形式

5.3.2.2　钢筋砖过梁

钢筋砖过梁是在门窗洞口上部平砌的砖缝灰浆中配置适量的钢筋，形成可以承受弯矩的配筋砖砌体，如图 5-21 所示。

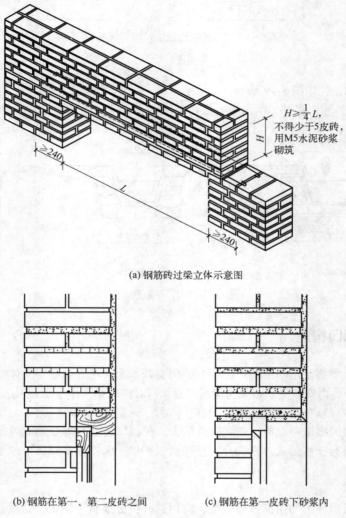

(a) 钢筋砖过梁立体示意图

(b) 钢筋在第一、第二皮砖之间   (c) 钢筋在第一皮砖下砂浆内

图 5-21　钢筋砖过梁

　　钢筋砖过梁适用于清水墙，施工方便，但门窗洞口宽度不应超过 2m。通常将 $\phi 6$ 钢筋放置在第一皮砖和第二皮砖之间，也可以放置在第一皮砖下厚度为 30mm 的砂浆层内，钢筋的根数不少于两根、间距不大于 120mm。钢筋伸入洞口两侧窗间墙每边不小于 240mm，且钢筋端部应做弯钩以利于锚固。洞口上部在相当于洞口跨度 1/4 的高度范围内（一般为 5~7 皮砖）用不低于 M5 的砂浆砌筑，抗震设防地区建筑的门窗洞口不应采用砖过梁。

5.3.2.3　钢筋混凝土过梁

　　对有较大振动荷载、可能产生不均匀沉降、抗震设防地区的建筑物或门窗洞口跨度较大时，应采用钢筋混凝土过梁，这种过梁也是目前采用广泛的门窗洞口过梁形式，如图 5-22 所示。

　　钢筋混凝土过梁的宽度一般应同墙厚，以利于承托其上部的砌筑墙体。钢筋混凝土过梁的高度在满足其自身刚度要求的前提下，应与墙体块材的规格和皮数相适应，例如，用于普通黏土砖墙上的过梁高度，应做成 60mm、120mm、180mm、240mm 等，即相当于一、二、三、四皮砖的高度。钢筋混凝土过梁伸入洞口两侧窗间墙内每侧不应少于 240mm。

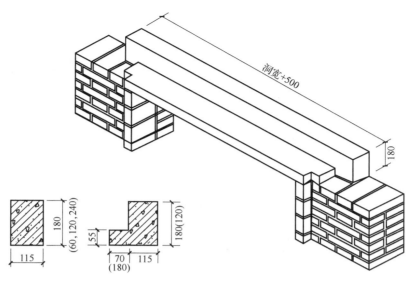

(a) 预制钢筋混凝土过梁断面尺寸

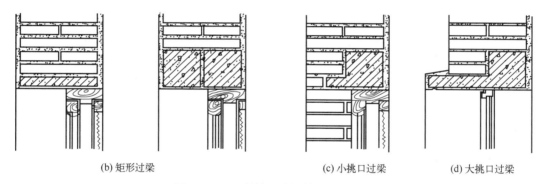

(b) 矩形过梁   (c) 小挑口过梁   (d) 大挑口过梁

图 5-22 预制装配式钢筋混凝土过梁

5.3.3 墙身的加固措施

5.3.3.1 圈梁

(1) 在砌体结构房屋中,沿四周外墙及纵横墙内墙墙体中水平方向设置的连续封闭梁称为圈梁,如图 5-23 所示。位于房屋檐口处的圈梁称为檐口圈梁,位于标高±0.000 以下基础顶面处的圈梁,称为地圈梁,如图 5-24 所示。圈梁可分为钢筋混凝土圈梁和钢筋砖圈梁两种,但后者目前在工程中应用很少。

概括起来,圈梁能够起到增强房屋的整体性、提高楼盖的水平刚度、限制墙体斜裂缝的开展和延伸、减轻地基不均匀沉降对房屋的影响等作用。圈梁的存在还可减小墙体的计算高度,提高其稳定性。跨越门窗洞口的圈梁,配筋若不少于过梁或适当增配一些钢筋时,还可兼作过梁。因此,设置圈梁是砌体结构墙体设计的一项重要构造措施。

(2) 为使圈梁能更好地发挥其作用,圈梁必须符合以下构造要求:

① 混凝土圈梁的宽度宜与墙厚相同。当墙厚不小于 240mm 时,其宽度不宜小于墙厚的 2/3。圈梁高度不应小于 120mm。

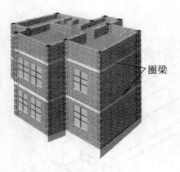

图 5-23 圈梁

图 5-24 地圈梁

② 圈梁宜连续设置在同一水平面上，并形成封闭环状；当圈梁被门窗洞口截断时，应在洞口上部增设相同截面的附加圈梁，附加圈梁与圈梁的搭接长度不应小于其垂直距离的 2 倍，且不小于 1.0m，如图 5-25 所示。

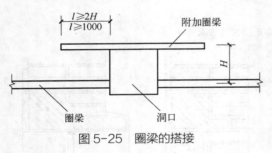

图 5-25 圈梁的搭接

③ 在刚弹性和弹性方案房屋中，圈梁应与屋架、大梁等构件可靠连接。钢筋混凝土圈梁的纵向钢筋不宜少于 4Φ10。搭接长度按受拉钢筋的要求确定，箍筋间距不应大于 300mm。如图 5-26 所示。

④ 圈梁兼作过梁时，过梁部分的配筋应按计算用量单独配置。

⑤ 圈梁在纵、横墙交接处，应设置附加钢筋予以加强，保证连接可靠。

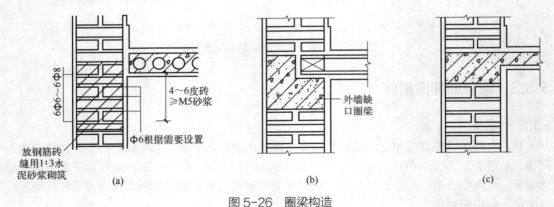

图 5-26 圈梁构造

5.3.3.2 结构柱

抗震设防地区，为了增加建筑物的整体刚度和稳定性，在使用砌体墙承重的墙体中，还需设置钢筋混凝土结构柱，使之与各层圈梁连接，形成空间骨架，加强墙体抗弯、抗剪能力，使墙体在破坏过程中具有一定的延性，减缓墙体酥碎现象的产生。结构柱是防止房屋倒塌的一种有效措施。

多层房屋结构柱的设置部位是：外墙四角、错层部位横墙与外纵墙交接处、较大洞口两侧、大房间内外墙交接处。除此之外，根据房屋的层数和抗震设防烈度不同，结构柱的设置要求如表 5-2。

表 5-2　砌体墙结构柱设置要求

房屋层数				设置的部位
6 度	7 度	8 度	9 度	
四、五	三、四	二、三		楼、电梯间四角、楼梯斜梯段上下端对应的墙体处；外墙四角和对应转角处；错层部位横墙与外纵墙交接处；较大洞口两侧；大房间内外墙交接处	隔 12m 或单元横墙与外纵墙交接处；楼梯间对应的另一侧内横墙与外纵墙交接处
六	五	四	二		隔开间横墙（轴线）与外墙交接处；山墙与内纵墙交接处
七	≥六	≥五	≥三		内墙（轴线）与外墙交接处；内墙局部较小墙垛处；内纵墙与横墙（轴线）交接处

注：较大洞口，内墙指不小于 2.1m 的洞口；外墙在内外墙交接处已设置结构柱时应允许适当放宽，但洞侧墙体应加强。

　　结构柱的截面尺寸应与墙体厚度一致。砌体墙结构柱的最小截面尺寸为 240mm×180mm，竖向钢筋一般用 4Φ12，箍筋间距不大于 250mm，随烈度加大和层数增加，房屋四角的结构柱可适当加大截面及配筋。施工时必须先砌墙，后浇筑钢筋混凝土柱，墙与柱的连接处宜留出五进五出的大马牙槎，进出 60mm，并应沿墙高每隔 500mm 设 2Φ6 拉结钢筋，每边伸入墙内不宜小于 1m，如图 5-27 所示。结构柱可不单独设置基础，但应伸入室外地面下 500mm，或锚入浅于 500mm 的基础圈梁内。

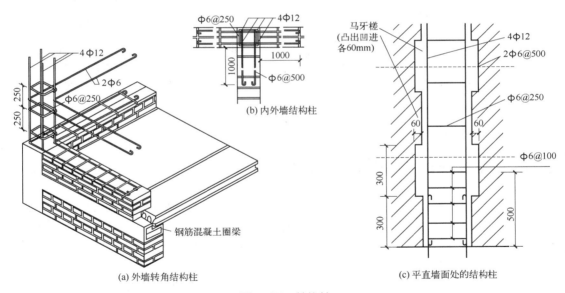

图 5-27　结构柱

5.3.3.3　壁柱与门垛

　　当墙体受到集中荷载作用而墙厚又不足以承受时或墙体的长度和高度超过一定限度而影响到其稳定性时，要在墙体适当部位设置凸出墙面的壁柱，又称扶壁，以共同承受荷载并增加墙体稳定性。壁柱尺寸应符合砖的规格，一般凸出墙面 120mm 或 240mm，宽 370mm 或 490mm，如图 5-28（a）所示。

　　在墙体上开设门洞，特别是在转角处和丁字墙处应设门垛，以便于门窗安装和保证墙体的稳定。门垛宽度同墙厚，长一般为 120mm 或 240mm，如图 5-28（b）。

增加门垛和壁柱都是墙身加固的措施。

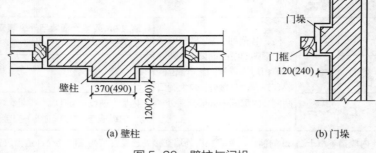

(a) 壁柱   (b) 门垛

图 5-28   壁柱与门垛

5.3.4   窗台

窗台的作用是避免窗洞下部积水，防止水渗入墙体和沿窗缝隙渗入室内而污染墙面等。窗台有悬挑窗台和不悬挑窗台；有砖砌窗台和钢筋混凝土窗台，如图 5-29 所示。

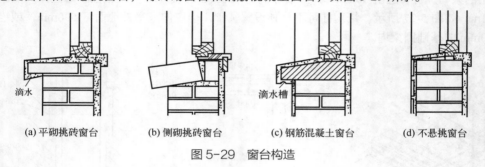

(a) 平砌挑砖窗台   (b) 侧砌挑砖窗台   (c) 钢筋混凝土窗台   (d) 不悬挑窗台

图 5-29   窗台构造

5.4   钢结构骨架的基本构造

在大型公共建筑、工业建筑以及高层建筑和超高层建筑的结构柱及墙体的设计中，砌体结构由于其材料在强度和结构整体性等方面的劣势而无法应用时，可以钢结构取而代之。钢结构骨架有自重轻、抗震性能良好、能充分地利用建筑空间、建造速度快、防火性能差等特点。

钢结构建筑的骨架柱一般采用型钢，如 H 型钢、圆钢管和方钢管等制作，如图 5-30 所示，或者采用组合型钢，如图 5-31 所示。梁可以采用型钢或者焊接构件以及钢桁架等。

(a) H型钢   (b) 圆钢管   (c) 方钢管

图 5-30   常见的钢结构骨架柱用料

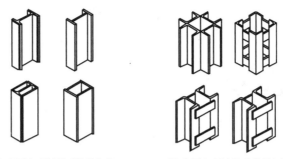

(a) 由两个型材组成的骨架柱   (b) 由四个型材组成的骨架柱

图 5-31 常见的钢结构骨架柱用组合型钢

5.5 结构柱 Revit 建模

图 5-32 为某建筑某结构柱详图。
建模过程可扫描二维码观看建模教学视频。

在线视频

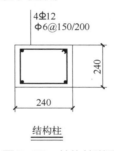

4Φ12
Φ6@150/200

240

240

结构柱

图 5-32 结构柱详图

 知识拓展 中国古建筑的拱形结构

中国古建筑中的拱形结构非常常见，如拱形门、拱形桥、拱形屋顶……，拱形的对称美学可以赋予建筑形象静态美，呈现出稳重、古朴之感。它在受到压力的时候会将力分散传递给向下或向外的部分，因此节省了许多成本开销。拱形结构不仅可以提升建筑的美感和艺术感，还可以增强建筑的美观性和稳定性。

 课后习题

在线题库
参考答案

1. 简述墙身防潮的构造措施。
2. 简述明沟、散水的构造做法。
3. 简述圈梁的作用。
4. 简述圈梁的构造要求。
5. 简述窗台的构造要点。
6. 钢结构骨架的特点有哪些？

第6章
楼地层和屋面

6.1 楼地层的类型、组成及要求

楼地层包括楼板层和地坪层，是分隔建筑空间的水平构件；楼板层是分隔楼层空间的水平承重构件；地坪层是指底层房间与土壤相交接处的水平构件；地面是指楼板层和地坪层的面层部分，面层为直接承受各种物理和化学作用的表面层。它们处在不同的部位，发挥着各自的作用，因此对其结构、构造有着不同的要求。

6.1.1 楼板层的类型

楼板按所用材料不同，可分为木楼板、砖拱楼板（已不使用）、钢筋混凝土楼板、压型钢板组合楼板等几种类型，如图 6-1 所示。

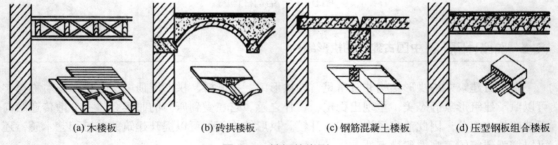

(a) 木楼板　　　　(b) 砖拱楼板　　　　(c) 钢筋混凝土楼板　　　　(d) 压型钢板组合楼板

图 6-1　楼板的类型

6.1.2 楼板层的组成

楼板层主要由面层、结构层和顶棚层等组成，另外，还可按使用需要增设附加层，如图 6-2 所示。当楼板层的基本构造不能满足使用或构造要求时，可增设结合层、隔离层、填充层、找平层等其他构造层。

6.1.3 楼板层设计要求

（1）具有足够的强度和刚度。强度要求楼板层应保证在自重和荷载作用下平整光洁、安全可靠，不发生破坏；刚度要求楼板层应在一定荷载作用下不发生过大的变形和磨损，做到不起尘、易清洁，以保证正常使用和美观。

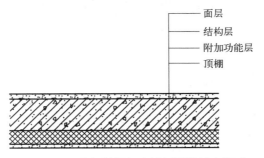

面层
结构层
附加功能层
顶棚

图6-2　现浇钢筋混凝土楼板层的基本组成

（2）具有一定的隔声能力。楼板层隔声主要是针对固体传声。其措施有：

① 楼板面铺设弹性面层，以减弱撞击楼板时所产生的声能，减弱楼板的振动，如铺设地毯、橡皮、塑料等，如图6-3（a）所示。

② 设置片状、条状或块状的弹性垫层，其上做面层形成浮筑式楼板，如图6-3（b）所示。

③ 在楼板下设置吊顶棚（吊顶），使撞击楼板产生的振动不能直接传入下层空间。还可在顶棚上铺设吸声材料，加强隔声效果，如图6-3（c）所示。

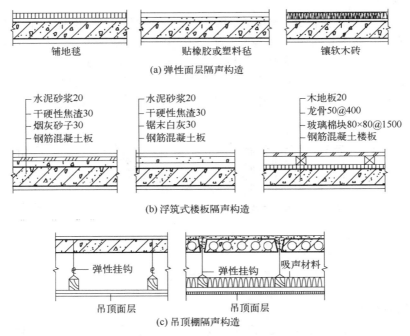

铺地毯　　　　贴橡胶或塑料毡　　　　镶软木砖
(a) 弹性面层隔声构造

水泥砂浆20　　　　水泥砂浆20　　　　木地板20
干硬性焦渣30　　　干硬性焦渣30　　　龙骨50@400
烟灰砂子30　　　　锯末白灰30　　　　玻璃棉块80×80@1500
钢筋混凝土板　　　钢筋混凝土板　　　钢筋混凝土楼板
(b) 浮筑式楼板隔声构造

弹性挂钩　　　　弹性挂钩　　　吸声材料

吊顶面层　　　　　吊顶面层
(c) 吊顶棚隔声构造

图6-3　楼板隔绝固体传声构造

（3）具有一定的热工及防火能力。

（4）具有一定的防潮、防水能力。对于卫生间、厨房和化学实验室等地面潮湿、易积水的房间应做好防潮、防水、防渗漏和耐腐蚀处理。

（5）满足管线敷设要求。楼板层应满足各种管线的敷设要求，以保证室内平面布置更加灵活，空间使用更加完整。

（6）满足经济要求，在一般情况下，多层房屋楼板的造价占房屋土建造价的 20%～30%。因此，应注意结合建筑物的质量标准、使用要求以及施工技术条件，选择经济合理的结构形式和构造方案。

6.2 钢筋混凝土楼板

钢筋混凝土楼板按施工方法的不同，可分为现浇整体式、预制装配式和装配整体式三种。目前以现浇整体式楼板为主。

6.2.1 现浇整体式钢筋混凝土楼板

现浇整体式钢筋混凝土楼板是在施工现场经支模板、绑扎钢筋、浇灌混凝土、养护等施工程序而成型的楼板。它整体刚度好，但模板消耗大、工序繁多、湿作业量大、工期长，适合于抗震设防及整体性要求较高的建筑。

现浇整体式钢筋混凝土楼板根据受力和传力情况不同，可分为板式楼板、梁板式楼板、井式楼板、无梁楼板和压型钢板混凝土组合楼板等多种形式。

6.2.1.1 板式楼板

板式楼板是楼板内不设置梁，将板直接搁置在墙上的楼板。板式楼板底面平整，施工简便，但跨度小，一般为 2～3m，适用于小跨度房间，如走廊、厕所和厨房等。如图 6-4 所示，当板的长边与短边之比大于 2 时，这种板称为单向板，板内受力钢筋沿短边方向布置，板的长边承担板的全部荷载；当板的长边与短边之比不大于 2 时，这种板称为双向板，荷载沿双向传递，短边方向内力较大，长边方向内力较小，受力主筋平行于短边并布置在下面。

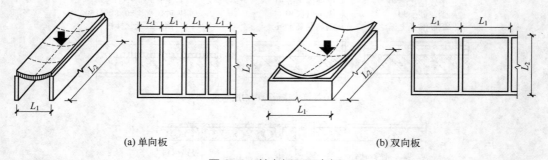

(a) 单向板   (b) 双向板

图 6-4   单向板和双向板

6.2.1.2 梁板式楼板

当房间的跨度较大时，楼板承受的弯矩也较大，如仍采用板式楼板就必须增加板的厚度和增加板内所配置的钢筋。为了使板的结构更经济合理，常在板下设梁以控制板的跨度。梁有主梁和次梁之分，楼板重量及上部荷载由次梁传给主梁，再由主梁传给墙或柱子，这种楼板称梁板式楼板或梁式楼板。如图 6-5 所示，梁板式楼板一般由板、次梁、主梁组成。主梁沿房间短跨布置，次梁与主梁一般垂直相交，板搁置在次梁上，次梁搁置在主梁上，主梁搁置在墙或柱上。主次梁布置对建筑的使用、造价和美观等有很大影响。

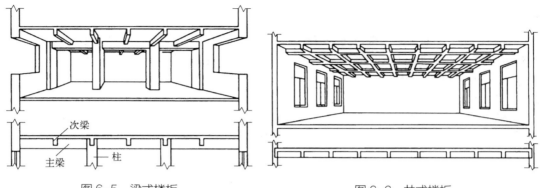

图 6-5 梁式楼板　　　　　　　　　图 6-6 井式楼板

6.2.1.3 井式楼板

井式楼板又叫井字楼板,是梁板式楼板的一种特殊布置形式。当房间尺寸较大,且接近正方形时,常将两个方向的梁等距离等高度布置,不分主次梁,如图 6-6 所示,就形成了井式楼板。井式楼板的跨度一般为 6~10m,板厚为 70~80mm,井格边长一般在 2.5m 之内。井式楼板一般井格外露,有着结构的自然美感,房间内不设柱,适用于门厅、大厅、会议室、小型礼堂等。

6.2.1.4 无梁楼板

无梁楼板是将板直接支承在柱或者是墙上,不设主梁或次梁,如图 6-7 所示。当荷载较大时,为改善板的受力条件,增大柱对板的支承面积和减小板的跨度,需在柱顶设置柱帽和托板。

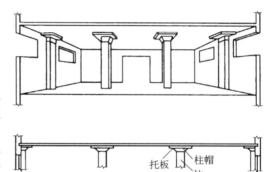

无梁楼板通常为正方形或接近正方形。楼板下的柱应尽量按方形网格布置,间距在 6m 左右较为经济,板厚不宜小于 120mm,且无梁楼板周围应设置圈梁。与其他楼板相比,无梁楼板顶棚平整、室内净空大、采光通风效果好,且施工时模板架设简单,适用于商店、仓库、车库等建筑。

图 6-7 无梁楼板

6.2.1.5 压型钢板混凝土组合楼板

压型钢板混凝土组合楼板由楼面层、组合板和钢梁三部分构成,如图 6-8 所示。其中组合板包括现浇混凝土和钢衬板部分,还可根据需要设吊顶棚。此种楼板适用于需要较大空间的高、多层民用建筑及大跨度工业厂房中,目前在我国工业厂房应用较多。

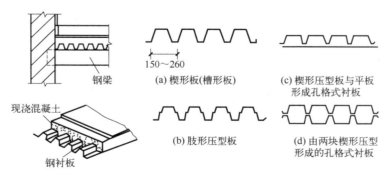

图 6-8 压型钢板混凝土组合楼板

6.2.2　预制装配式钢筋混凝土楼板

　　预制装配式钢筋混凝土楼板具有节约模板、简化操作程序、减轻劳动强度、加快施工进度、大幅度缩短工期、建筑工业化施工水平高等优点，是目前采用最广泛的楼板形式。但预制钢筋混凝土楼板整体性差，抗震性能不好。一般情况下，对平面形状规模和尺寸符合建筑模数的建筑物，应尽量采用预制钢筋混凝土楼板。

　　预制钢筋混凝土楼板有预应力和非预应力两种。预应力楼板与非预应力楼板相比，减轻了自重，节约了钢材和混凝土，降低了造价，也为采用高强度材料创造了条件，因此在建筑施工中优先采用预应力构件。

6.2.2.1　实心平板

　　实心平板上下板平整，制作简单。板的经济跨度一般在 2.4m 以内，板厚为 50 ~ 80mm（板厚常取跨度的 1/30），板宽为 600 ~ 900mm，如图 6-9 所示。实心平板的规格各地区不同。

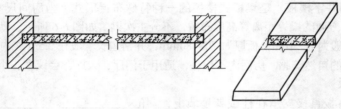

图 6-9　实心平板

　　实心平板的跨度小，一般用于建筑物的走廊板、楼梯的平台板、阳台板，也可用作架空隔板沟盖板。

6.2.2.2　槽形板

　　槽形板是一种梁板合一的构件，为了方便搁置并提高板的刚度，可在板的横向两端设肋封闭。当跨度达到 6m 时，每隔 500 ~ 700mm，设横肋一条，以进一步增加板的刚度，满足承载的需要。由于槽形板的边肋起到了梁的作用，因此槽形板可以做得很薄，而且跨度可以很大，特别是预应力槽形板，厚度一般为 30 ~ 35mm，板宽为 600 ~ 1500mm，肋高为 150 ~ 300mm，跨度为 3 ~ 7.2m。

　　槽形板的放置方式有两种：一种是正置，板肋向下；另一种是倒置，板肋向上。正置时，受力合理，充分发挥了混凝土良好的抗压能力，但板底不平整，如图 6-10（a）所示；倒置时，

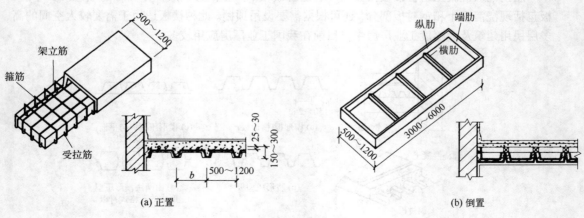

(a) 正置　　　　　　　　　　　　　　　　(b) 倒置

图 6-10　槽形板

受力不甚合理，材料用量较多，底板不平整，需做面板，为提高隔声能力，可在槽内填充隔声材料，如图 6-10（b）所示。槽形板具有自重轻，节省材料，造价低，便于开孔等优点，但隔声性能差。

6.2.2.3　空心板

空心板孔的断面有圆形、正方形、长方形和椭圆形等，如图 6-11 所示，但因圆形孔强度和刚度都较大，且制作时抽芯脱模方便，故目前预制空心板基本上采用圆形孔。

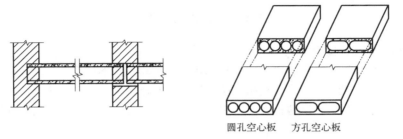

圆孔空心板　　方孔空心板

图 6-11　空心板

空心板上下板面平整，便于做楼面和顶棚，比实心平板经济省料，且隔声性能也优于实心板和槽形板，因此是目前采用最为广泛的板型。空心板上下不能随便开洞，故不适用管道穿越较多的房间。

空心板各地区的规格也不尽相同，一般有中型板和大型板之分，中型板跨度多为 4.5m 以下，板宽为 500～1500mm，常见的规格是 600～1200mm，板厚为 90～120mm；大型空心板板宽为 1200～1500mm，板厚为 180～240mm，施工中板的厚度根据跨度来选。

空心板在安装时，有时为了避免混凝土灌缝时漏浆和确保板端上部墙体不至于压坏板端，且能将上部荷载均匀传至下部墙体，板端的孔洞应用细石混凝土制作的圆台（称为堵头）堵塞，这样还可增强隔声和隔热的能力。

6.2.3　装配整体式钢筋混凝土楼板

装配整体式钢筋混凝土楼板是将预制的部分构件在安装过程中用现浇混凝土的方法将其连成一体的楼板结构。它综合了现浇式楼板整体性好和预制装配式楼板施工简单、工期短、节约模板的优点，又避免了现浇式楼板湿作业、施工复杂和装配式楼板整体性差的缺点。常用的装配式楼板有密肋填充块楼板和预制薄板叠合楼板两种。

6.2.3.1　密肋填充块楼板

密肋填充块楼板的密肋小梁有现浇和预制两种。

（1）现浇密肋填充块楼板。现浇密肋填充块楼板是以陶土空心砖、矿渣混凝土空心块、玻璃钢壳等作为肋间填充块来现浇密肋小梁和面板而成。填充块与肋和面板相接触的部位带有凹槽，用来与现浇的肋与板相咬接，提高楼板的整体性。由于填充块一般尺寸都较小，因此楼板通常可为单向或双向密肋形，如图 6-12（a）所示。

（2）预制小梁填充块楼板。预制小梁填充块楼板是在预制小梁之间填充陶土空心砖、矿渣混凝土空心块、煤渣空心砖等填充块，再在上面现浇混凝土面层而成，如图 6-12（b）。预制小梁填充块楼板中的密肋有预制倒 T 形小梁、带骨架芯板等。

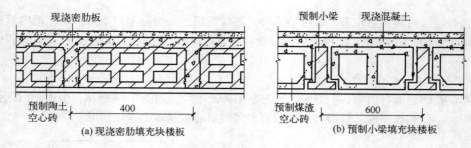

图 6-12　密肋填充块楼板

6.2.3.2　预制薄板叠合楼板

预制薄板叠合楼板，如图 6-13 所示，是将预制薄板和现浇钢筋混凝土层叠合而成的装配式楼板。它可分为普通钢筋混凝土薄板和预应力混凝土薄板两种。为了使预制薄板与现浇叠合层牢固地结合为一体，可将预制薄板表面作刻槽处理，或者是在薄板表面露出较规则的三角形结合钢筋等。

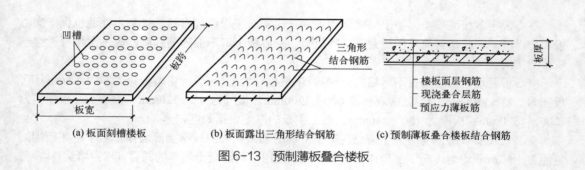

图 6-13　预制薄板叠合楼板

6.3　地坪层的类型及组成

地坪层是建筑物底层与土壤相接的构件，和楼板层一样，它承受着底层地面上的荷载，并将荷载均匀地传给地基。

地坪层由面层、垫层和素土夯实层构成。根据需要还可以设各种附加构造层，如找平层、结合层、防潮层、保温层、管道敷设层等。

6.3.1　地坪层的类型

地坪层按面层所用材料和施工方式的不同，可分为以下几类地面：
(1) 整体地面：如水泥砂浆地面、细石混凝土地面、沥青砂浆地面等。
(2) 块材地面：如砖铺地面、墙地砖地面、石板地面、木地面等。
(3) 卷材地面：如用塑料地板、橡胶地毯、化纤地毯、手工编织地毯等卷材铺就的地面。
(4) 涂料地面：如多种水溶性、水乳性、溶剂性涂布地面等。
按其与土壤之间的关系，可分为实铺地坪层和空铺地坪层。

6.3.2　实铺地坪层

实铺地坪层在建筑工程中的应用较广，一般由面层、垫层、基层三个基本层次组成。为了满足更多的使用功能，可在地坪层中加设相应的附加层，如防水层、防潮层、隔声层、隔热层、管道敷设层等，这些附加层一般位于面层和垫层之间，其构造如图 6-14 所示。

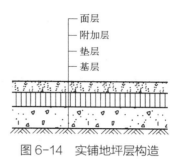

图 6-14　实铺地坪层构造

6.3.3　空铺地坪层

当房间要求地面能严格防潮或有较好的弹性时，可采用空铺地坪，即在夯实的地垄墙上铺设预制钢筋混凝土板或木板层，其构造如图 6-15 所示。从图中可以看出采用空铺地坪时，应在外墙勒脚部位及地垄墙上设置通风口，以便空气对流。

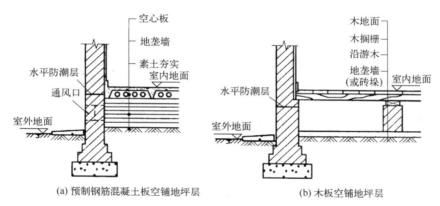

(a) 预制钢筋混凝土板空铺地坪层　　(b) 木板空铺地坪层

图 6-15　空铺地坪层

6.3.4　地坪层变形缝

地坪层变形缝构造如图 6-16 所示。

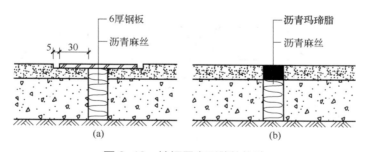

图 6-16　地坪层变形缝的构造

从图中可以看出当地坪层采用刚性垫层时，变形缝应从垫层到面层处断开，垫层处缝内填沥青麻丝或聚苯板。当地坪层采用非刚性垫层时，可不设变形缝。

6.4 顶棚构造

顶棚也称天花板，是位于建筑物室内屋顶结构层下面的装饰构件。顶棚要求表面光洁、美观，能通过反射光来改善室内采光。顶棚还应有隔声、防水、保温、隔热、隐蔽管线等功能。

顶棚按构造方式的不同有直接式顶棚和悬吊式顶棚两种类型。

6.4.1 直接式顶棚

直接式顶棚是在屋面板、楼板等的底面直接进行喷浆、抹灰、粘贴壁纸、粘贴面砖、粘贴或钉接石膏板条以及其他板材等饰面材料等操作。这种顶棚构造简单，施工方便，造价较低，如图6-17、图6-18所示。

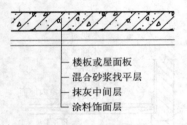

图6-17 喷刷类顶棚构造层次

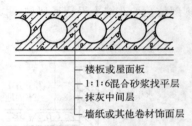

图6-18 贴面类顶棚构造层次

6.4.2 悬吊式顶棚

悬吊式顶棚也称吊顶，是指悬挂在屋顶或楼板下，由骨料和面板组成的顶棚。这种顶棚的空间内，通常要布置各种管道或安装设备，如灯具、空调、灭火器、烟感器等。一般来说，悬吊式顶棚的装饰效果较好，形式变化丰富，适于中高档次的建筑顶棚装饰。

吊顶一般由吊筋、龙骨和面板组成。吊筋与楼板层相连，固定方法有预埋件锚固、膨胀螺栓锚固和射钉锚固等，如图6-19所示。

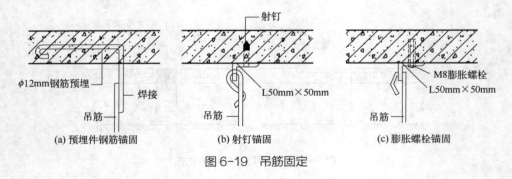

(a) 预埋件钢筋锚固　　　(b) 射钉锚固　　　(c) 膨胀螺栓锚固

图6-19 吊筋固定

吊顶的龙骨由主龙骨和次龙骨组成，主龙骨与吊筋相连，吊筋与楼板相连。主龙骨一般单向布置；次龙骨固定在主龙骨上，其布置方式和间距依据面层材料和顶棚的外形而定；在次龙骨下做面层。主龙骨按所用材料不同可分为木龙骨和金属龙骨两类。目前多采用金属龙骨。

6.5　阳台与雨篷构造

6.5.1　阳台

阳台是多层和高层建筑中人们接触室外的平台，可以在上面休息、眺望、晾晒衣物或从事其他活动。而且良好的阳台造型设计，还可以增加建筑物的外观美感。

6.5.1.1　阳台的形式

根据阳台与外墙相对位置的不同，可分为凸阳台、凹阳台、半凸半凹阳台及转角阳台，如图 6-20 所示；按施工方法不同，可分为预制阳台和现浇阳台。阳台挑出长度不宜过大，应保证在荷载作用下不发生倾覆现象，以 1.2～1.8m 为宜。低层、多层住宅阳台栏杆净高不宜低于 1.05m，中高层住宅阳台栏杆净高不宜低于 1.1m，但也不宜大于 1.2m。

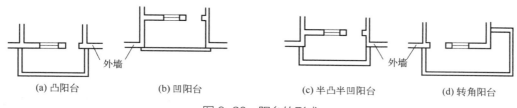

| (a) 凸阳台 | (b) 凹阳台 | (c) 半凸半凹阳台 | (d) 转角阳台 |

图 6-20　阳台的形式

（1）凸阳台。凸阳台的承重结构一般为悬挑式结构，按悬挑方式不同，又有挑梁式、挑板式和压梁式三种。

① 挑梁式。挑梁式阳台是由内承重横墙上挑出悬臂梁，在悬臂梁上铺设预制板或现浇板而成的阳台。阳台荷载通过挑梁传给内承重墙，由压在挑梁上的墙体和楼板来抵抗阳台的倾覆力矩。挑梁端头设边梁以加强阳台的整体性，并承受阳台栏杆重量。如图 6-21（a）所示。

② 挑板式。挑板式阳台是将楼板延伸挑出墙外，形成阳台板。由于阳台板与楼板是一整体，楼板的重量和墙的重量构成阳台板的抗倾覆力矩，保证阳台板的稳定。如图 6-21（b）所示。

③ 压梁式。压梁式阳台是将凸阳台板与墙梁整浇在一起，墙梁可用加大的圈梁代替，此时梁和梁上的墙构成阳台板后部压重。由于墙梁受扭，故阳台悬挑不宜过长，一般在 1m 以内。如图 6-21（c）所示。

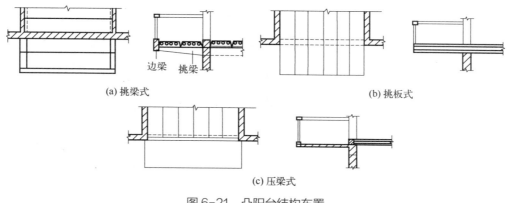

(a) 挑梁式　　　　　　　　　　　(b) 挑板式

(c) 压梁式

图 6-21　凸阳台结构布置

（2）凹阳台。阳台采用墙承式结构，将阳台板直接搁置在墙体上，阳台板的跨度和板型一般与房间楼板相同。这种支承结构简单，施工方便，多用于寒冷地区。

（3）半凸半凹阳台的承重结构，可参照凸阳台的各种做法处理。

6.5.1.2 阳台排水

阳台的地面标高应低于室内地面 30mm 以上，并设置一定的排水坡度，将水导向排水孔，孔内埋设 ϕ40mm 或 ϕ50mm 钢管或塑料管，管口伸出，挑出至少 80mm，形成水舌。水舌排水如图 6-22 所示。

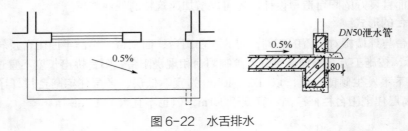

图 6-22   水舌排水

6.5.2   雨篷

雨篷是建筑入口处为遮挡雨雪、保护外门免受雨淋的构件。雨篷在构造上要解决好两个问题：一是抗倾覆，保证梁上有足够的压重；二是板面要有利于排水。按雨篷的支承情况可分为无柱雨篷和有柱雨篷两种，如图 6-23、图 6-24 所示。

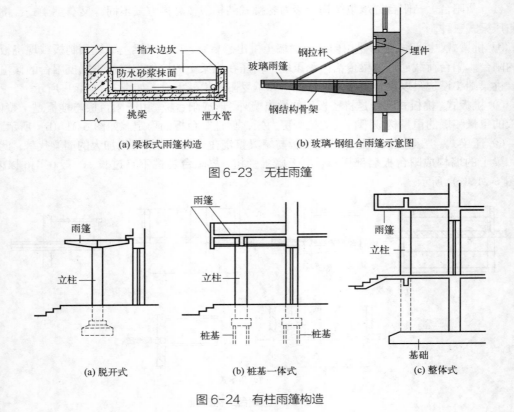

图 6-24   有柱雨篷构造

6.6　屋顶的构造

　　屋顶，又被叫作"屋盖"，包括了屋面、承重构件、保温层及顶棚等。屋面，是屋顶的其中一个部件，在屋顶的所有结构中，所占面积比较大，包含了防水层、女儿墙、排水系统等，一般包含混凝土现浇楼面、水泥砂浆找平层、保温隔热层、防水层、水泥砂浆保护层、排水系统、女儿墙及避雷措施等，特殊工程时还有瓦面的施工（挂瓦条）。

　　屋顶是建筑最上部的围护结构，应满足相应的使用功能要求，为建筑提供适宜的内部空间环境。屋顶也是建筑顶部的承重结构，通常包括防水层、屋面板、梁、设备管道、顶棚等。屋顶又是建筑体量的一部分，其形式对建筑物的造型有很大影响，因而设计中还应注意屋顶的美观问题。在满足其他设计要求的同时，力求创造出适合各种类型建筑的屋顶。

6.6.1　屋顶的形式

　　按所使用的材料，屋顶可分为钢筋混凝土屋顶、瓦屋顶、金属屋顶、玻璃屋顶等；按屋顶的外形和结构形式，又可以分为平屋顶、坡屋顶、悬索屋顶、薄壳屋顶、拱屋顶、折板屋顶等形式的屋顶。

　　（1）平屋顶。大量性民用建筑一般采用与楼盖基本类同的屋顶结构，就形成了平屋顶。平屋顶是指屋顶排水坡度小于或等于 10% 的屋顶。平屋顶的主要特点是坡度平缓，常用的坡度为 2%～3%，如图 6-25 所示。

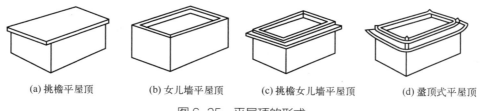

(a) 挑檐平屋顶　　　(b) 女儿墙平屋顶　　　(c) 挑檐女儿墙平屋顶　　　(d) 盝顶式平屋顶

图 6-25　平屋顶的形式

　　（2）坡屋顶。坡屋顶是我国的传统屋面形式，广泛应用于民居等建筑。现代的某些公共建筑，考虑景观环境或建筑风格的要求，也常采用坡屋面。屋面坡度大于 10% 的屋顶称为坡屋顶。

　　坡屋顶按其分坡的多少可分为单坡顶、双坡顶和四坡顶，如图 6-26 所示。

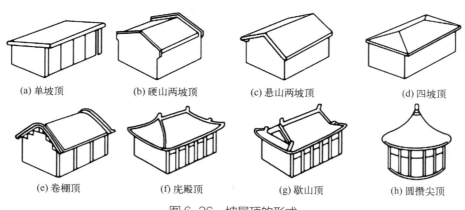

(a) 单坡顶　　　(b) 硬山两坡顶　　　(c) 悬山两坡顶　　　(d) 四坡顶

(e) 卷棚顶　　　(f) 庑殿顶　　　(g) 歇山顶　　　(h) 圆攒尖顶

图 6-26　坡屋顶的形式

对坡屋顶稍加处理，即可形成卷棚顶、庑殿顶、歇山顶、圆攒尖顶等形式，古建筑中的庑殿顶和歇山顶均属于四坡顶。

（3）曲面屋顶。曲面屋顶结构形式独特，内力分布均匀合理，能充分发挥材料的力学性能，节约用材，建筑造型美观、新颖，但结构计算及屋顶构造施工复杂。一般多用于大跨度、大空间和造型有特殊要求的建筑。

为适应不同水平空间扩展的需要，曲面屋顶的结构形式具体有以下几种：空间网架、折板结构、壳体、悬索结构、索膜结构，如图 6-27 所示。

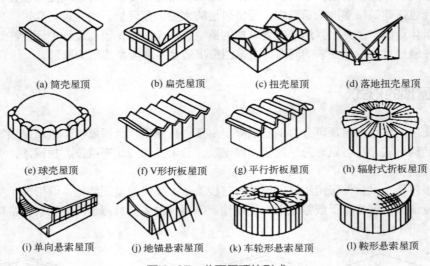

(a) 筒壳屋顶	(b) 扁壳屋顶	(c) 扭壳屋顶	(d) 落地扭壳屋顶
(e) 球壳屋顶	(f) V形折板屋顶	(g) 平行折板屋顶	(h) 辐射式折板屋顶
(i) 单向悬索屋顶	(j) 地锚悬索屋顶	(k) 车轮形悬索屋顶	(l) 鞍形悬索屋顶

图 6-27　曲面屋顶的形式

6.6.2　屋顶的设计要求

（1）防水要求。作为围护结构，屋顶最基本的功能是防雨水渗漏，因而屋顶构造设计的主要任务就是解决防水问题。一般采用不透水的屋顶材料及合理的构造处理来达到防水的目的，也需根据情况采取适当的排水措施，将屋顶积水迅速排掉，以降低渗漏的可能性。因而，一般屋顶都需做一定的排水坡度，常见排水坡度如表 6-1 所示。

表 6-1　屋顶排水坡度

屋顶类型		屋顶排水坡度/%
平屋顶		≥2
瓦屋顶	块瓦	≥30
	波形瓦	≥20
	沥青瓦	≥20
	金属瓦	≥20
金属屋顶	压型金属板、金属夹芯板	≥5
	单层防水卷材金属屋顶	≥2
种植屋顶		≥2
玻璃采光顶		≥5

自 2023 年 4 月 1 日起我国开始实施《建筑与市政工程防水通用规范》（GB 55030—2022），防水新规大幅提高防水设计年限，屋顶工程设计年限为不低于 20 年。

GB 55030—2022 根据屋顶工程防水功能重要程度分为甲类、乙类和丙类。

甲类：民用建筑和对渗漏敏感的工业建筑屋顶。

乙类：除甲类和丙类以外的建筑屋顶。

丙类：对渗漏不敏感的工业建筑屋顶。

（2）保温隔热要求。屋顶的保温通常是采用导热系数小的材料，阻止室内热量由屋顶流向室外。屋顶的隔热则通常采用设置通风间层、落水、种植等方法减少从屋顶传入室内的热量。

（3）结构要求。屋顶要承受风、雨、雪等荷载及其自重。如果是上人的屋顶，和楼板一样，还要承受人和家具等活荷载。屋顶将这些荷载传递给墙柱等构件，与它们共同构成建筑的受力骨架，因而屋顶作为承重构件，应有足够的承载力和刚度，以保证房屋的结构安全；此外，从防水的角度考虑，也不允许屋顶受力后有过大的结构变形，否则易使防水层开裂，造成屋顶渗漏。

屋顶的基本构造层次宜符合表 6-2 的要求。设计人员可根据建筑物的性质、使用功能、气候条件等因素进行组合。

表6-2　屋顶基本构造层次

屋顶类型	基本构造层次（自上而下）
卷材、涂膜屋顶	保护层、隔离层、防水层、找平层、保温层、找平层、找坡层、结构层
	保护层、保温层、防水层、找平层、找坡层、结构层
	种植隔热层、保护层、耐根穿刺防水层、防水层、找平层、保温层、找平层、找坡层、结构层
	架空隔热层、防水层、找平层、保温层、找平层、找坡层、结构层
	蓄水隔热层、隔离层、防水层、找平层、保温层、找平层、找坡层、结构层
瓦屋顶	块瓦、挂瓦条、顺水条、持钉层、防水层或防水垫层、保温层、结构层
	沥青瓦、持钉层、防水层或防水垫层、保温层、结构层
金属板屋顶	压型金属板、防水垫层、保温层、承托网、支承结构
	上层压型金属板、防水垫层、保温层、底层压型金属板、支承结构
	金属面绝热夹芯板、支承结构
玻璃采光顶	玻璃面板、金属框架、支承结构
	玻璃面板、点支承装置、支承结构

（4）建筑艺术要求

屋顶是建筑外部形体的重要组成部分。其形式对建筑物的特征具有很大的影响。屋顶设计还应满足建筑艺术的要求。

（5）其他方面要求

除了上述要求外，日新月异的建筑技术发展对屋顶提出了更多的要求。如利用屋顶或露台进行园林绿化设计，提高屋顶的保温隔热性能，改善建筑周边的生态环境等。

因此，在屋顶设计时应充分考虑各方面的要求，协调好各要求之间的关系，从而设计出更合理的屋顶形式，最大限度地发挥其综合效益。

6.7　平屋顶构造

平屋顶是我国一般建筑工程中较常见的屋顶形式，它具有构造简单、节约材料、造价低廉、预制装配化程度高、施工方便、屋面便于利用的优点，同时，其也存在着造型单一的缺陷。

6.7.1　平屋顶的组成

平屋顶一般由屋面、保温隔热层、结构层和顶棚层四部分组成，如图 6-28 所示。因各地气候条件不同，所以，其组成也略有差异。我国南方地区一般不设保温层，而北方地区则很少设隔热层。

6.7.2　平屋顶排水设计

6.7.2.1　排水坡度的形成

坡度的形成一般可通过两种方法来实现，即材料找坡和结构找坡。

（1）材料找坡。材料找坡也称为垫置坡度或填坡，是在水平搁置的屋面板上，采用价廉、质轻的材料，如炉渣加水泥或石灰等将屋面垫出坡度，上面再做防水层，如图 6-29 所示。垫置坡度不宜过大，一般为 2%，否则找坡层的平均厚度增加，使屋面荷载过大，从而导致屋顶造价增加。当屋面需做保温层时，也可不另设找坡层，利用保温材料本身做成不均匀厚度来形成一定的坡度。材料找坡可使室内获得水平的顶棚层，但也增加了屋面自重。

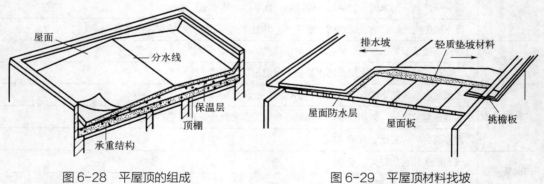

图 6-28　平屋顶的组成　　　　　　图 6-29　平屋顶材料找坡

（2）结构找坡。结构找坡也称为搁置坡度或撑坡，是将屋面板搁置在有一定倾斜度的梁或墙上，形成屋面的坡度。结构找坡的顶棚是倾斜的，屋面板以上各种构造层厚度不发生变化，如图 6-30 所示。结构找坡不需另做找坡材料层，由于顶棚是斜面，室内空间高度不相等，往往需设吊顶棚，所以，这种做法多用于较大的生产性建筑和有吊顶的公共建筑。混凝土结构房屋宜采用结构找坡，坡度不应小于 3%。

6.7.2.2　平屋顶的排水方式

平屋顶的排水坡度较小，要把屋面上的雨水、雪水尽快地排除，就要组织好屋顶的排水系统，选择合理的排水方式。平屋顶的排水方式可分为无组织排水和有组织排水两大类。

（1）无组织排水。无组织排水是指屋面雨水直接从檐口滴落至地面的一种排水方式，因为不用天沟、水落管等导流雨水，故又称自由落水，如图 6-31 所示。这种方法适用于低层建筑或檐高小于 10m 的屋面，对于屋面汇水面积较大的多跨建筑或高层建筑都不应采用。

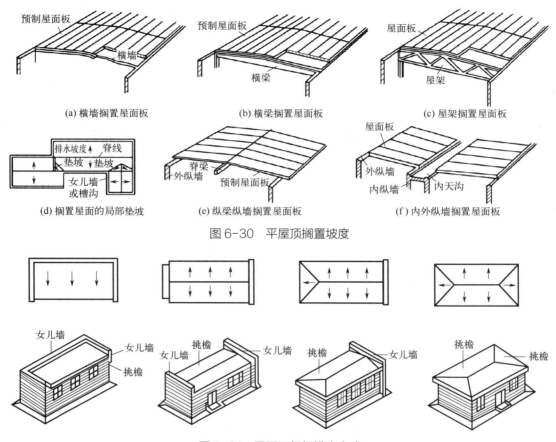

图 6-30　平屋顶搁置坡度

图 6-31　屋面无组织排水方式

（2）有组织排水。有组织排水是指屋面雨水有组织地流经天沟、檐沟、水落口、水落管等排水装置，系统地将屋面雨水排至地面或地下管沟的一种排水方式，在建筑工程中得到了广泛应用。在有条件的情况下，宜采用雨水收集系统。

在工程实践中，由于具体条件的不同，有多种有组织排水方案，现按外排水、内排水、内外排水 3 种情况归纳成几种不同的排水方案。

① 外排水。外排水是屋顶雨水由室外落水管排到室外的排水方式。这种排水方式构造简单，造价较低，应用最广。按照檐沟在屋顶的位置，外排水的屋顶形式有沿屋顶四周设檐沟、沿纵墙设檐沟、女儿墙外设檐沟、女儿墙内设檐沟等，如图 6-32 所示。

② 内排水。内排水是屋顶雨水由设在室内的落水管排到地下排水系统的排水方式，如图 6-33 所示。这种排水方式构造复杂，造价及维修费用高，而且落水管占室内空间，一般适用于大跨度建筑、高层建筑、严寒地区的建筑及对建筑立面有特殊要求的建筑。

③ 内外排水。结合外排水、内排水两种形式进行排水的一种屋面排水形式。如多跨厂房因相邻两坡屋面相交，故只能采用天沟内排水的方式排出屋面雨水；而位于两端的天沟则宜采用外排水的方式将屋面雨水排出室外。

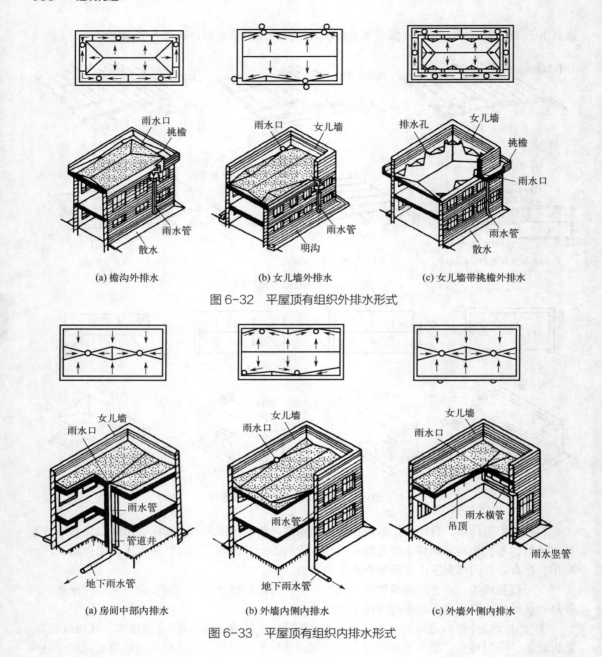

(a) 檐沟外排水　　　　　　　(b) 女儿墙外排水　　　　　(c) 女儿墙带挑檐外排水

图 6-32　平屋顶有组织外排水形式

(a) 房间中部内排水　　　　　(b) 外墙内侧内排水　　　　　(c) 外墙外侧内排水

图 6-33　平屋顶有组织内排水形式

6.7.3　屋面排水组织设计

在进行屋面有组织排水设计时，除了应符合现行国家标准《建筑给水排水设计标准》（GB 50015—2019）的有关规定外，还需注意下述事项：

6.7.3.1　划分排水区域

在屋面排水组织设计时，首先应根据屋面形式、屋面面积、屋面高低层的设置等情况，将屋面划分成若干排水区域，根据排水区域确定屋面排水线路，排水线路的设置应在确保屋面排水通畅的前提下，做到长度合理。

6.7.3.2　确定排水坡面的数目及排水坡度

屋面流水线路不宜过长，因而对于屋面宽度较小的建筑可采用单坡排水；但屋面宽度较大，如 12m 以上时宜采用双坡排水。坡屋面则应结合其造型要求，选择单坡、双坡或四坡排水。

6.7.3.3　确定檐沟、天沟断面大小及纵向坡度

檐沟、天沟的断面，应根据屋面汇水面积的雨水流量经计算确定。当采用重力式排水时，通常每个水落口的汇水面积宜为 150 ~ 200m²。为了便于屋面排水和防水层的施工，钢筋混凝土檐沟、天沟的净宽不应小于 300mm；分水线处最小深度不应小于 100mm，如深度过小，则雨水易由天沟边溢出，导致屋面渗漏；同时，为了避免排水线路过长，沟底水落差不得超过 200mm。

为了避免沟底凹凸不平或倒坡，造成沟中排水不畅或积水，对于采用材料找坡的钢筋混凝土檐沟、天沟内的纵向坡度不应小于 1%；对于采用结构找坡的金属檐沟、天沟内的纵向坡度宜为 0.5%。

6.7.3.4　水落管的规格及间距

水落管根据材料分为铸铁、塑料、镀锌铁皮、钢管等多种，应根据建筑物的耐久等级加以选择。

最常采用的是塑料和铸铁水落管，其管径有 75mm，100mm，125mm，150mm，200mm 等规格，具体管径大小需经过计算确定，两个水落管的间距宜控制在 18 ~ 24m。

6.7.4　卷材防水屋面

卷材防水屋面是利用防水卷材与黏结剂结合，形成连续致密的构造层来防水的一种屋面。由于其防水层具有一定的延伸性和适应变形的能力，又被称作柔性防水屋面。

卷材防水屋面较能适应温度、振动、不均匀沉陷等因素的变化作用，严格遵守施工操作规程能保证防水质量，整体性好，不易渗漏；但施工操作较为复杂，技术要求较高。所有民用建筑屋面均为一级防水。

6.7.4.1　卷材防水材料

（1）卷材。目前常见的防水卷材主要有高聚物改性沥青类防水卷材和合成高分子防水卷材两大类。

① 高聚物改性沥青类防水卷材。高聚物改性沥青类防水卷材是以高分子聚合物改性石油沥青为涂盖层，聚酯毡、玻纤毡或聚酯玻纤复合材料为胎基，细砂、矿物粉料或塑料膜为隔离材料，制成的防水卷材。厚度一般为 3mm，4mm，5mm，以沥青基为主体。高聚物改性沥青类防水卷材有许多不同的种类，如弹性体改性沥青防水卷材（即 SBS）、塑性体改性沥青防水卷材（即 APP）、改性沥青聚乙烯胎防水卷材（即 PEE）、丁苯橡胶改性沥青卷材等。

② 合成高分子防水卷材。合成高分子防水卷材是以合成橡胶、合成树脂或两者共混为基料，加入适量的助剂和填料，经混炼、压延或挤出等工序加工而成的防水卷材。常见的有三元乙丙橡胶防水卷材（即 EPDM）、氯化聚乙烯防水卷材、聚氯乙烯防水卷材、氯丁橡胶防水卷材、聚乙烯橡胶防水卷材等。

合成高分子防水卷材具有质量小（2kg/m²），适用温度范围宽（-20 ~ 80℃），耐候性好，拉伸强度高（2 ~ 18.2MPa），延伸率大等优点，近年来已逐渐在国内的各种防水工程中得到推广应用，防水厚度不应小于 1.8mm。

（2）卷材胶黏剂。

① 溶剂型胶黏剂。用于高聚物改性沥青类防水卷材和合成高分子防水卷材的胶黏剂主要为与卷材配套使用的各种溶剂型胶黏剂，如适用于改性沥青类卷材的 RA-86 型氯丁橡胶胶黏剂、

SBS 改性沥青胶黏剂，三元乙丙橡胶卷材所用的聚氨酯底胶基层处理剂、CX-404 氯丁橡胶胶黏剂，氯化聚乙烯橡胶卷材所用的 LYX-603 胶黏剂等。

② 冷底子油。将沥青稀释溶解在煤油、轻柴油或汽油中制成，涂刷在水泥砂浆或混凝土基层面作打底用。

6.7.4.2 卷材防水构造

卷材防水屋面是由结构层、找坡层、保温层、找平层、结合层、防水层、保护层等部分组成的，如图 6-34 所示。防水卷材最小搭接宽度如表 6-3 所示，防水层数设置如表 6-4 所示。

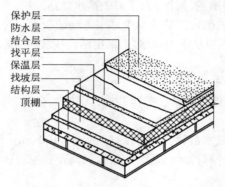

图 6-34 卷材防水屋面的基本组成

表 6-3 防水卷材最小搭接宽度

防水卷材类型	搭接方式	搭接宽度
聚合物改性沥青类防水卷材	热熔法、热沥青	≥100
	自粘搭接（含湿铺）	≥80
合成高分子类防水卷材	胶黏剂、黏结料	≥100
	胶黏带、自黏胶	≥80
	单缝焊	≥60，有效焊接宽度不应小于 25
	双缝焊	≥80，有效焊接宽度 10×2+空腔宽
	塑料防水板双缝焊	≥100，有效焊接宽度 10×2+空腔宽

表 6-4 平屋顶工程的防水做法

防水等级	防水做法	防水层	
		防水卷材	防水涂料
一级	不应少于 3 道	卷材防水层不应少于 1 道	
二级	不应少于 2 道	卷材防水层不应少于 1 道	
三级	不应少于 1 道	任选	

6.7.4.3 细部构造

（1）泛水构造。泛水指屋顶上沿着所有垂直面所设的防水构造，其做法如图 6-35 所示，构造要点如下：

① 将屋面的卷材防水层继续铺至垂直面上，其上再加铺一层附加卷材，泛水高度不得小于

250mm。

②　屋面与垂直面交接处应将卷材下的砂浆找平层抹成直径不小于 150mm 的圆弧形或 45° 斜面。

③　做好泛水上口的卷材收头固定。

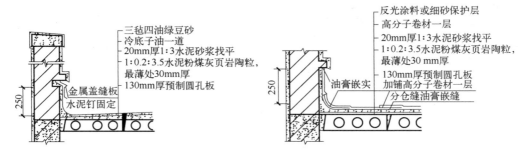

(a) 油毡防水屋面　　　　　　　　　　(b) 高分子卷材防水屋面

图 6-35　泛水构造做法

（2）挑檐口构造。挑檐口分为无组织排水和有组织排水两种做法。如图 6-36 所示，有组织排水挑檐沟构造的要点是：

①　檐沟加铺 1 ~ 2 层附加卷材。

②　沟内转角部位的找平层应做成圆弧形或 45°斜面。

③　为了防止檐沟壁面上的卷材下滑，应做好收头处理。

④　无组织排水挑檐沟防水构造的要点是：

a. 做好卷材的收头，使屋面四周的卷材封闭，避免雨水渗入。收头处通常用油膏嵌实。

b. 如图 6-37 所示，自由落水檐口一般与屋顶圈梁整体浇筑。屋面防水层的收头压入距挑檐板前端 40mm 处的预留凹槽内，先用 2×20mm 钢压条固定，然后用密封材料进行密封。檐口处要做滴水线，并用水泥砂浆抹面。

c. 为使屋面雨水迅速排除，一般在距檐口 0.2 ~ 0.5m 范围内，油毡防水屋面的屋面坡度不宜小于 15%。

d. 卷材收头处采用油膏嵌缝，上面再撒绿豆砂保护，或镀锌铁皮出挑。

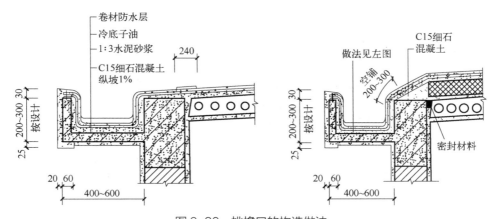

图 6-36　挑檐口的构造做法

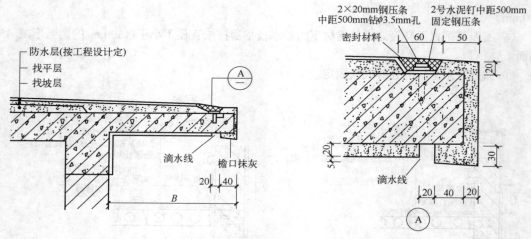

图 6-37 自由落水檐口构造示意及节点图

（3）水落口构造。水落口是用来将屋面雨水排至雨水管而在檐口处或檐沟内开设的洞口。有组织外排水常用檐沟水落口及女儿墙水落口两种形式，有组织内排水的水落口则设在天沟上，构造与外排水檐沟式的相同。

水落口分为直管式和弯管式两类，直管式适用于中间天沟、挑檐沟和女儿墙内排天沟，弯管式适用于女儿墙。直管式水落口构造如图 6-38 所示，弯管式水落口构造如图 6-39 所示。

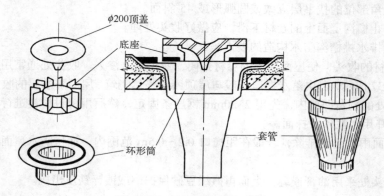

图 6-38 直管式水落口构造

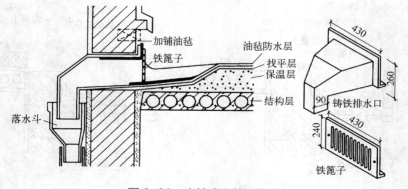

图 6-39 弯管式水落口构造

6.7.5　刚性防水屋面

刚性防水屋面是指用细石混凝土做防水层的屋面。刚性防水屋面的主要优点是构造简单、施工方便、造价较低；缺点是易开裂，对气温变化和屋面基层变形的适应性较差，所以刚性防水多用于我国南方地区防水等级为Ⅲ级的屋面防水，也可用作防水等级为Ⅰ、Ⅱ级的屋面多道设防中的一道。

刚性防水屋面要求基层变形小，一般只适用于无保温层的屋面，因为保温层多采用轻质多孔材料，其上不宜进行浇筑混凝土的湿作业。此外，混凝土防水层铺设在这种较松软的基层上也很容易产生裂缝。

刚性防水屋面也不适合于高温、有振动和基础有较大不均匀沉降的建筑。

6.7.5.1　刚性防水屋面的构造层次及做法

刚性防水屋面的构造层一般有：防水层、隔离层、找平层、结构层等，如图 6-40 所示，刚性防水屋面应尽量采用结构找坡。

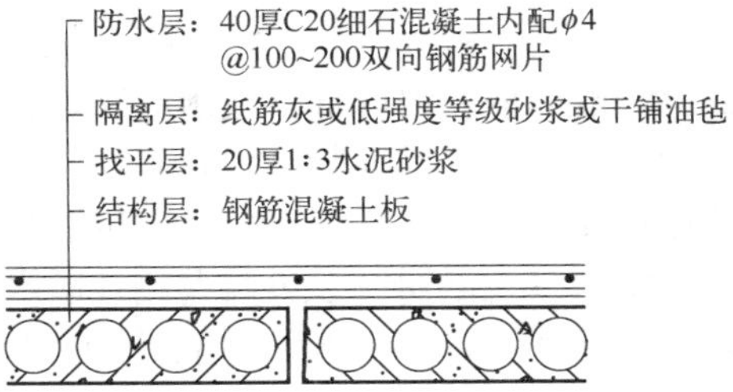

(1) 防水层。防水层采用不低于 C20 的细石混凝土整体现浇而成，其厚度不小于 40mm。

为防止混凝土开裂，可在防水层中配直径 4 ~ 6mm、间距 100 ~ 200mm 的双向钢筋网片，钢筋的保护层厚度不小于 10mm。

防水层：40厚C20细石混凝土内配φ4 @100~200双向钢筋网片
隔离层：纸筋灰或低强度等级砂浆或干铺油毡
找平层：20厚1:3水泥砂浆
结构层：钢筋混凝土板

图 6-40　刚性防水屋面的构造层次

为提高防水层的抗裂和抗渗性能，可在细石混凝土中掺入适量的外加剂，如膨胀剂、减水剂、防水剂等。

(2) 隔离层。隔离层位于防水层与结构层之间，其作用是减少结构变形对防水层的不利影响。

(3) 找平层。当结构层为预制钢筋混凝土屋面板时，其上应用 1:3 水泥砂浆做找平层，厚度为 20mm。若屋面板为整体现浇混凝土结构，则可不设找平层。

(4) 结构层。结构层一般采用预制或现浇的钢筋混凝土屋面板。结构层应有足够的刚度，以免结构变形过大而引起防水层开裂。

6.7.5.2　刚性防水屋面的变形和防止

刚性防水屋面最严重的问题是防水层在施工完成后出现裂缝而漏水。裂缝产生的原因有：气候变化和太阳辐射引起的屋面热胀冷缩；屋面板受力后的挠曲变形；墙身坐浆收缩、地基沉陷、屋面板徐变以及材料收缩等。为了防止防水层的变形，常采用以下几种处理方法。

(1) 设置分隔缝。分隔缝的设置位置：分隔缝应设置在装配式结构屋面板的支承端、屋面转折处、与立墙的交接处；屋脊处应设一纵向分隔缝；横向分隔缝每开间设一道，并与装配式屋面板的板缝对齐；沿女儿墙四周也应设分隔缝；其他突出屋面的结构物四周均应设置分隔缝。如图 6-41 所示。分隔缝的纵横间距不宜大于 6m。

(2) 设置隔离层。在刚性防水层与结构层之间增设一隔离层，使上下分离以适应各自的变形，从而减少由于上下层变形不同而相互制约。结构层在荷载作用下产生挠曲变形，而在温度变化作用下产生胀缩变形，又由于结构层比防水层厚，刚度相应也较大，当结构层产生挠曲或胀缩变形时就容易将防水层拉裂。因此，需在结构层和防水层之间设一隔离层，从而减少由于两层变形不同而产生的相互制约。隔离层的做法一般是在结构层上先用水泥砂浆找平，再铺纸筋灰、低标号砂浆、油毡、黏土、废机油、沥青等。有保温层或材料找坡的屋面，可利用其做隔离层。

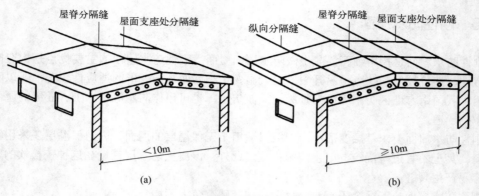

图 6-41　刚性屋面分隔缝的划分

（3）泛水构造。刚性防水屋面的泛水构造要点与卷材屋面相同的地方是：泛水应有足够高度，一般不小于250mm，泛水应嵌入立墙上的凹槽内并用压条及水泥钉固定。不同的地方是：刚性防水层与屋面凸出物（女儿墙、烟囱等）间须留分隔缝，另铺贴附加卷材盖缝形成泛水。下面以女儿墙泛水、变形缝泛水和檐口构造为例说明其构造做法。

① 女儿墙泛水。女儿墙与刚性防水层间留分隔缝，缝宽一般为 30mm，使混凝土防水层在收缩和温度变形时不受女儿墙的影响，可有效地防止其开裂。分隔缝内用油膏嵌缝，如图 6-42（a）所示，缝外用附加卷材铺贴至泛水所需高度并做好压缝收头。

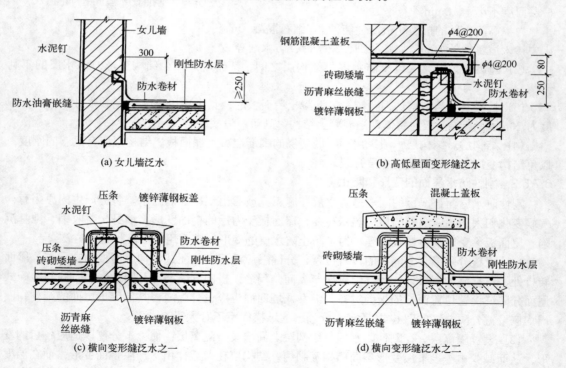

图6-42　刚性屋面泛水构造

② 变形缝泛水。变形缝泛水分为高低屋面变形缝泛水和横向变形缝泛水两种情况。图 6-42（b）所示为高低屋面变形缝泛水构造，其低跨屋面也需像卷材屋面那样砌上附加墙来铺贴泛水。

图 6-42（c）、（d）为横向变形缝泛水的做法。图（c）与（d）的不同之处是泛水顶端盖缝的形式不一样，前者用可伸缩的镀锌薄钢板作盖缝板并用水泥钉固定在附加墙上，后者采用混凝土预制板盖缝，盖缝前先干铺一层卷材，以减少泛水与盖板之间的摩擦力。

③ 檐口构造。刚性防水屋面常用的檐口形式有自由落水檐口、挑檐沟外排水檐口、女儿墙外排水檐口、坡檐口等。

a. 自由落水檐口。当挑檐较短时，可将混凝土防水层直接悬挑出去形成挑檐口，如图 6-43（a）所示。当所需挑檐较长时，为了保证悬挑结构的强度，应采用与屋面圈梁连为一体的悬臂板形成挑檐，如图 6-43（b）所示。在挑檐板与屋面板上做找平层和隔离层后浇筑混凝土防水层，檐口处注意做好滴水。

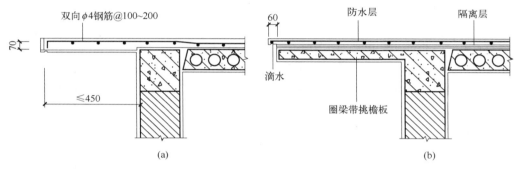

图 6-43　自由落水檐口

b. 挑檐沟外排水檐口。挑檐口采用有组织排水方式时，常将檐部做成排水檐沟板的形式，檐沟板的断面为槽形并与屋面圈梁连成整体，如图 6-44 所示。沟内设纵向排水坡，防水层挑入沟内并做滴水，以防止爬水。

c. 女儿墙外排水檐口。在跨度不大的平屋面中，当采用女儿墙外排水时，常利用倾斜的屋面板与女儿墙间的夹角做成三角形断面天沟，如图 6-45 所示，其泛水做法与前述做法相同。天沟内也需设纵向排水坡。

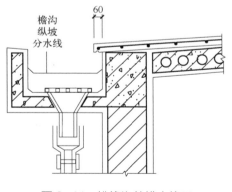

图 6-44　挑檐沟外排水檐口

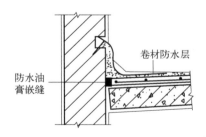

图 6-45　女儿墙外排水檐口

6.7.6　平屋顶的保温与隔热

屋顶作为建筑物最顶部的围护构件，应能够减少外界气候对建筑物室内带来的影响，为此，应在屋顶设置相应的保温隔热层。

6.7.6.1 平屋顶的保温

保温层的构造方案和材料做法需根据使用要求、气候条件、屋顶的结构形式、防水处理方法等因素来具体考虑确定。

(1) 保温材料。屋面保温材料应选用轻质、多孔、导热系数小且有一定强度的材料。按材料的物理特性，保温材料可以分为三大类：一是散料类保温材料，如膨胀珍珠岩、膨胀蛭石、炉渣、矿渣等；二是整浇类保温材料，如水泥膨胀珍珠岩、水泥膨胀蛭石等；三是板块类保温材料，如用加气混凝土、泡沫混凝土、膨胀珍珠岩混凝土、膨胀蛭石混凝土等加工成的保温块材或板材，或聚苯乙烯泡沫塑料保温板。

(2) 保温层的位置。根据屋顶结构层、防水层和保温层的相对位置，可归纳为以下几种情况：

① 保温层设在防水层之下、结构层之上。这种形式构造简单，施工方便，是目前应用最广泛的一种形式，如图 6-46 (a) 所示。当保温层设在结构层之上，并在保温层上直接做防水层时，在保温层下要设置隔汽层。隔汽层的作用是防止室内水蒸气透过结构层，渗入保温层内，使保温材料受潮，影响保温效果。隔汽层的做法通常是在结构层上做找平层，再在其上涂热沥青一道或铺一毡二油。

② 保温层与结构层结合。保温层与结构层结合的做法有三种：一是保温层设在槽形板的下面，如图 6-46 (b) 所示，但这种做法易使室内的水汽进入保温层中从而降低保温效果；二是保温层放在槽形板朝上的槽口内，如图 6-46 (c) 所示；三是将保温层与结构层融为一体，如配筋的加气混凝土屋面板，这种构件既能承重，又有保温效果，简化了屋顶构造层次，施工方便，但屋面板的强度低，耐久性差，如图 6-46 (d) 所示。

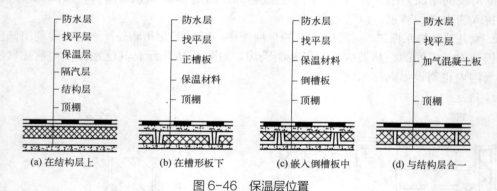

图 6-46 保温层位置

③ 保温层设置在防水层之上，又称为倒铺保温层。使用倒铺保温层时，保温材料需选择不吸水、耐气候性强的材料，如聚氨酯或聚苯乙烯泡沫塑料保温板等有机保温材料。其构造层次顺序为保温层、防水层、结构层，如图 6-47 所示。其优点是防水层被覆盖在保温层之下。

6.7.6.2 平屋顶的隔热

平屋顶的隔热可采用通风隔热屋面、蓄水隔热屋面、种植隔热屋面和反射降温屋面。

(1) 通风隔热屋面是指在屋顶中设置通风间层，使上层表面起着遮挡阳光的作用，利用风压和热压作用把间层中的热空气不断带走，以减少传到室内的热量，从而达到隔热降温的目的。通风隔热屋面一般有架空通风隔热屋面和顶棚通风隔热屋面两种做法。

① 架空通风隔热屋面。通风层设在防水层之上，其做法很多，图 6-48 为架空通风隔热屋面构造，其中以架空预制板或大阶砖最为常见。架空通风隔热层设计应满足以下要求；架空层

应有适当的净高，一般以 180~240mm 为宜；距女儿墙 500mm 范围内不铺架空板。

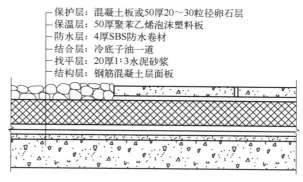

图 6-47　倒铺保温层屋面

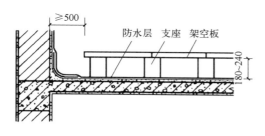

图 6-48　架空通风隔热屋面构造

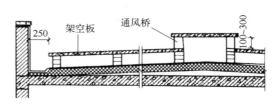

图 6-49　通风桥与通风口

对带女儿墙屋面，架空层不宜沿屋面满铺，应在边缘留进风口和出风口，对宽度较大的屋面在屋脊处应设通风桥，如图 6-49 所示。

② 顶棚通风隔热屋面。这种做法是利用顶棚与屋顶之间的空间做隔热层，顶棚通风隔热层设计应满足以下要求：顶棚通风层应有足够的净空高度，一般为 500mm 左右；需设置一定数量的通风孔，以利空气对流；通风孔应考虑防飘雨措施，如图 6-50 所示。

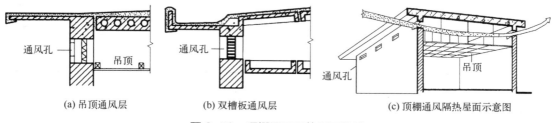

(a) 吊顶通风层　　　(b) 双槽板通风层　　　(c) 顶棚通风隔热屋面示意图

图 6-50　顶棚通风隔热屋面构造

(2) 蓄水隔热屋面。蓄水隔热屋面是指在屋顶蓄积一层水，利用水蒸发时需要大量的汽化热，从而大量消耗晒到屋面的太阳辐射热，以减少屋顶吸收的热能，从而达到降温隔热目的的屋面。同时，屋面蓄水还可以反射阳光，减少阳光辐射对屋面的热作用。蓄水屋面传热示意图如图 6-51 所示。

(3) 种植隔热屋面。种植隔热屋面在平屋顶上种植植物，借助栽培介质隔热，利用植物吸收阳光进行光合作用和遮挡阳光的双重功效来达到降温隔热的目的。近年来，随着人们绿化、美化、环保意识的增强，种植隔热屋面受到重视，而且由于种植隔热屋面的隔热效果优于架空隔热屋面和蓄水隔热屋面，又有一定的保温能力，发展前景较好，如图 6-52 所示。

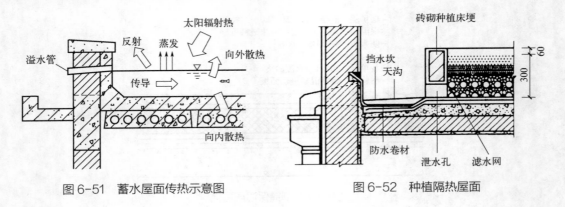

图 6-51　蓄水屋面传热示意图　　　　图 6-52　种植隔热屋面

6.8　坡屋顶构造

6.8.1　坡屋顶的形式

坡屋顶多采用瓦材防水，而瓦材块小、接缝多、易渗漏，故坡屋顶的坡度一般大于 10°，通常取 30°左右。由于坡度大，故其排水快，防水功能好，但屋顶构造高度大，不仅消耗材料较多，其所受风荷载、地震作用的影响也相应增加，尤其当建筑体型复杂时，其交叉错落处的屋顶结构更难处理，瓦屋面的防水做法如表 6-5 所示。

表 6-5　瓦屋面工程的防水做法

防水等级	防水做法	防水层		
		屋面瓦	防水卷材	防水涂料
一级	不应少于 3 道	为 1 道，应选	卷材防水层不应少于 1 道	
二级	不应少于 2 道	为 1 道，应选	不应少于 1 道；应选	
三级	不应少于 1 道	为 1 道，应选	—	

6.8.2　坡屋顶屋面构造

根据坡屋顶面层防水材料种类的不同，可将坡屋顶屋面划分为平瓦屋面、油毡瓦屋面、压型钢板屋面、小青瓦屋面、波形瓦屋面、平板金属板以及构件自防水屋面等。

6.8.2.1　平瓦屋面

平瓦又称为机制平瓦，有黏土瓦、水泥瓦、琉璃瓦等，一般尺寸为：长 380 ~ 420mm，宽 240mm，净厚 20mm，适用于排水坡度为 20% ~ 50%的坡屋顶。根据基层的不同做法，平瓦屋面的构造有木望板平瓦屋面、钢筋混凝土挂瓦板平瓦屋面和现浇钢筋混凝土板平瓦屋面等。

（1）木望板平瓦屋面。木望板平瓦屋面也称为屋面板平瓦屋面，一般先在檩条上平铺一层厚度为 15 ~ 20mm 的木望板，然后在木望板上满铺一层油毡，作为辅助防水层。油毡可平行于屋脊方向铺设，从檐口铺到屋脊，搭接长度不小于 80mm，并用板条（称"顺水条"）钉牢，板条方向与檐口垂直，上面再钉挂瓦条，如图 6-53 所示。这种屋面构造层次多，屋顶的防水、保温效果好，应用最为广泛。

（2）钢筋混凝土挂瓦板平瓦屋面。钢筋混凝土挂瓦板是将檩条、木望板以及挂瓦条等结合为一体的钢筋混凝土预制构件，其断面形式有双 T 形（双肋板）、单 T 形（单肋板）和 F 形（F 形板）三种。挂瓦板直接搁置在横墙或屋架之上，板上直接挂瓦，如图 6-54 所示。这种屋顶构造简单，施工方便，造价经济，但易渗水，多用于等级较低的建筑。

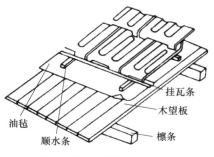

图 6-53　木望板平瓦屋面

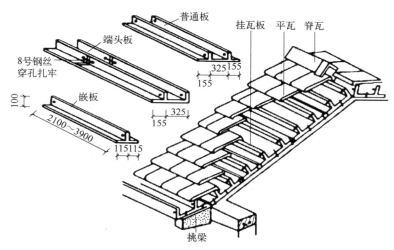

图 6-54　钢筋混凝土挂瓦板平瓦屋面

（3）现浇钢筋混凝土板平瓦屋面。如采用现浇钢筋混凝土屋面板作为屋顶的结构层，屋面上应固定挂瓦条挂瓦，或用水泥砂浆等材料固定平瓦。其构造如图 6-55 所示。

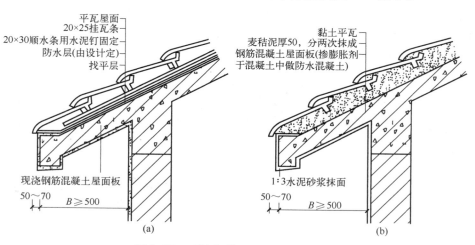

图 6-55　现浇钢筋混凝土板平瓦屋面

6.8.2.2 油毡瓦屋面

油毡瓦是指以玻璃纤维为胎基，经浸涂石油沥青后，面层热压各色彩砂，背面撒以隔离材料而制成的瓦状材料，其形状有方形和半圆形两种。油毡瓦具有柔性好、耐酸碱、不褪色、质量轻的优点，适用于坡屋面的防水层或多层防水层的面层。

油毡瓦适用于排水坡度大于20%的坡屋面，可铺设在木板基层和混凝土基层的水泥砂浆找平层上。其规格和构造如图6-56、图6-57所示。

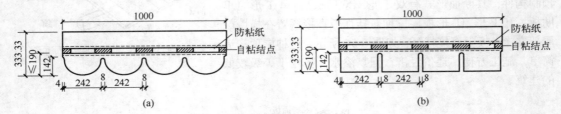

图6-56 油毡瓦的规格

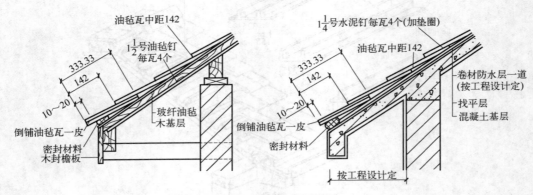

图6-57 油毡瓦屋面构造

6.8.2.3 压型钢板屋面

压型钢板是将镀锌钢板轧制成型，表面涂刷防腐涂层或彩色烤漆而成的屋面材料，其具有多种规格，有的中间填充了保温材料，成为夹心板，可提高屋顶的保温效果。压型钢板屋面一般与钢屋架配合，可先在钢屋架上固定工字形或槽形檩条，然后在檩条上固定钢板支架，其构造如图6-58所示。这种屋面具有自重轻、施工方便、装饰性与耐久性强的优点，一般用于对屋顶的装饰性要求较高的建筑。

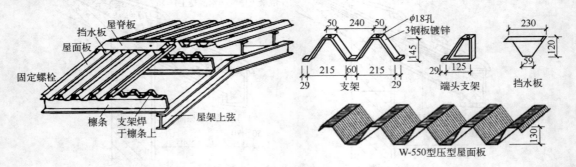

图6-58 压型钢板屋面

6.8.3 坡屋顶的细部构造

平瓦屋面是坡屋顶中应用最多的一种屋面，现以平瓦屋面为例介绍坡屋面的细部构造，主要包括檐口、天沟、屋脊等。

6.8.3.1 檐口

（1）纵墙檐口：纵墙檐口根据构造方法不同有挑檐和封檐两种形式，平瓦屋面挑檐构造如图6-59所示。挑檐有砖挑檐、屋面板挑檐、挑檐木挑檐、挑椽檐口和挑檩檐口等形式。

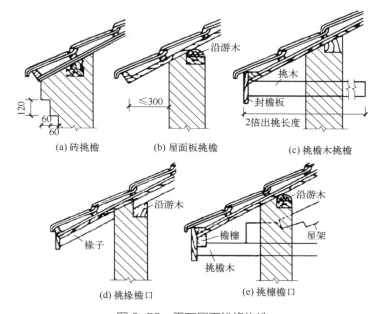

图 6-59　平瓦屋面挑檐构造

当坡屋顶采用有组织排水时，一般多采用外排水，应将檐墙砌出屋面，形成女儿墙包檐口构造，此时，在屋面与女儿墙处必须设天沟，天沟最好采用预制天沟板，沟内铺油毡防水层，并将油毡一直铺到女儿墙上形成泛水，如图6-60所示。

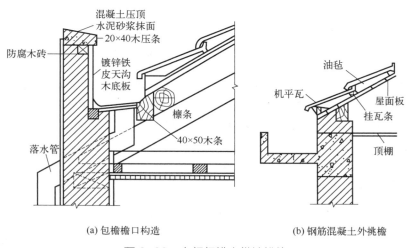

图 6-60　有组织排水纵墙挑檐

（2）山墙檐口：山墙檐口可分为山墙挑檐（悬山）和山墙封檐（硬山）两种做法。

悬山屋顶檐口构造如图 6-61 所示。从图中可以看出，悬山屋顶的檐口构造，先将檩条挑出山墙形成悬山，橡条端部钉木封檐板，沿山墙挑檐的一行瓦，应用 1:2.5 的水泥砂浆做出披水线，将瓦封固。若是钢筋混凝土屋面板，应先将板伸出山墙挑出上部用水泥砂浆抹出披水线，然后进行封固。

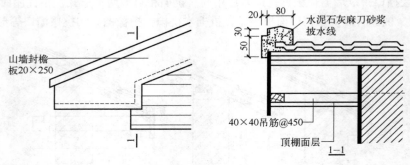

图 6-61　悬山屋顶檐口

6.8.3.2　屋脊、天沟和斜沟

互为相反的坡面在高处相交形成屋脊，屋脊处应用 V 形脊瓦盖缝，在等高跨和高低跨相交处，通常需要设置天沟，而两个相互垂直的屋面相交处则形成斜沟。

屋脊、天沟和斜沟的构造如图 6-62 所示。

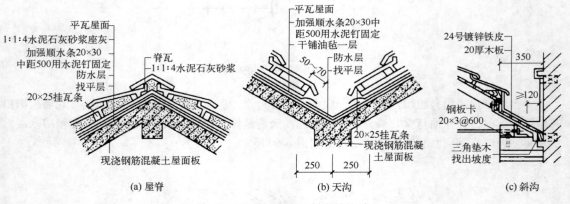

(a) 屋脊　　　　　(b) 天沟　　　　　(c) 斜沟

图 6-62　屋脊、天沟和斜沟的构造

从图中可以看出，斜沟和天沟应有足够的断面，上口宽度不宜小于 500mm，沟底应用整体性好的材料做防水层，并压入屋面瓦材或油毡下面。一般用镀锌铁皮铺于木基层上，镀锌铁皮伸入瓦片下面至少 150mm。高低跨和包檐天沟若采用镀锌铁皮防水层，应从天沟内延伸到立墙上形成泛水。

6.8.4　坡屋顶保温与隔热

6.8.4.1　坡屋顶保温

坡屋顶保温构造如图 6-63 所示。从图中可以看出，坡屋顶的保温层一般布置在瓦材与檩条之间或吊顶棚上面。

　　在小青瓦屋面中，一般采用基层上满铺一层黏土麦秸泥作为保温层，小青瓦片黏结在该层上，如图 6-63 中（a）所示。在平瓦屋面中，可将保温层填充在檩条之间，如图 6-63（b）所示。如图 6-63（c）所示，在设有吊顶的坡屋顶中，常常将保温层铺设在吊顶棚之上，起到保温和隔热双重作用。

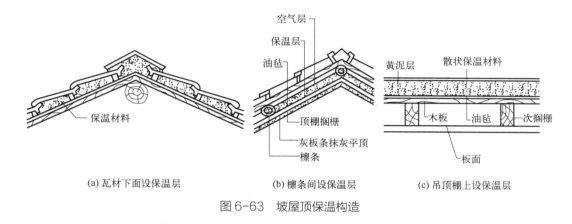

图 6-63　坡屋顶保温构造

6.8.4.2　坡屋顶隔热

　　坡屋顶一般利用屋顶通风来隔热，有屋面通风和吊顶棚通风两种做法，如图 6-64 所示。

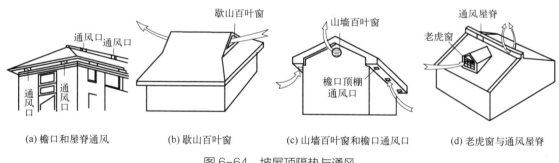

图 6-64　坡屋顶隔热与通风

　　从图中可以看出，采用屋面通风时，应在屋顶檐口设进风口，屋脊设出风口，利用空气流动带走间层的热量，以降低屋顶的温度。采用吊顶棚通风，可利用吊顶棚与坡屋面之间的空间作为通风层，在坡屋顶的歇山、山墙或屋面等位置设进风口，其隔热效果显著，是坡屋顶常用的隔热形式。由于吊顶空间较大，可利用其组织穿堂风来达到降温隔热的效果。

6.9　建筑楼板 Revit 建模

　　图 6-65 为某建筑二层板筋布局详图。
　　建模过程可扫描二维码观看建模教学视频。

在线视频

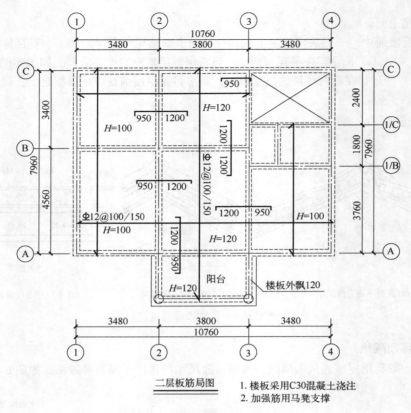

图 6-65　某建筑二层板筋布局图

6.10　建筑屋面的 Revit 建模

6.10.1　悬山双坡顶建模

图 6-66 为一个典型的悬山双坡顶屋顶建筑。
建模过程可扫描二维码观看建模教学视频。

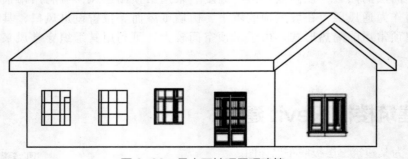

图 6-66　悬山双坡顶屋顶建筑

6.10.2　挑檐女儿墙平屋顶建模

图 6-67 为一个典型的挑檐女儿墙平屋顶建筑。

建模过程可扫描二维码观看建模教学视频。

图 6-67　挑檐女儿墙平屋顶建筑

 知识拓展　**庑殿顶的精妙设计**

　　庑殿顶是五脊四坡式的屋顶结构，由一条正脊和四条垂脊（一说戗脊）共五脊组成，因此又称五脊殿。在屋顶设计上，上承飞檐，下接顶角，呈斜坡形，檐口以下有下坡台阶，外形优美，匀称谐和。庑殿顶的设计精细，每一处细节都体现出了工匠的精湛技艺，是华夏建筑文化的重要组成部分。

 课后习题

在线题库
参考答案

　　1. 简述楼地层设计要求有哪些。

　　2. 简述直接式顶棚的构造类型。

　　3. 简述阳台的类型有哪些。

　　4. 简述雨篷构造要点有哪些。

　　5. 简述屋面的形式有哪些。

　　6. 简述什么是蓄水隔热屋面。

第 7 章
楼梯

在建筑物中，楼梯是联系上下层的垂直交通设施。在房屋中同一层地面有高差或室内外有高差时，为便于联系不同标高的地面，通常设置台阶或坡道，台阶和坡道也是楼梯的一种特殊形式。

7.1 楼梯的组成与类型

楼梯作为建筑空间竖向联系的主要部件，应布置在建筑的显著位置，使其起到引导人流的作用。电梯通常在高层和部分多层建筑中使用，自动扶梯用于人流较大的大型公共建筑中，在以电梯或自动扶梯为主要垂直通道的建筑中也必须设置楼梯，在设计时也应充分考虑其造型美观、流线顺畅、行走舒适、结构坚固，防火安全等要求，同时设计结果还应满足施工条件和经济水平要求。因此，合理地选择楼梯的形式、坡度、材料、构造做法，精心地处理好其细部构造尤为重要。

7.1.1 楼梯组成

楼梯可用于连接垂直距离较大的建筑，主要由梯段、楼梯平台和扶手三部分组成。如图 7-1 所示。

7.1.1.1 梯段

梯段又称梯跑，是连接两个不同标高平台的倾斜构件。为减轻行走疲劳，梯段的踏步步数一般不宜超过 18 级，也不宜少于 3 级。

梯段与平台之间的空间称为梯井。

7.1.1.2 楼梯平台

楼梯平台是指连接两梯段之间的水平部分。按平台所处位置不同，楼梯平台可分为中间平台和楼

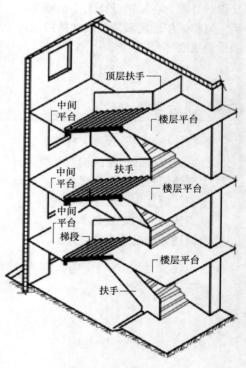

图 7-1 楼梯组成

层平台。中间平台是位于相邻两层之间的平台，用于行人临时休息和改变行进方向。楼层平台是与楼层地面标高齐平的平台，除上述作用外，还用来分配从楼梯到达各楼层的人流。

7.1.1.3　扶手

扶手是设在梯段及平台边缘的安全保护构件。当梯段宽度不大时，可只在梯段临空面设置。当梯段宽度较大时，非临空面也应加设靠墙扶手。当梯段宽度很大时，则需在梯段中间加设中间扶手。

7.1.2　楼梯类型

按不同的分类标准，楼梯可分为不同的类型。按楼梯所在的位置分为室内楼梯和室外楼梯；按楼梯的使用性质分为主要楼梯、辅助楼梯、疏散楼梯、消防楼梯等；按所用材料分为木楼梯、钢楼梯、钢筋混凝土楼梯。

楼梯的形式很多，常用的有直跑单跑楼梯、直跑多跑楼梯、折角楼梯、双分折角楼梯、三折楼梯、对折楼梯、双分对折楼梯、剪刀楼梯、圆弧形楼梯、螺旋楼梯等类型，如图 7-2 所示。楼梯形式取决于所处位置、楼梯间平面形状与面大小、层高与层数、人流的多少缓急等，设计时需综合权衡。

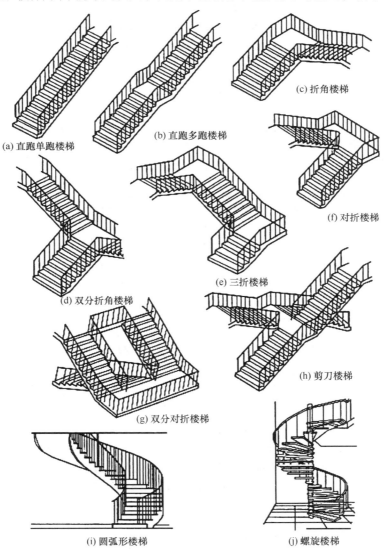

(a) 直跑单跑楼梯　(b) 直跑多跑楼梯　(c) 折角楼梯
(d) 双分折角楼梯　(e) 三折楼梯　(f) 对折楼梯
(g) 双分对折楼梯　(h) 剪刀楼梯
(i) 圆弧形楼梯　(j) 螺旋楼梯

图 7-2　楼梯的类型

7.2　楼梯尺寸

7.2.1　楼梯坡度

　　楼梯的坡度是指梯段的坡度，一般在 23°~45°之间。坡度较小时，可做成坡道。坡度大于45°时为爬梯。楼梯、爬梯、坡道等的坡度范围如图 7-3 所示。

　　楼梯坡度的选择要从攀登效率、便于通行、节省面积等方面考虑。公共建筑的楼梯一般人流量较大，坡度较平缓，常采用 1:2 左右。住人的建筑中通常人流量较小，坡度可陡峭些，常采用 1:1.5 左右。楼梯的最大坡度不宜超过38°，供少量行人通行的内部交通楼梯，坡度可适当加大。

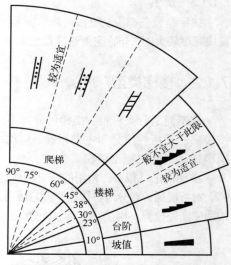

图 7-3　楼梯、爬梯及坡道的坡度范围

7.2.2　梯段尺寸

　　梯段尺度分为梯段宽度和梯段长度。《建筑防火设计规范》规定了疏散楼梯的总宽度。学校、商店、办公楼等一般民用建筑疏散楼梯的总宽度，应以计算确定。楼梯宽度不应小于表 7-1 中的规定。

表 7-1　楼梯的宽度指标　　　　　　　　　　　　　　　单位：m/百人

层数	耐火等级		
	一、二级	三级	四级
一、二层	0.65	0.75	1.00
三层	0.75	1.00	—
四层以上	1.00	1.25	—

　　一部疏散楼梯的最小宽度不应小于1.1m，不超过六层的单元式住宅中一边设有栏杆的疏散楼梯其宽度不可小于 1.0m。

　　楼梯的净宽度除应符合上述规定外，供日常主要交通用的公共楼梯的梯段净宽应根据建筑物的使用特征、按人流股数确定，并不应少于两股人流。楼梯梯段净宽在防火标准中是以每股人流为 0.55m 计，并规定按两股人流最小宽度不应小于 1.10m。作为日常主要交通的楼梯，尤其是人员密集的公共建筑（如商场、剧场、体育馆等）中的楼梯则应在设计时考虑多股人流通行情况，避免阻塞现象。此外，人流宽度按 0.55m 计算是最小值，实际上人体在行进中有一定摆幅和相互间空隙，因此每股人流宽度为 0.55m + (0 ~ 0.15)m，单人行走楼梯梯段宽度还需要适当加大，见图 7-4。

　　平台扶手处的最小宽度不应小于梯段净宽，并不应小于1.2m。梯段或平台的净宽，是指扶手中心线间的水平距离或墙面至扶手中心线间的水平距离。

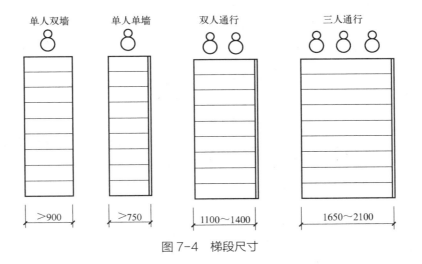

图 7-4 梯段尺寸

7.2.3 踏步尺寸

楼梯踏步由踏步板（踏面）和踏步踢板（踢面）组成，其尺寸比取决于楼梯的坡度。楼梯踏步高宽比是根据楼梯坡度要求和不同类型人体自然跨步（步距）要求确定的，符合安全和方便舒适的要求。楼梯踏步高度和宽度的尺寸应符合表 7-2 规定。

表 7-2　楼梯踏步的尺寸

楼梯类别		最小宽度/m	最大高度/m	坡度/（°）	步距/m
住宅楼梯	住宅公共楼梯	0.26	0.175	33.94	0.61
	住宅套内楼梯	0.22	0.20	42.27	0.62
宿舍楼梯	小学宿舍楼梯	0.26	0.15	29.98	0.56
	其他宿舍楼梯	0.27	0.165	31.43	0.60
老年人建筑楼梯	住宅建筑楼梯	0.30	0.15	26.57	0.60
	公共建筑楼梯	0.32	0.13	22.11	0.58
托儿所、幼儿园楼梯		0.26	0.13	26.57	0.52
小学校楼梯		0.26	0.15	29.98	0.56
人员密集且竖向交通繁忙的建筑和大、中学校楼梯		0.28	0.165	30.51	0.61
其他建筑楼梯		0.26	0.175	33.94	0.61
超高层建筑核心筒内楼梯		0.25	0.18	35.75	0.61
检修及内部服务楼梯		0.22	0.20	42.27	0.62

7.2.4 平台宽度

楼梯平台宽度是指墙面装饰面至扶手中心线之间的水平距离。当楼梯平台有障碍物影响通行宽度时，应从障碍物外缘算起。

第7章

　　当梯段改变方向时，平行楼梯扶手转向处的平台最小宽度不应小于梯段净宽或 1.20m。考虑不同类型建筑对楼梯宽度的要求，平台最小宽度应与疏散宽度一致。当有搬运大型物件需要时以能通过为宜，如图 7-5（a）所示。

　　双分平行楼梯扶手转向处的平台最小宽度不应小于梯段计算最小净宽或 1.20m，如图 7-5（b）所示。

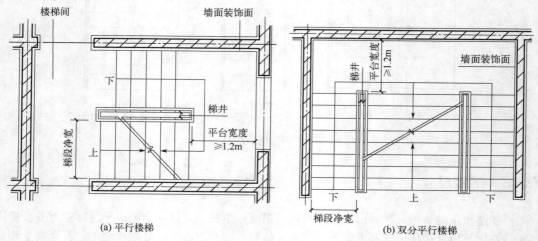

图 7-5　楼梯平台宽度

　　直跑楼梯的中间平台主要供途中休息用，不影响疏散宽度，要求与梯段净宽一致或大于0.90m。在实际设计时应根据建筑类型合理确定中间平台宽度，并满足建筑设计标准相关规定。

7.2.5　梯井宽度

　　梯井是指梯段之间形成的空档，此空档从建筑顶层到底层贯通。在少年儿童专用活动场所，梯井净宽大于 0.20m 时必须设置防坠落措施。

　　在平行多跑楼梯中可不设梯井，但从梯段施工安装和平台转弯缓冲角度考虑则可设梯井。梯井宽度应以 60～200mm 为宜，对大于 200mm 的情况应考虑安全措施。

7.2.6　楼梯净空高度与栏杆扶手高度

　　楼梯净空高度包括梯段净高和平台下过道净高，净高必须保证行人正常通过。如图 7-6 所示，楼梯平台上部及下部净高不应小于 2.00m，梯段处净高不应小于 2.20m，楼梯段最低、最高踏步前缘线与顶部突出物内边缘线的水平距离不应小于 300mm。住宅等户内空间的非公共楼梯及检修专用楼梯，当条件不允许时可适当放宽要求。

　　梯段栏杆扶手高度是指从踏步前缘线到扶手顶面的垂直距离。其高度根据人体重心高度和楼梯坡度大小等确定，如图 7-7 所示。梯段栏杆扶手高度一般不宜小于 900mm，供儿童使用的楼梯应在 500～600mm 高度增设扶手。当楼梯栏杆水平段长度超过 500mm 时，扶手高度不应小于 1050mm。

　　室外楼梯的栏杆因为临空，需要加强防护。当临空高度小于 24m 时栏杆高度不应小于1050mm；当临空高度大于等于 24m 时，栏杆高度不应小于 1100mm。

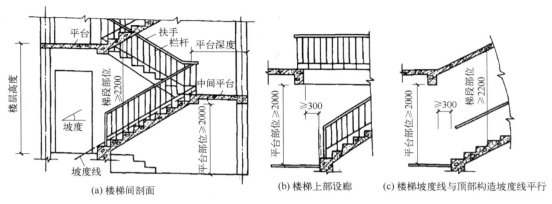

(a) 楼梯间剖面　　(b) 楼梯上部设廊　　(c) 楼梯坡度线与顶部构造坡度线平行

图 7-6 楼梯净空高度

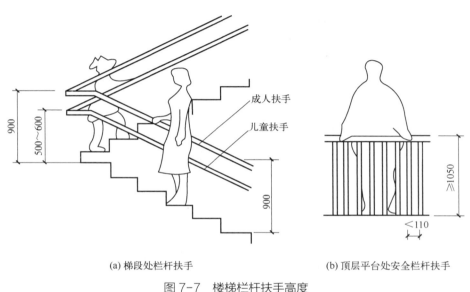

(a) 梯段处栏杆扶手　　(b) 顶层平台处安全栏杆扶手

图 7-7 楼梯栏杆扶手高度

7.2.7 楼梯尺寸计算

在进行楼梯构造设计时，应对楼梯各细部尺寸进行详细的计算。现以常用的平行双跑楼梯为例，说明楼梯尺寸的计算方法，如图 7-8。

（1）根据层高 H 和初选步高 h 确定每层踏步数 N：

$$N = \frac{H}{h}$$

为了减少构件规格，一般应尽量采用等跑梯段，因此 N 宜为偶数。如所求出的 N 为奇数或非整数，可反过来调整步高 h。

（2）根据步数 N 和初选步宽 b 决定梯段水平投影长度 L：

$$L=(0.5N-1)b$$

（3）确定是否设梯井。如楼梯间宽度较富裕，可在两梯段之间设梯井。供少年儿童使用的楼梯梯井净宽不应大于 200mm，以利安全。

（4）根据楼梯间开间净宽 A 和梯井净宽 C 确定梯段宽度 a：

$$a = \frac{A - C}{2}$$

同时检验其通行能力是否满足紧急疏散时人流股数要求，如不能满足，则应对梯井净宽 C 或楼梯间开间净宽 A 进行调整。

（5）根据初选中间平台宽 D_1、楼层平台宽 D_2 和梯段水平投影长度 L 对楼梯间进深净长度 B 进行检验：

$$D_1 + L + D_2 < B$$

如不能满足要求，可对 L 值进行调整（即调整 b 值），必要可对 B 值进行调整。在装配式楼梯中，D_1 和 D_2 应符合预制板安放尺寸。

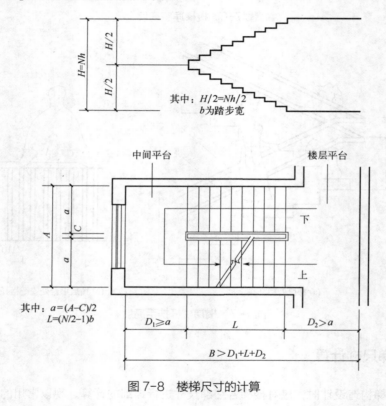

图 7-8　楼梯尺寸的计算

7.3　楼梯构造

钢筋混凝土楼梯具有结构坚固耐久、可塑性强等优点，在民用建筑中得到广泛应用。钢筋混凝土楼梯按施工方式不同，可分为预制装配式和现浇式两大类。

7.3.1　现浇钢筋混凝土楼梯

现浇钢筋混凝土楼梯是在现场就地支模板、绑扎钢筋、浇灌混凝土而成的。由于梯段和平台浇筑在一起，现浇钢筋混凝土楼梯整体性好、刚度大、坚固耐久，但施工麻烦、工期长，适用于小型房屋以及对抗震有较高要求的房屋或施工吊装有困难的建筑。

现浇钢筋混凝土楼梯，按照梯段的传力特点分为板式楼梯和梁板式楼梯两种。

7.3.1.1　板式楼梯

整个梯段是一块斜放的板，称为梯段板。板式楼梯通常由梯段板、平台梁和平台板组成，平台梁之间的距离即为板的跨度，如图7-9（a）。必要时，也可取消梯段板一端或两端的平台梁，使梯段与平台板连成一体，形成折线形的板，直接支承于墙上，如图7-9（b）。

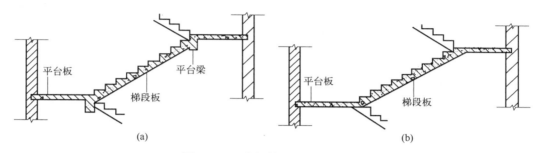

图 7-9　现浇钢筋混凝土板式楼梯

板式楼梯构造简单、底面平整、施工方便、便于装修。这种楼梯适用于跨度较小（一般不超过3m）的梯段。

7.3.1.2　梁板式楼梯

梁板式楼梯的梯段是由踏步板和梯段斜梁组成的。由斜梁支承踏步板，斜梁支承在平台梁上，斜梁间的距离即为板的宽度。

斜梁通常设两根，分别布置在踏步板两端，斜梁在踏步板之下，踏步外露时成为明步，如图7-10（a）；斜梁在踏步板上形成反梁，踏步包在里面，斜梁与栏板合一成为暗步，如图7-10（b）。

梁板式楼梯节省材料、自重轻，但支承和施工较复杂。这种楼梯适用于荷载较大、梯段的跨度也较大的楼梯。

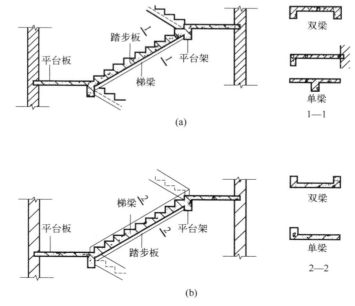

图 7-10　现浇钢筋混凝土梁板式楼梯

7.3.2   预制装配式钢筋混凝土楼梯

预制装配式钢筋混凝土楼梯是将楼梯组件在工厂或现场进行预制。采用这种楼梯，现场湿作业少，施工速度快。目前各地均有楼梯标准图供设计时使用，为适应不同生产、运输和吊装能力需求，装配式钢筋混凝土楼梯构件按合并程度分为小型构件、中型构件和大型构件。

7.3.2.1   小型构件装配式楼梯

小型构件装配式楼梯，是将楼梯的组成部分划分为若干小构件，各构件体积小、重量轻、易于制作、便于运输和安装，但施工麻烦。

小型构件装配式楼梯的主要预制构件是踏步和平台板。

（1）预制踏步

钢筋混凝土预制踏步的断面形式有三角形、L 形和一字形三种。预制踏步的支承方式主要有悬挑式、墙承式和梁承式三种。

① 悬挑式楼梯。如图 7-11 所示，是悬挑式楼梯的示意图。它的楼梯段由单个踏步板组成，一端固定在墙上，另一端悬挑，形成悬臂板承受使用荷载。

悬挑式楼梯不设梯梁和平台梁，平台下净高较大，构造简单、造价低且外形轻巧。预制踏步安装与砌墙同时进行，为了防止倾覆要加临时支撑，故施工较麻烦。常用于非地震地区梯段宽度不大的楼梯。

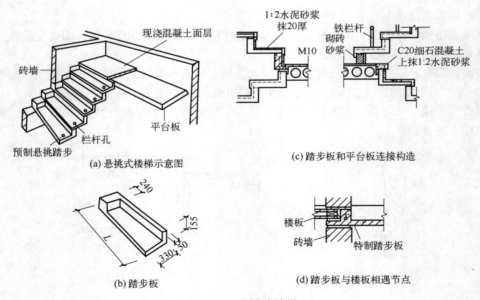

图 7-11   悬挑式楼梯

② 墙承式楼梯。墙承式楼梯将预制踏步的两端支承在墙上，构成楼梯段，将荷载直接传递给两侧的墙体。预制踏步一般采用 L 形或加砌立砖做踢板的一字形。如图 7-12 所示，是墙承式楼梯示意图。

墙承式楼梯不需设梯梁和平台梁，故构造简单、节约材料、造价低。这种支承方式主要用于直跑楼梯。若为双跑平行楼梯，则需要在楼梯间中部设墙，以支承踏步，但会造成楼梯间空间狭窄、视线受阻、影响采光。为此要在这道墙上适当部位开洞，使墙两侧上下的人能互相看见，避免相撞。但设置这道墙后，搬运大型家具比较困难。

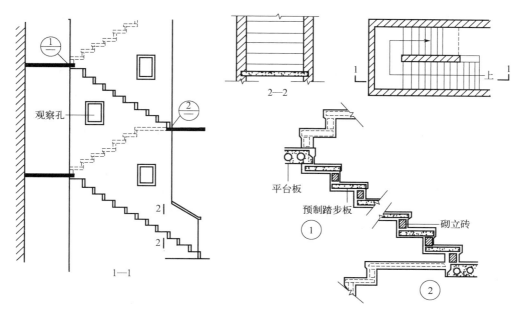

图 7-12 预制踏步墙承式楼梯

③ 梁承式楼梯。由斜梁和踏步构成楼梯段，由平台梁和平台板构成平台。斜梁支承在平台梁上，踏步搁在斜梁上。常见的梁承式楼梯如图 7-13 所示。

（2）预制平台板

楼梯的预制平台板是指预制混凝土楼梯中的平台部分，通常与平台梁、斜梁、踏步板等构件配合使用，形成预制装配式钢筋混凝土楼梯。楼梯的预制平台板应该按照设计要求和规范标准进行构造，具体步骤如下：

根据楼梯的形式、尺寸和位置，选择合适的预制平台板模数和断面形式，一般有一字形、三角形、L 形或倒 L 形等。

在预制厂或现场进行预制平台板的模具制作、钢筋绑扎、混凝土浇筑、养护等工序，保证预制平台板的质量和强度。

在安装前，检查预制平台板的外观、尺寸、标识等是否符合要求，以及与其他构件的配合情况，如有损坏或不合格的应及时更换或修复。

在安装时，使用吊车或其他设备将预制平台板吊装到指定位置，与平台梁、斜梁等构件进行连接固定，采用简支连接方式，设置固定铰和滑动铰，用插销或螺栓等连接件进行锁紧。

在安装后，对预制平台板与其他构件之间的接缝进行处理，填充座浆或灌浆，并做防水、防裂等措施。如有装饰面层的，还应进行相应的表面处理。楼梯、平台板也可采用小型预制平板，支承在平台梁和楼梯间的纵墙上。

7.3.2.2 中型和大型构件装配式楼梯

中型构件装配式楼梯，一般由梯段和带梁平台板两个构件组成，当施工机械化程度较高时，可以采用中型构件装配式楼梯。它与小型构件装配式楼梯相比，构件数量少，可以简化施工、减轻劳动强度、加快施工速度。

（1）预制梯段

预制梯段是将整个梯段预制成一个构件。按其结构形式不同，有板式梯段和梁板式梯段两种。

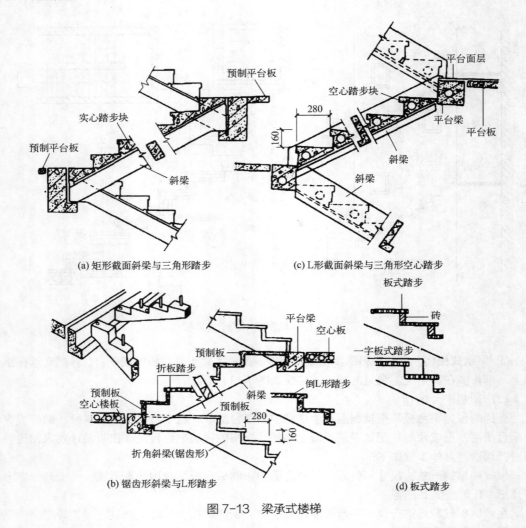

(a) 矩形截面斜梁与三角形踏步

(c) L形截面斜梁与三角形空心踏步

(b) 锯齿形斜梁与L形踏步

(d) 板式踏步

图 7-13　梁承式楼梯

① 梁板式梯段。将由踏步板和梯梁组成的梯段预制成一个构件，一般采用暗步，即梯梁上翻包住踏步，形成梁板式梯段。梁板式梯段比板式梯段节省材料。如图 7-14 所示，为梁板式梯段示意图。

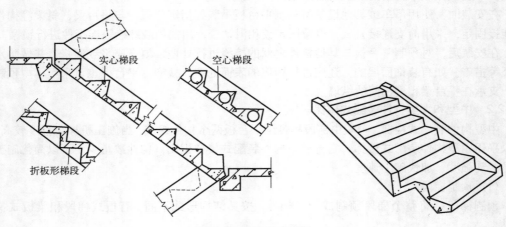

图 7-14　梁板式梯段

②　板式梯段。梯段为预制成整体的梯段板，两端搁置在平台梁的翼缘上，梯段荷载直接传递给平台梁。板式梯段按构造方式不同分为实心和空心两种类型，如图 7-15 所示。

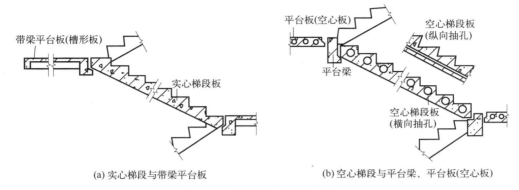

(a) 实心梯段与带梁平台板　　　　　(b) 空心梯段与平台梁、平台板(空心板)

图 7-15　预制板式梯段与平台

（2）带梁平台板

将平台板和平台梁组合在一起预制成一个构件，形成带梁平台板。一般做成槽形板，其一条边肋加大做成 L 形，用以支承梯段。

（3）梯段的搁置

梯段两端搁置在平台梁上，平台梁的断面形式通常为 L 形。梯段搁置处，既要有可靠的支承面又要将梯段与平台梁连接在一起，以加强整体性。通常在梯段安装前铺设水泥砂浆座浆，使构件间的接触面贴紧、受力均匀。安装后用预理件焊接或将梯段预留孔套接在平台梁的预埋插铁上，孔内用水泥砂浆填实，如图 7-16 (a)、(b) 所示。

底层第一跑楼梯段下端应设基础或基础梁，以支承梯段，如混凝土基础、毛石基础、砖基础或钢筋混凝土基础梁等，如图 7-16 (c)、(d) 所示。

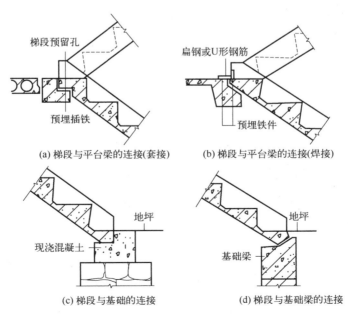

(a) 梯段与平台梁的连接(套接)　　　(b) 梯段与平台梁的连接(焊接)

(c) 梯段与基础的连接　　　　　(d) 梯段与基础梁的连接

图 7-16　梯段的搁置和连接构造

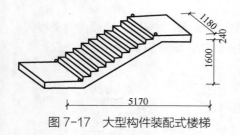

图 7-17　大型构件装配式楼梯

（4）大型构件装配式楼梯

大型构件装配式楼梯，是把梯段和两个平台连在一起组成一个构件。每层楼梯由两个相同的构件组成。这种楼梯的装配化程度高、施工速度快，但需要有大型吊装设备，常用于预制装配式建筑。图 7-17 是大型建筑中常用的大型构件装配式楼梯形式举例。

7.4　楼梯细部构造

7.4.1　踏步面层及防滑处理

7.4.1.1　踏步面层

楼梯踏步的面层装饰是建立在它们的基层（完成面）上的装饰。楼梯踏步要求面层耐磨、防滑、易于清洁，构造做法一般与地面相同。根据造价和装修标准的不同。常用的有水泥石面层、普通水磨石面层、彩色水磨石面层、红砖面层、大理石面层、花岗石面层等，还可在面层上铺设地毯（如图 7-18 所示）。

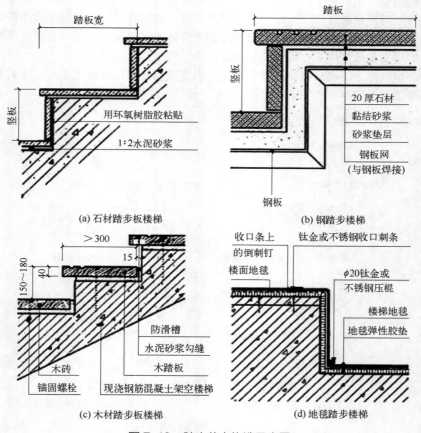

图 7-18　踏步节点构造示意图

7.4.1.2　防滑处理

　　为避免行人在行进中滑倒，常在踏步阳角部位设置防滑条，同时也能起到保护踏步阳角的作用。常用的防滑条材料有：水泥铁屑、金刚砂、金属条（铸铁、铝条、铜条）、马赛克等，如图 7-19 所示。需要注意的是，防滑条凸出踏步面不应太高（一般为 2～3mm），避免行走不便。

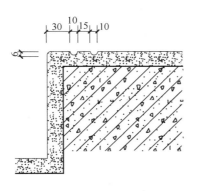

(a) 水泥面踏步防滑条

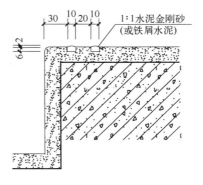

(b) 水泥面踏步防滑条(铁屑／金刚砂)

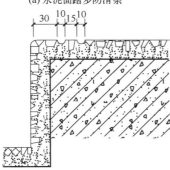

(c) 现制磨石踏步防滑条

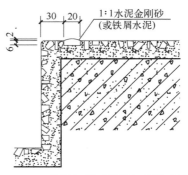

(d) 现制磨石踏步防滑条(铁屑／金刚砂)

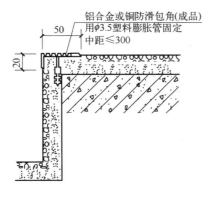

(e) 现制磨石踏步防滑条(铝合金／铜)

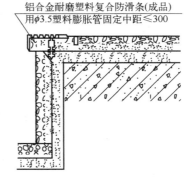

(f) 预制磨石踏步铝合金复合防滑条

图 7-19

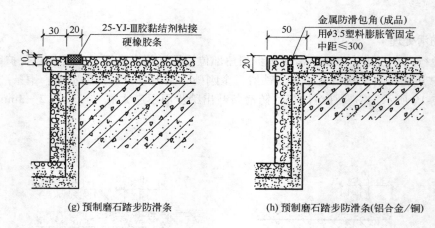

(g) 预制磨石踏步防滑条   (h) 预制磨石踏步防滑条(铝合金/铜)

图 7-19 踏步防滑处理

7.4.2 栏杆、栏板与扶手

7.4.2.1 栏杆形式与构造

栏杆形式可分为空花式、栏板式、组合式等类型，设计时需根据材料、经济、装修标准和使用对象的不同进行合理的选择与设计。

（1）空花式

一般采用圆钢、方钢、扁钢等型材焊接或铆接成各种图案，既起到防护作用，又有一定的装饰效果。空花式栏杆具有重量轻、通透等特点，是楼梯栏杆的主要形式，主要用于室内楼梯设计。

如图 7-20 为空花栏杆示例。在构造设计中应保证其竖杆具有足够的强度以抵抗侧向冲击力。为保证安全，杆件形成的空花尺寸不宜过大，特别是供少年儿童使用的楼梯，竖杆间净距不应大于 110mm。常用的钢竖杆断面为圆形和方形，并分为实心和空心两种。实心竖杆断面尺寸圆形时直径一般为 16 ~ 30mm，方形时尺寸为 20mm×20mm ~ 30mm×30mm。

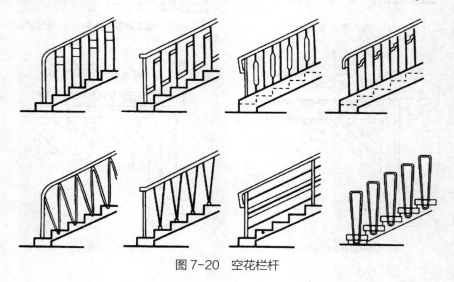

图 7-20 空花栏杆

（2）栏板式

栏板式栏杆取消了杆件结构，栏板构件与主体结构通过可靠连接抵抗侧向冲击力。栏板通常采用钢筋混凝土板、钢板网水泥板或砖砌板，如图 7-21 所示，也可以采用装饰效果较好的有机玻璃、钢化玻璃。

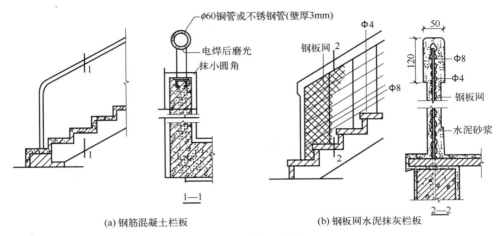

(a) 钢筋混凝土栏板   (b) 钢板网水泥抹灰栏板

图 7-21　栏板式栏杆

钢板网（或钢丝网）水泥抹灰栏板是以钢筋作为主骨架，然后在其间绑扎钢板网或钢丝网，并用高标号水泥砂浆双面抹灰而成。

钢筋混凝土栏板多采用现浇方式制作，在牢固、安全、耐久等方面强于钢板网水泥抹灰栏板，但其厚度和自重较大、造价较高。

（3）组合式

组合式栏杆是将栏杆和栏板两种形式组合而成。其中栏杆竖杆作为主要抗侧力构件，栏板则作为防护和美观装饰构件。如图 7-22 所示。

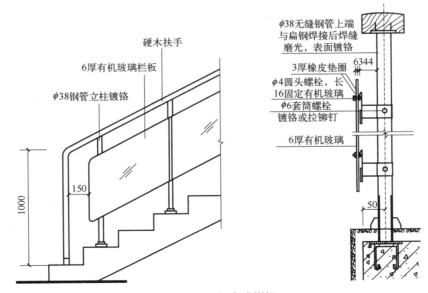

图 7-22　组合式栏杆

7.4.2.2　扶手

　　扶手位于栏杆或栏板上端及梯道侧壁处，供行人攀扶使用。其形式和选材既要满足人们攀扶的要求，有舒适的手感，又要满足作为装饰构件的要求。扶手常用硬木、塑料、钢筋混凝土、水磨石、大理石、金属型材制作。

　　扶手与栏杆应有可靠的连接，连接方法视扶手材料而定。扶手断面形式和尺寸既要考虑人体尺度和使用要求，又要考虑楼梯尺度和加工制作要求。如图7-23为几种常见扶手断面形式和尺寸。

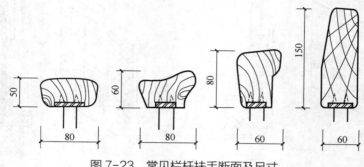

图 7-23　常见栏杆扶手断面及尺寸

7.5　室外台阶与坡道

　　室外台阶与坡道是设置在建筑物出入口的辅助配件，用来解决建筑物室内外高差问题。一般建筑物多采用台阶，当有车辆通行或室内外地面高差较小时可采用坡道。有时也会把台阶与坡道合并在一起共同使用。

7.5.1　台阶的分类及形式

　　室外台阶由平台和踏步组成。按材料可划分为混凝土台阶、钢筋混凝土台阶、砖砌台阶、砖石台阶和木台阶等。

　　按面层可划分为水泥砂浆台阶、块材贴面台阶以及砌筑台阶。

　　另外台阶又可以分为实铺式和架空式两种（如图7-24所示）。

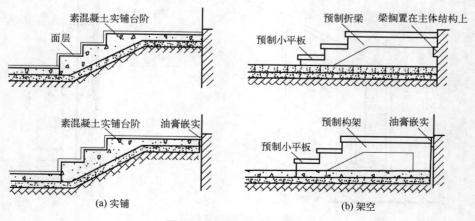

(a) 实铺　　　　　　　　　　　　　(b) 架空

图 7-24　台阶构造示意图

7.5.2 台阶及坡道尺度

7.5.2.1 台阶尺寸

台阶踏步宽度应比室内楼梯踏步宽度大一些，使坡度平缓，提高行走舒适度。台阶踏步高一般为 100~150mm，踏步宽为 300~400mm，步数根据室内外高差确定。在台阶与建筑出入口大门之间，常设缓冲平台，作为室内外空间的过渡。平台深度一般不应小于 1000mm，平台需做一定的排水坡度，以利于雨水排除。

7.5.2.2 坡道尺寸

坡道按照其用途的不同，可以分为行车坡道和轮椅坡道两类。

坡道的坡度。便于残疾人通行的坡道坡度不大于 1:12，与之相匹配的每段坡道的最大高度为 750mm，坡段最大水平投影长度为 9000mm。

坡道的宽度及平台宽度。为便于残疾人使用的轮椅顺利通过，室内坡道的最小宽度不应小于 900mm，室外坡道的最小宽度不应小于 1500mm。坡道两侧宜在 900mm 高度处和 650mm 高度处设上下层扶手，并安装牢固。扶手应能承受行人身体重量，易于抓握。扶手在坡道的起点和终点处应水平延伸出 300mm 以上。两段坡道之间的扶手应保持连贯性。坡道侧面凌空时，栏杆下端宜设高度不小于 50mm 的安全挡台。

7.5.3 台阶及坡道面层与垫层

台阶易受雨水侵蚀，并需考虑雨雪天气防滑问题，其面层材料可选择水泥石屑、斩假石（剁斧石）、天然石材、防滑地面砖等。对于人流量大的建筑台阶，应在台阶平台处设刮泥槽。在北方地区室外台阶还应考虑抗冻要求，并在垫层下设置非冻胀层或采用钢筋混凝土架空台阶。

砌筑步数较少的台阶时，一般先将素土夯实，然后将其按台阶形状尺寸做出混凝土垫层或砖石垫层。标准较高的或地基土质较差的还可在垫层下加铺碎石层。

当步数较多或地基土质太差时，可根据情况架空。严寒地区的台阶还应考虑地基土冻胀因素，可用含水率低的砂石换填垫层。

室外台阶与坡道因为雨天同样要使用，所以面层材料必须做防滑处理，坡道表面常做成锯齿形或带防滑条（图 7-25）。

(a) 表面带锯齿形　　　　　　　　　　　　　　(b) 表面带防滑条

图 7-25　坡道表面防滑处理

7.6　电梯与自动扶梯

7.6.1　电梯

在多层和高层建筑中，通过楼梯上楼或下楼不仅耗费时间，同时人的体力消耗也较大，在这种情况下应该设电梯。一些公共建筑虽然层数不多，但当建筑等级较高（如宾馆）或有特殊需要（如医院）时，也应设电梯。

交通建筑、大型商业建筑、科教展览建筑，如火车站、地铁站、大百货商店及展览馆等，人流较密集，为了加快人流疏导，应设置自动扶梯。

随着高层建筑和大型建筑建造量的增加，电梯和自动扶梯的应用将越来越多。

7.6.1.1　电梯

在多层和高层建筑中，为了上下楼层方便，设有电梯。电梯有乘客梯、载货梯两大类，另外，还有病床梯和小型杂物梯等。

电梯由机房、井道、轿厢三大部分组成。轿厢是电梯厂生产的设备，其规格依额定起重量不同而异。一般乘客电梯分为500kg、750kg、1000kg、1500kg、2000kg五种；载货电梯分为500kg、1000kg、2000kg、3000kg、5000kg五种。电梯厢门的开启方式有：中分推拉门、中分双扇推拉门、双扇推拉门等。

7.6.1.2　电梯井道

电梯井道是电梯运行的通道，其内除有电梯及出入口外，尚安有导轨、平衡配重及缓冲器等，如图7-26所示。

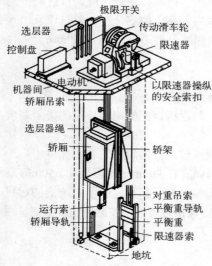

图7-26　电梯井道内部透视图

井道是高层建筑穿越各层的垂直通道，发生火灾时火焰及烟气容易从中蔓延。因此，井道围护构件应根据有关防火规定进行设计，较多采用钢筋混凝土墙。高层建筑的电梯井道内有超过两部电梯时应用墙隔开。

为了减轻机器运行时产生的振动和噪声对建筑物的影响，应采取适当的隔声及隔振措施（如图7-27所示）。电梯井道外侧应避免布置居室；楼板应与井道脱开，另做隔声墙；或在井道外加砌加气混凝土衬墙。

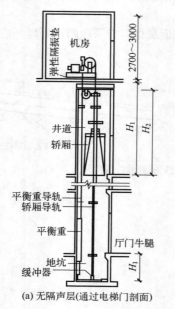
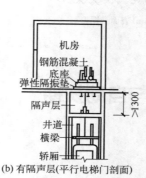

(a) 无隔声层（通过电梯门剖面）　　(b) 有隔声层（平行电梯门剖面）

图7-27　电梯机房隔声、隔振处理

　　井道应设置通风孔，一般运行速度 2m/s 以上的乘客电梯，在井道的顶部和底坑设有不小于 300～600mm 的通风孔，上部可以和排烟孔（占井道面积的 3.5%）结合。层数较高的建筑，中间也可酌情增加通风孔。井道内必须在上下留有必要的空间（如图 7-26、图 7-27 所示），作为井道内安装、检修和缓冲的空间，其尺寸与运行速度有关，井道底、坑底和井壁都必须做防水处理。

7.6.1.3　电梯门套

　　电梯厅、电梯间门套装修构造的做法应与电梯厅的装修统一考虑，可用水泥砂浆抹灰、水磨石或木板装修，高级的还可采用大理石、花岗岩或金属装修。

7.6.1.4　电梯机房

　　机房一般设置在电梯井道的顶部（如图 7-27 所示），少数设在底层井道旁。机房平面尺寸须根据机械设备尺寸的安排及管理、维修等需要来决定，一般至少有两个面每边扩出 600mm 以上的宽度供操作和维修使用，高度多为 2.5～3.5m。

　　机房围护构件的防火要求应与井道一样。为了便于安装和修理，机房的楼板应按机器设备要求的部位预留孔洞。

7.6.2　自动扶梯

　　自动扶梯适用于人流量较大的建筑。自动扶梯由电动机械牵动，梯级踏步连同扶手同步运行，机房设在地面以下或悬在楼板下面。自动扶梯可以正逆运行，在机械停止运转时，可作为普通楼梯使用。如图 7-28 所示，是自动扶梯的示意图。

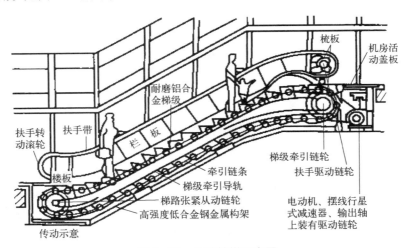

图 7-28　自动扶梯示意图

　　自动扶梯一般是斜置的。行人在扶梯的一端站上自动行走的梯级，便会被自动带到扶梯的另一端，途中梯级会一路保持水平。扶梯在两旁设有跟梯级同步移动的扶手，供使用者扶握。另一种和自动扶梯十分类似的行人运输工具，是电动平面步道。两者的区别主要是电动平面步道没有梯级，一般水平布置或稍微倾斜布置。

　　自动扶梯和电梯都是垂直运输行人的交通工具。两者各有长处，通常会在不同的场合使用。与电梯相比，自动扶梯所占空间较多，而且行走速度（特别是垂直速度）相对缓慢。但是因为自动扶梯连续运作，不像电梯般乘客要等轿厢到来，因此扶梯的总载客量高很多。在人流很高而垂直距离不长的地方，一般都会使用自动扶梯。对于人流较少，但垂直距离大的场合则多数使用电梯。

7.7 楼梯的 Revit 建模

在线视频

7.7.1 单跑楼梯的建模

如图 7-29 所示，为单跑楼梯图，单跑楼梯是比较常用的一种垂直交通设施。
建模过程可扫描二维码观看建模教学视频。

7.7.2 螺旋楼梯的建模

图 7-30 为螺旋楼梯图，螺旋楼梯结构优美，占地面积小，是一种常用的小型别墅垂直交通设施。
建模过程可扫描二维码观看建模教学视频。

7.7.3 双跑楼梯的建模

图 7-31 为双跑楼梯图，双跑楼梯因为结构简单，占地面积小，是最为常用的一种垂直交通设施。
建模过程可扫描二维码观看建模教学视频。

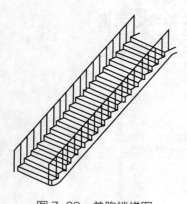
图 7-29 单跑楼梯图

图 7-30 螺旋楼梯图

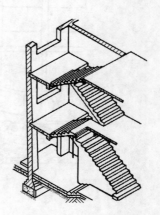
图 7-31 双跑楼梯图

 知识拓展 **能够精准掌控电梯的电梯物联网**

电梯物联网是未来电梯行业发展的重要趋势之一，通过开发和应用电梯物联网技术，能够有效解决监管和维护方面的难题，并为电梯厂商提供可靠的数据保障。随着工业 4.0 时代的到来，这种技术与电梯等基础设备相结合，形成更加灵活的洞察和反应机制，能够消除电梯在日常使用过程中的安全隐患。

 课后习题　　　　　　　　　　　　　　　　　　
在线题库
参考答案

1. 楼梯由哪些部分组成，各部分有何作用?
2. 楼梯梯段的宽度受哪些因素影响，如何确定?
3. 住宅和公共建筑楼梯的踏步尺寸有何不同? 请举例说明。
4. 举例说明楼梯踏步如何进行防滑处理。
5. 解决建筑物的垂直交通和高差问题一般采取哪几种措施?
6. 供残疾人使用的室外坡道在设计时应注意哪些细节?
7. 楼梯间底层休息平台下设出入口时，如何设计?
8. 现浇钢筋混凝土楼梯常见的结构形式有几种?

第 8 章
非承重墙

从结构受力的情况来看，墙体可分为承重墙和非承重墙。非承重墙是指不承受上部楼层荷载，只起分隔空间作用的墙体，属于建筑非结构构件，对结构安全性影响较小。非承重墙包括非承重外墙、隔墙（隔断）、幕墙等类型。

8.1 隔墙工程

隔墙是分隔建筑物空间的非承重墙。除了空间划分，隔墙还可以提供私密性、声学和防火分离以及布局的灵活性。根据建筑的性质，可以在不同的位置重复使用墙壁的部分或全部组件。

隔墙可以专门设计和建造，也可以采用模块化系统。隔墙可包含开口、窗户、门、管道、插座、布线、踢脚线、楣梁等。隔墙可以采用砌筑实心墙体，也可以采用框架结构。

框架隔墙也被称为螺柱墙，包括由木材、钢材或铝材制作的框架，由石膏板、木材、金属或纤维板等制作的覆盖层。框架隔墙内可包括绝缘材料，同时应保证隔墙顶部和底部的密封，可以阻隔相邻房间火灾和噪声的传播。

8.1.1 隔墙材质

隔墙材料一般包括轻质砖、玻璃、木材、板材石膏板等。隔墙材料须考虑防火、防潮、强度等诸多因素。

8.1.1.1 轻质砖

轻质砖（图 8-1）一般就是指发泡砖，是修筑室内隔墙的常用材料，可有效减轻楼面负重，并兼具一定的隔音效果。

8.1.1.2 玻璃

玻璃是非晶无机非金属材料，一般采用多种无机矿物（如石英砂、硼砂、硼酸、重晶石、碳酸钡、石灰石、长石、纯碱等）制备，主要成分是非晶态硅酸盐复盐。

玻璃广泛应用于建筑行业，具备隔风透光属性。混入某些金属氧化物或者盐类的玻璃由无色转变为有色。此外，一些透明的塑料（如聚甲基丙烯酸甲酯）也称作有机玻璃。

玻璃和木框相结合、玻璃和铝合金边框相结合的隔断，主要应用于客厅与餐厅之间或餐厅与厨房之间。

8.1.1.3　木材

木材（图 8-2）是能够次级生长的植物所形成的木质化组织。这些植物在初生生长结束后，根茎中的维管形成层开始活动，向外发展出韧皮，向内发展出木材。

木材隔断可将木材的天然花纹展示出来。木板隔断还可以做得很薄，减少对室内空间的浪费。此外，木材属于天然材料，环保健康，对人危害小。

图 8-1　轻质砖　　　　　　　　　　　　　　　图 8-2　木材

8.1.1.4　板材

板材是做成标准大小的扁平矩形建筑材料板，在建筑行业可用作墙壁、天花板或地板等构件。此外，板材也指经锻造、轧制或铸造而成的金属板。

板材产品外形扁平，宽厚比大，单位体积表面积大，包容覆盖能力强，可任意剪裁、弯曲、冲压、焊接，能够制作成各种复杂形状的隔墙构件。

目前常用的板材包括：实木板、大芯板、竹拼板、密度板、饰面板、细芯板、指接板、三聚氰胺板、防水板、石膏板、水泥板、烤漆板、刨花板等。

8.1.1.5　石膏板

石膏板（图 8-3）是一种重要的隔断材料。其表面可制作花纹装饰，因此在隔墙设计制作中能够体现出创造性，成品富有立体感。同时石膏板隔墙具有防火性能优越、价格便宜等特性。石膏板隔墙的设计可按需要灵活定制，但对施工要求较高。

8.1.2　隔墙分类

8.1.2.1　砌体隔墙

（1）普通砖隔墙

普通砖隔墙（图 8-4）具有稳固、承重力佳、不易开裂而且防水效果突出等优点。砖块垒砌之后只需要在表面刷腻子就可以打造出与其他墙体相同的表面效果。

然而，由于普通砖自重大，不能大面积使用在高层建筑中；其烧制过程浪费了国家的土地资源；成砖体积小，施工效率低。现已在大中城市建设中禁止普通砖的使用。

（2）轻质砌块隔墙

轻质砌块隔墙是指利用轻质砖或轻质砌块通过专用黏结剂砌筑形成的用于建筑物隔断的非承重墙体。因其具有重量轻、强度高，而且耐水抗渗、隔音防火、保温隔热、绿色环保、施工快捷的特点，多年来受到国家墙改政策的大力支持和市场的广泛认同，已成为新型建筑材料的一个重要组成部分。

第8章

图 8-3　石膏板　　　　　　　　　　　　图 8-4　普通砖隔墙

8.1.2.2　板材隔墙

板材隔墙（图 8-5）是指采用轻质的条板用黏结剂拼合在一起形成的隔墙。其不需要设置隔墙龙骨，通过隔墙板材实现自承重，具有自重轻、墙身薄，安装及拆卸方便、节能环保、施工速度快、工业化程度高的特点。

8.1.2.3　骨架隔墙

骨架隔墙（图 8-6）也称龙骨隔墙，其结构由木料或钢材构成的骨架和包覆骨架的面层组成。轻质隔墙骨架由上槛、下槛、竖筋、横筋（又称横档）、斜撑等组成。面层可采用纤维板、纸面石膏板、胶合板、钙塑板、塑铝板、纤维水泥板等轻质薄板制作。面板和骨架的固定可采用钉子、膨胀螺栓、铆钉、自攻螺钉或金属夹子等实现。

图 8-5　板材隔墙　　　　　　　　　　　图 8-6　骨架隔墙

（1）木骨架隔墙

木骨架隔墙是由上槛、下槛、立柱（墙筋）、横档或斜撑组成骨架，然后在立柱两侧铺钉饰面板而成。这种隔墙具有质轻、壁薄、拆装方便等优点，但防火、防潮、隔声性能差，并且耗用木材较多。

（2）金属骨架隔墙

金属骨架一般采用薄壁轻型钢、铝合金或拉眼钢板做骨架，两侧铺钉饰面板而成。这种隔墙因其材料来源广泛、强度高、质轻、防火、易于加工和大批量生产等特点，近几年得到了广泛的应用。

8.1.2.4　活动隔断

活动隔断（图 8-7）是一种根据需要随时可以把大空间分割成小空间或把小空间连成大空间，并具有一般墙体功能的活动墙体。广泛应用于酒店宴会厅、教室、培训室、酒楼、会议室、餐厅、包房多功能厅等建筑空间的分隔使用。

（1）卷式活动隔断

由狭窄的木条、塑料片或金属片连接起来的、可卷可舒的隔断。金属片和塑料片可轧成铰链互相连接，木条则穿孔用绳索或金属丝连接起来。卷式隔断有水平式和垂直式。水平式上下设导轨，上部每隔 3～5 条设一组滑轮，可沿直线或弧线滑动；可向单侧边或双侧边卷拢。卷式隔断可用手动或电动，不论水平式和垂直式均卷在卷筒上，卷拢后体积较小，可藏于墙内或顶棚上的贮藏箱内。

图 8-7　活动隔断

（2）悬挂式活动隔断

把面积较大的隔扇悬挂在室内上部空间，用电动机调节升降的隔断，有的还可左右移动；空间可全封闭，也可部分分隔。这种隔断多用于上部可隐蔽的展览厅、观众厅和多功能大厅等建筑中，也用于录音厅以调节音量，还用于剧院舞台台口作为防火幕。

（3）折叠式活动隔断

由多片隔扇组成可以折叠的活动隔断。每片隔扇的上部采用一组可转变方向的滑轮安装在导轨上，用铰链把隔扇连接起来，不用时可将折叠式隔断折叠起来推入储藏室。铰链式骨架的两面都装上软质人造革或塑料布，可以像手风琴一样合拢拉开。这种隔断重量轻、美观、容易安装，并可围成曲线形，使用灵活。折叠式隔断可在夹层中衬垫薄钢板和吸声材料，提高隔声能力。

（4）拼装式活动隔断

按使用要求可拆可装的活动隔断，由高度取决于房间顶棚高度的轻质隔扇单元拼装而成。隔扇单元由木材或薄壁金属型材做框架，双面贴胶合板、纤维板或纸面石膏板制成，有的还在内部填蜂窝纸以增强刚度，或填矿棉等以提高隔声能力。

8.2　内隔墙及隔断

隔墙（隔断）是分隔建筑室内空间的非承重构件。在现代建筑设计中，为了提高平面布局的灵活性，大量采用隔墙以适应建筑功能变化。隔墙在建筑结构中不承受任何外来荷载，且自身的重量还要由楼板或墙下小梁来承受。隔墙属性与构造要求与其分隔房间的功能属性相关，如厨房的隔墙应具有耐火性能；盥洗室隔墙应具有防潮能力。

8.2.1　块材隔墙

块材隔墙是用普通砖、空心砖、加气混凝土等块材砌筑而成的，常用的有半砖隔墙、砌块隔墙和框架填充墙。

8.2.1.1　半砖隔墙

半砖隔墙采用普通砖顺砌，砂浆强度应大于 M2.5。在墙体高度超过 5m 时应进一步加固，可沿高度每隔 0.5m 砌入 ϕ4mm 钢筋 2 根，或每隔 1.2～1.5m 设一道 30～50mm 厚的、内置 2 根 ϕ6mm 钢筋的水泥砂浆层。顶部与楼板相接处用立砖斜砌，填塞墙与楼板间空隙。隔墙上有门时，要预埋铁件或将带有木楔的混凝土预制块砌入隔墙中以固定门框。半砖隔墙坚固耐久，有一定的隔声能力，但自重大，湿作业多，施工麻烦，如图 8-8 所示。

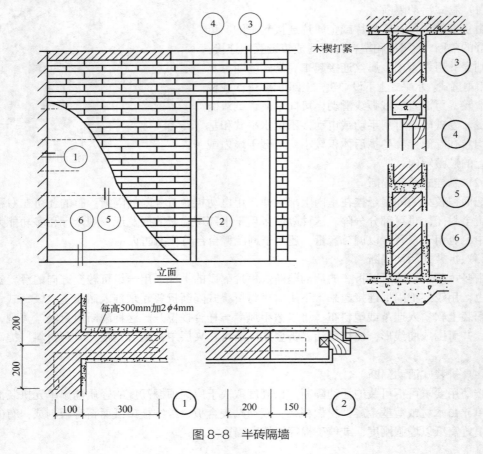

图 8-8　半砖隔墙

8.2.1.2　砌块隔墙

为了减轻隔墙重量，可采用轻质砌块进行砌筑，目前常用的轻质砌块有加气混凝土砌块、粉煤灰硅酸盐砌块、水泥炉渣空心砖等。隔墙厚度由砌块尺寸决定，一般为 90 ~ 120mm。

8.2.1.3　框架填充墙

框架填充墙是用砖或轻质混凝土块材砌筑在结构框架梁柱之间的墙体。它既可用于框架结构外墙，也可用于内墙，其砌筑过程通常在框架完成后进行。

框架填充墙的自重会传递给框架承重体系。为了减轻自重，通常采用空心砖或轻质砌块。墙体的厚度视块材尺寸而定，在有较高隔声和热工性能要求时不宜过薄，一般在 200mm 左右。

轻质块材通常吸水性较强，有防水、防潮要求时应在墙下先砌 3 ~ 5 皮吸水率小的砖。填充墙与框架之间应有良好的连接，以利于将其自重传递给框架支承体系。加固措施包括：竖向每隔 500mm 左右需从两侧框架柱中甩出 1000mm 长 $2\phi6mm$ 钢筋伸入砌体锚固；水平方向每隔 2 ~ 3m 需设置构造柱；门框的固定方式与半砖隔墙相同，但超过 3.3m 的大洞口需在洞口两侧加设钢筋混凝土构造柱。

8.2.2　轻骨架隔墙

轻骨架隔墙由骨架和面层两部分组成，由于是先立墙筋（骨架）再做面层，因而又称为立筋式隔墙。

8.2.2.1　骨架

常用的骨架有木骨架和型钢骨架。近年来出现了不少采用工业废料、轻金属制成的骨架，如石棉水泥骨架、浇注石膏骨架、水泥刨花骨架、轻钢和铝合金骨架等。

木骨架由上槛、下槛、墙筋、斜撑及横档组成，上、下槛及墙筋断面尺寸为 (45 ~ 50mm) × (70 ~ 100) mm，斜撑与横档断面相同或略小些。墙筋间距常用 400mm，横档间距可与墙筋相同，也可适当放大。

型钢骨架是由各种形式的薄壁型钢制成，其主要优点是强度高、刚度大、自重轻、整体性好、易加工和可批量生产，还可根据需要组装和拆卸。常用的薄壁型钢有 0.8 ~ 1mm 厚槽钢和工字钢。

8.2.2.2　面层

轻骨架隔墙常用人造板材面层，如胶合板、纤维板、石膏板、塑料板等。胶合板是用阔叶树或松木经旋切、胶合等工序制成，硬质纤维板是用碎木加工而成，石膏板是用一、二级建筑石膏加入适量纤维、黏结剂、发泡剂等经辊压制成。

面层与骨架的固定有两种结构方案。一种是贴面式，将面层板材固定在骨架表面，并用压条压缝或不用压条压缝；另一种是镶板式，将面层板材置于骨架中间四周用压条压住。

8.2.3　板材隔墙

板材隔墙是指单板高度相当于房间净高，面积较大且不依赖骨架，直接装配而成的隔墙。目前，采用的大多为条板，如各种轻质条板、蒸压加气混凝土板和各种复合板材等。

8.2.3.1　蒸压加气混凝土板隔墙

蒸压加气混凝土板是由水泥、石灰、砂、矿渣等加发泡剂（铝粉）经过原料处理、配料浇注、切割、蒸压养护等工序制成，其内部还加入了经防锈处理的钢筋网片。其自重较轻，可加工性好，防火性能好，能有效抵抗雨水渗透。这种板材可用于外墙、内墙和屋面。但不宜用于高温、高湿或有腐蚀性的建筑环境中。

用于内隔墙的蒸汽加压混凝土板材宽度 500 ~ 600mm，厚度 75 ~ 120mm，高度可按要求进行切割。板材之间可用水玻璃砂浆或砂浆黏结，如图 8-9 所示，为加气混凝土板隔墙与楼板的连接。

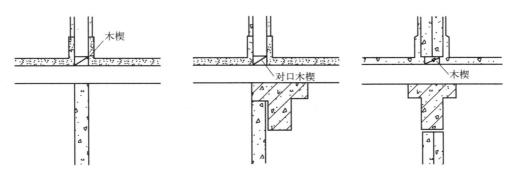

图 8-9　加气混凝土板隔墙与楼板的连接

8.2.3.2　轻质条板隔墙

常用轻质条板有玻璃纤维增强水泥条板、钢丝增强水泥条板、增强石膏空心条板、轻骨料混凝土条板。条板的长度通常为 2200~4000mm，厚度为 60~120mm。其中空心条板的孔洞最小外壁厚度不宜小于 15mm，且两边壁厚应一致，孔间肋厚不宜小于 20mm。条板限制高度为：60mm 厚时为 3.0m，90mm 厚时为 4.0m，120mm 厚时为 5.0m。

8.2.3.3　复合板隔墙

由几种材料制成的多层板材为复合板材。复合板材的面层有石棉水泥板、石膏板、铝板、树脂板、硬质纤维板、压型钢板等。夹芯材料可用矿棉、木质纤维、泡沫塑料和蜂窝状材料等。复合板材可充分发挥材料性能，具有强度高，耐火性、防水性、隔声性能好的优点，且安装、拆卸方便，有利于建筑工业化。

常用金属面夹芯板，其芯材为具有一定刚度的保温材料，如岩棉、硬质泡沫塑料等，上下两层为金属薄板，在专用的自动化生产线上复合而成，也称为"三明治"板。根据面材和芯材的不同，板的长度一般在 12m 以内，宽度为 900mm、1000mm，厚度在 30~250mm 之间。金属夹芯板是一种多功能的建筑材料，既可用于内隔墙，还可用于外墙板、屋面板、吊顶板等。

8.3　非承重外墙板及幕墙

骨架承重和钢筋混凝土剪力墙承重等体系的建筑物，其不承重的外墙除了可以用砌体墙填充外，还可以采用板材作为围护构件。这些板材可以直接安装在建筑物的主体结构构件上，也可以通过一套附加的杆件系统与主体结构相连接。其中牵涉到的因素有板材重量、立面形式构成等。如果外墙面板安装后模糊了建筑的分层、墙面与门窗的区分等，使得建筑外表好像套上了一层帷幕，或是用透明的材料完全暴露建筑的内部空间，使得建筑物好像覆盖着一层轻纱，通常将这样的外墙称为"幕墙"。

8.3.1　非承重外墙板

常用非承重外墙板种类多样。工程中可以选用单一类型材料制作的外墙板，也可以选用多种材料制作的复合型外墙板。由于外墙不同于内墙，除了分隔空间的作用外，还需要具备防水、隔热、隔声等多种功能，而且还应满足内外两侧功能与装饰需求。因此，复合型外墙板是未来发展趋势，其需要在工厂制作成型后再到现场安装。

8.3.2　幕墙

幕墙是以板材形式悬挂于主体结构上的外墙，因如悬挂的幕而得名。幕墙构造具有如下特征：幕墙不承重，但要承受风荷载，通过连接件将自重和风荷载传给主体结构。幕墙装饰效果好，安装速度快，施工质量也容易得到保证，是外墙轻型化、装配化的理想形式。

随着近些年来生态意识的提升，目前具有保温隔热等节能性能的玻璃如低辐射玻璃已得到广泛的应用，可以节省大量的能源；还有披覆紫外光镀膜的玻璃，除了减少紫外线危害，还能防止鸟类的撞击。

8.3.2.1　玻璃幕墙

（1）玻璃幕墙分类

玻璃幕墙根据其承重方式不同分为框支承玻璃幕墙、全玻幕墙和点支承玻璃幕墙。框支承玻璃幕墙造价低，是使用最为广泛的玻璃幕墙。全玻幕墙通透、轻盈，常用于大型公共建筑。点支承玻璃幕墙不仅通透，而且展现了精美的结构，发展十分迅速。

（2）框支承玻璃幕墙

框支承玻璃幕墙是指玻璃面板周边由金属框架支承的玻璃幕墙。按其构造方式可分为明框玻璃幕墙和隐框玻璃幕墙。

明框玻璃幕墙。即金属框架的构件显露于面板外表面的框支承玻璃幕墙［图 8-10（a）］。它以特殊断面的铝合金型材为框架，玻璃面板全嵌入型材的凹槽内。其特点在于铝合金型材本身兼有骨架结构和固定玻璃的双重作用。

隐框玻璃幕墙。即金属框架的构件不显露于面板外表面的框支承玻璃幕墙［图 8-10（b）］。隐框玻璃幕墙的玻璃在铝框外侧，用硅酮结构密封胶把玻璃与铝框黏结，幕墙的荷载主要通过密封胶传递。

半隐框玻璃幕墙。即金属框架的竖向或横向构件显露于面板外表面的框支承玻璃幕墙［图 8-10（c）、（d）］。

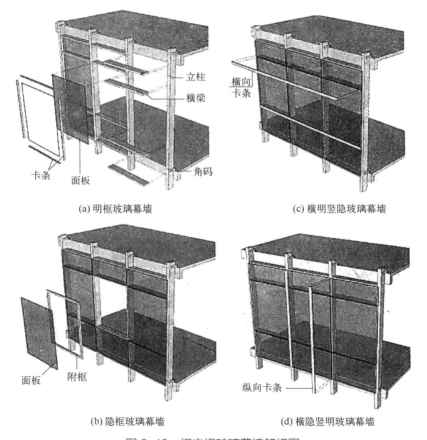

(a) 明框玻璃幕墙　　　　　　　　　　(c) 横明竖隐玻璃幕墙

(b) 隐框玻璃幕墙　　　　　　　　　　(d) 横隐竖明玻璃幕墙

图 8-10　框支撑玻璃幕墙解析图

（3）全玻幕墙

全玻幕墙是由玻璃肋和玻璃面板构成的幕墙。玻璃肋垂直于玻璃面板设置，以加强玻璃面板的刚度。玻璃肋与玻璃面板可采用结构胶黏结，也可以通过不锈钢爪件驳接。玻璃面板的厚度不宜小于 10mm；玻璃肋的厚度不应小于 12mm，截面高度不应小于 100mm。

全玻幕墙的玻璃固定有两种方式，下部支承式和上部悬挂式。下部支承式全玻幕墙的最大高度见表 8-1。

表 8-1　下部支承式全玻幕墙的最大高度

玻璃厚度/mm	10、12	15	19
最大高度/m	4	5	6

（4）点支承玻璃幕墙

点支承玻璃幕墙是由玻璃面板、支承装置和支承结构构成的玻璃幕墙，如图 8-11 所示。

图 8-11　点支承玻璃幕墙示意

其中，支承结构可分为杆件体系和索杆体系两种。杆件体系是由刚性构件组成的结构体系。索杆体系是由拉索、拉杆和刚性构件等组成的预拉力结构体系。点支承玻璃幕墙的常见的支承结构如图 8-12 所示。

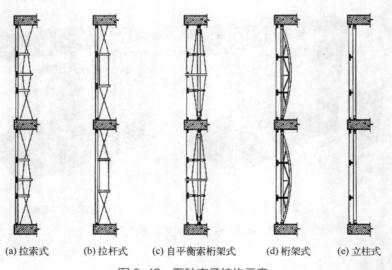

(a) 拉索式　　(b) 拉杆式　　(c) 自平衡索桁架式　　(d) 桁架式　　(e) 立柱式

图 8-12　五种支承结构示意

点支承玻璃幕墙的玻璃面板必须采用钢化玻璃，玻璃面板形状通常为矩形。玻璃面板与支承结构通过爪件、连接件以及转接件等支承装置相连。根据固定点数爪件可分为四点式、三点式、两点式和单点式。连接件以螺栓方式固定玻璃面板，并通过螺栓与爪件连接。

（5）单元式幕墙

单元式幕墙（图 8-13）是在工厂内将幕墙各组件（包括面板、支撑框架等）组装成板块单元，运至工地进行整体吊装，通过预埋转接系统固定在主体结构上的幕墙。

图 8-13　单元式幕墙

（6）模块化幕墙

模块化幕墙（图 8-14）是介于传统框架幕墙和单元幕墙之间的一种新型幕墙。通过对传统幕墙进行模块化处理，建立主龙骨模块、面材模块、背板模块、转接模块等标准通用模块，配合使用压板、扣板、密封胶条等附属零部件，组合成性能、规格、结构不同的幕墙产品，实现个性化造型设计。

图 8-14　模块化幕墙

8.3.2.2　石材幕墙

石材幕墙的构造一般采用框支承结构，因石材面板连接方式不同，可分为钢销式、槽式和背栓式等。

钢销式连接需在石材的上下两边或四边开设销孔，石材通过钢销以及连接板与幕墙骨架连接。所适用的幕墙高度不宜大于 20m，石板面积不宜大于 $1m^2$。

槽式连接具有更强的适应性，该做法需在石材的上下两边或四边开设槽口。根据槽口的大小分为短槽式和通槽式两种。短槽式连接槽口较小，通过连接片与幕墙骨架连接，对施工安装的要求较高。通槽式主要用于单元式幕墙中，槽口为两边或四边通长，通过通长铝合金型材与幕墙骨架连接。

背栓式将连接石材面板的部位放在面板背部，这种连接方式改善了面板的受力状态。通常先在石材背面钻孔，插入不锈钢背栓，并扩胀使之与石板紧密连接，然后通过连接件与幕墙骨架连接。

8.3.2.3　铝板幕墙

铝板幕墙的构造组成与隐框玻璃幕墙类似，采用框支承受力方式，也需要制作铝板板块，其通过铝角与幕墙骨架连接。

铝板板块由加劲肋和面板组成，板块的制作需要在铝板背面设置边肋和中肋等加劲肋。加劲肋常采用铝合金型材，以槽形或角形型材为主。面板与加劲肋之间常见的连接方法有铆接、电栓焊接、螺栓连接以及化学粘接等。为了方便板块与骨架体系的连接需在板块的周边设置铝角，铝角一端常通过铆接方式固定在板块上，另一端采用自攻螺钉固定在骨架上。

铝合金单板容易加工成弧形及多折边或锐角，能够适应如今变化无穷的外墙装饰的需要，而且色彩丰富，可以按设计及业主的要求任意选色，真正意义上拓宽了建筑师们的设计空间。

8.4　幕墙节能新技术

8.4.1　双层节能幕墙系统

双层节能幕墙系统是由内外两层幕墙构成的建筑外围护结构系统，是当今世界上技术先进、性能优越的幕墙系统。与传统的幕墙系统相比，具有更为优越的物理性能，同时可获得上佳的室内外装饰效果。双层幕墙又被称为动态通风幕墙、热通道幕墙、呼吸式幕墙等。通过系统构造的优化设计和合理配置，双层幕墙可有效提高围护系统的热工性能，改善室内通风，提高隔声性能，控制室内采光。双层节能幕墙系统是一种系统设计概念，而非定型产品。需要根据建筑的需求，进行有针对性的设计，从而使围护结构系统的综合性能达到节能目的。根据构造特点及通风原理，双层幕墙可分为自然通风型（外循环）、机械通风型（内循环）及混合通风型等多种形式。

8.4.1.1　自然通风型

自然通风型（外循环）双层幕墙的空气腔可与室外空气连通，通过通风系统的设计和对气流的合理组织和控制，利用高层建筑的烟囱效应和热压原理，使两层幕墙之间的空气流动，形成动态通风，实现建筑节能，如图 8-15 所示。

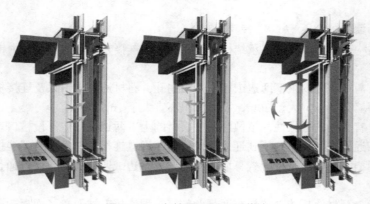

图 8-15　自然通风型双层幕墙

自然通风型双层幕墙由外层幕墙、内层幕墙、内外层之间的空气腔、内外层之间的连接装置、遮阳装置、进出风口及其控制装置等组成。根据需要，自然通风型双层幕墙可采用整体单元式、分体单元式、单元/构件组合式、分体构件式、门窗/构件组合式等多种灵活多变的构造形式。

自然通风型双层幕墙采用了可控的通风口设计。夏季将通风口开启，通过空气腔内空气的自然流动，带走空气腔内的热空气，避免室外的热量传入室内，提高系统的隔热性能；冬季将通风口关闭，空气腔内的空气不流动，减少热交换，通过太阳能辐射及室内热辐射，使空气腔内气温升高，提高围护系统地整体保温性能。

结合建筑物及其周边环境的具体情况，通过软件模拟分析，合理设计通风口和气流组织，可使系统的通风和动态节能效果达到最佳。配合遮阳装置的合理使用，提高遮阳性能，因而综合热工性能更优，节能效果更好。能够合理配置系统构造，可有效提高系统的隔声性能，充分满足建筑的实际需求。无论进出风口处于开启还是关闭状态下，均具有良好的密封性能，可避免热量流失，并可阻止雨水进入双层幕墙内部。

8.4.1.2　机械通风型

机械通风型（内循环）双层幕墙系统（图 8-16），是将内外两层幕墙的面板玻璃分别固定在同一层幕墙支撑框架的内外表面上，二者之间形成具有一定厚度的空气间层，形成热隔绝层，提升系统的热工性能。此空气间层与建筑的送风和排风系统连在一起，通过与送排风系统的有机结合，实现幕墙空气腔内气体的有序流动，在排出室内污浊空气、送入新鲜空气的同时，进一步提高了系统的热工性能。

图 8-16　机械通风型双层幕墙

机械通风型双层幕墙由外层幕墙、内层幕墙、内外层之间的空气腔、内外层之间的遮阳装置、进出风装置等组成。根据需要，机械通风型双层幕墙可采用单元式、构件式及单元/构件组合式等灵活多变的构造形式。机械通风型双层幕墙系统，主要具有以下突出特点：

室内空气经过双层幕墙的空气间层排风，在通风换气的同时，空腔内的空气与室内排出的空气产生动态热交换，减少室内热量损失，并增强保温隔热效果。

通过软件模拟分析，合理设计通风口和气流组织，可使系统的通风量满足室内通风换气要求，并使围护系统的动态节能效果达到最佳。

优越的保温隔热性能，加上夏季空气腔通风带走热量以及冬季空气腔内循环辐射蓄热等因素，以及遮阳系统的灵活运用，使系统的综合热工性能更优，节能效果更好。

在两层幕墙之间设置有遮阳装置，可以合理控制室内采光，使系统获得优良的遮阳性能。通过玻璃面板、系统构造的合理配置，可有效提高系统的隔声性能，充分满足建筑的实际需求。

可在适当位置设置自然通风装置或开启窗户，在室内新风不足时，适当弥补，保持室内空气清新，舒适宜人。内层幕墙采取独立安装的方式，简便易行且具有足够的变位吸收能力。开关和锁闭装置操作简便，可靠耐久。

占用空间尺寸较小。内层幕墙均可开启，便于清洁和维护。整体系统安装操作便捷，且易于维修和维护。在满足性能要求的前提下，可充分考虑经济实用性，达到一定的性价比。

8.4.1.3　混合通风型

混合通风型（内/外循环）双层幕墙系统。综合了内循环和外循环两种类型双层幕墙系统的优势，其主要特点如下：

集内循环和外循环二者的优势特点于一身，具有优良的热工、采光、隔声等性能。可根据需要采取内循环机械通风或外循环自然通风两种通风方式，二者可灵活切换，相互弥补，充分保证通风效果，保持室内空气清新，舒适宜人。

　　夏季主要采用自然通风方式，通风量不足时，可采用机械通风方式加以弥补；冬季则将室外自然通风口关闭，以机械通风方式为主，通风量不足时，可适当开启外层通风口和内层开启装置，获得适量新风，如图8-17所示。两种通风方式的有机结合，极大限度地减少了室内外热量直接交换，减少室内热损失，大幅提高保温隔热性能。

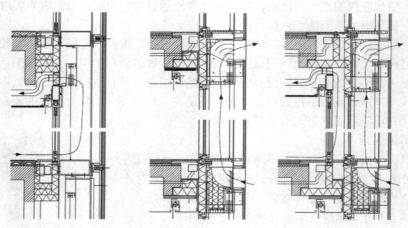

图8-17　混合通风型双层幕墙工作示意

8.4.2　太阳能综合利用系统

　　太阳能是主要的清洁能源之一，太阳能的综合利用是实现建筑节能与环保的重要方式。建筑幕墙综合利用太阳能的方式主要包括光电幕墙系统和太阳能集热系统。

8.4.2.1　光电幕墙

　　集成有光伏发电系统的幕墙称为光电幕墙，就是将太阳能光电板组件安装在幕墙或采光顶的结构框架上，利用太阳能发电，通过光电幕墙实现光伏建筑一体化（图8-18）。光电幕墙主要特点如下：

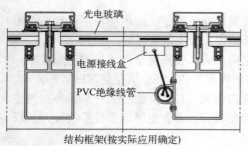

图8-18　光电幕墙

　　相对于火力发电等方式，可节约发电能源消耗。另一方面，可有效降低墙面及屋面温度，减少室内外热量交换，减轻空调负荷，降低空调能耗。有效利用太阳能这一清洁能源，不需燃料，不产生废气，无碳排放，无环境污染，可并网发电，缓解供电压力。在采光顶玻璃上设置光伏系统，可起到较好的遮阳作用。玻璃中间采用各种光伏组件，色彩多样，可创造独特的外观效果。

　　光电幕墙主要由幕墙结构框架、光电玻璃、接线盒、光伏专用电缆及连接器、逆变器、监测设备组成。

8.4.2.2　太阳能集热系统

　　太阳能集热系统是太阳能综合利用的另一种重要形式，将太阳能集热器安装于幕墙、采光顶或金属屋面系统内，集热器与围护系统融为一体，既是功能部件，又可起到一定的装饰作用。集热器将太阳能转换为热能，为大楼内部供应热水，或将热能再转换成其他形式的能源，提供给建筑内部使用。

8.4.3　幕墙遮阳

建筑幕墙的遮阳性能是影响其热工性能的重要因素。合理设计遮阳系统，可使幕墙获得理想的遮阳性能，同时可营造舒适的室内光环境。遮阳系统主要包括织物卷帘系统、铝合金百叶帘系统、大型铝合金遮阳百叶板系统、玻璃遮阳百叶系统等多种类型。

8.4.3.1　织物卷帘系统

织物卷帘系统用尼龙或化纤等编织物制成的遮阳帘，缠绕在卷轴上，根据需要转动卷轴，使卷帘放下或收起，起到遮阳、遮光及遮挡视线的作用（图 8-19）。织物卷帘系统的主要特点如下：

卷帘有不同的厚度及编织密度可供选择，可获得不同的遮阳性能及光线透过量。可通过珠链手动旋转卷轴，控制卷帘放下或收起，也可通过在卷轴内安装电动马达实现电动控制，还可设置传感器及相应的控制系统，根据室外的光照度及室内的采光情况实现智能控制，使室内获得合理的采光。

根据实际使用需要，电动卷帘的马达可同时带动两幅甚至更多幅卷帘；通过控制系统的合理设计，可实现马达分组控制，每组马达设一个控制器，组内的所有马达同步动作。

用于室外时，需采取可靠的防风措施。

图 8-19　织物卷帘系统

8.4.3.2　铝合金百叶帘系统

铝合金百叶帘系统将窄条形铝合金薄片按一定间距层叠并用梯绳连接在一起，形成整幅遮阳帘，可根据需要收起和放下，并可调整叶片角度，以获得不同的遮阳、遮光和透光性能（图 8-20）。铝合金百叶帘的主要特点如下：

图 8-20　铝合金百叶帘系统

可用于室内和室外。若用于室外或双层幕墙中间等有风处，则需设置穿过所有叶片的导向索，以使百叶帘在风的作用下不产生摆动及噪声。

有多种叶片宽度及厚度可供选择，以满足不同条件下的使用要求。

叶片可采用手动、电动及智能（自动）控制等多种控制方式。帘片可根据采光需要收起或放下，完全放下时叶片的角度还可以转动，进一步调节光线透过量。

叶片可采用多种表面处理方式，以适应不同的使用环境；并有多种颜色可供选择，以保证与室内外整体色调协调，获得良好的装饰效果。

8.4.3.3　玻璃遮阳百叶系统

玻璃遮阳百叶系统采用具有较高反射率的条状玻璃作为叶片，多片层叠，置于幕墙外部，如图 8-21 所示，其主要特点如下：

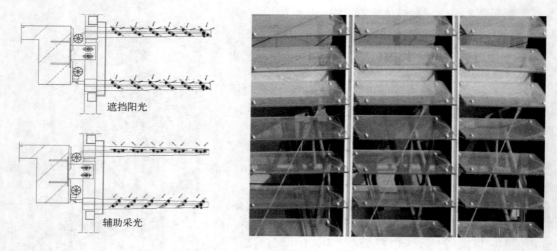

图 8-21　玻璃遮阳百叶遮阳帘

叶片多采用水平放置。安装于幕墙外挑支架上，可做成固定式或活动式遮阳百叶。活动式百叶可采取手动、电动及智能（自动）控制等多种控制方式。室内光照不足时，通过调整叶片角度，可使尽可能多的光线进入室内；此外，可利用玻璃的反射作用，使更多的光线进入室内。

一般采用热反射镀膜玻璃，可获得较好的遮阳效果。除遮阳作用外，玻璃百叶还具有别具一格的装饰效果。从室内看，由于玻璃百叶允许一定的光线透过，因而避免了不透光叶片产生的沉闷及压抑感。

8.5　基础墙的 Revit 建模

图 8-22 为某建筑二层墙分布构造。
建模过程可扫描二维码观看建模教学视频。

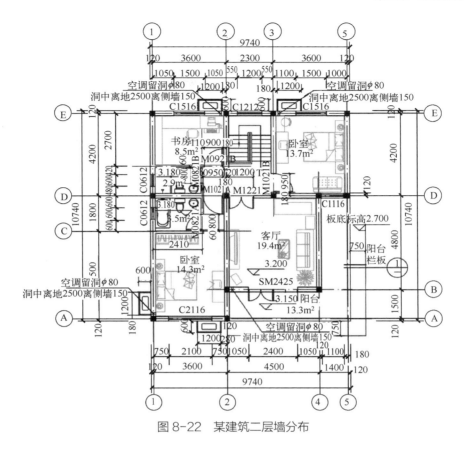

图 8-22 某建筑二层墙分布

 知识拓展 万里长城中的文化与艺术

长城见证了中国历史上无数王朝兴衰更替，万里长城在其建造过程中融入了中国古代建筑学的精华，体现了中国古代建筑学的特色和风格。长城上的箭楼、瞭望台、城门等，都是中国古代建筑学中的典型建筑形式，具有较高的审美价值。长城被视为世界奇迹，它不仅是一道巨大的城墙，更是中国文化和艺术的重要符号和象征。

 课后习题

在线题库
参考答案

1. 墙体类型一般有哪些分类方式？
2. 什么是隔断？在建筑结构中起到什么作用？
3. 木材隔断有哪些优势？
4. 普通黏土砖为什么会被大中城市禁用？
5. 幕墙结构中减少能量消耗的措施有哪些？
6. 隔墙的种类有哪些？
7. 复合板隔墙具有什么特点？

第三部分
建筑装修

第 9 章
门和窗

门窗按其所处位置的不同分为围护构件或分隔构件。门的主要功能是用作交通联系，并兼具采光和通风之用；窗的作用主要是采光、通风和眺望。在不同使用条件下，门窗还应具有保温、隔热、隔声、防水、防火等功能。另外，门窗又是建筑造型的重要组成部分，其形状、尺寸、比例、位置、数量及排列组合方式对建筑内外造型和装修效果影响极大。因此，对门窗的要求是开启方便、关闭紧密、坚固耐用、便于擦洗和维修、符合模数。

门窗的制作生产，已经走上了标准化、规格化和商品化道路，各地都有大量的设计标准供选用。

9.1 门窗的作用

9.1.1 门的作用

（1）水平交通与疏散

建筑物给人们提供了具有各种使用功能的空间，这些空间之间既相对独立又相互联系，门能在室内各空间之间以及室内与室外之间起到水平交通联系的作用；当有紧急情况和火灾发生时，门还起交通疏散作用。

（2）围护与分隔

门是空间的围护构件之一，依据其所处环境起保温、隔热、隔声、防雨、密闭等作用，门还以多种形式按需要将空间分隔开。

（3）采光与通风

当门的材料以透光性材料（如玻璃）为主时能起到采光的作用，如阳台门等；当门采用通气形式（如百叶门等）时可以通风，常用于要求换气量大的空间。

（4）装饰

门是人们进入一个空间的必经之路，会给人留下深刻的印象。门的样式多种多样，和其他的装饰构件相配合能起到重要的装饰作用。

9.1.2 窗的作用

（1）采光

窗是建筑物中主要的采光构件。开窗面积的大小以及窗的样式决定着建筑空间内是否具有满足使用功能的自然采光量。

（2）通风

窗是空气进出建筑物的主要洞口之一，对空间中的自然通风起着重要作用。

（3）装饰

窗在墙面上占有较大面积，无论是在室内还是室外，窗都具有重要的装饰作用。

9.2 门窗的构造

9.2.1 门的构造组成

一般情况下，门主要由门樘和门扇两部分组成。门樘又称门框，由上槛、中槛和边框等组成，多扇门还有中竖框。门扇由上冒头、中冒头、下冒头和边梃等组成。为了通风采光，可在门的上部设腰窗（俗称亮子）。门框与墙间的缝隙常用木条盖缝，称门头线，俗称贴脸板。门上还有五金零件，常见的有铰链、门锁、插销、拉手、停门器、风钩等。如图 9-1 所示，为木门组成图。

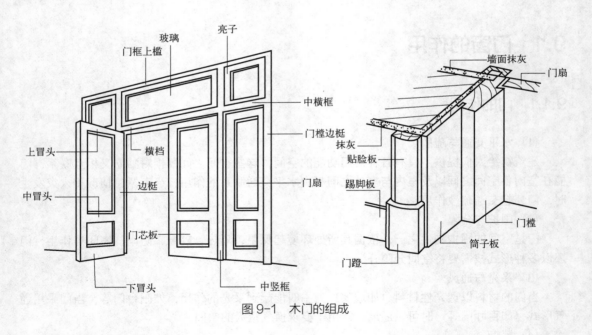

图 9-1 木门的组成

9.2.2 窗的构造组成

一般情况下，窗主要由窗樘和窗扇两部分组成。窗樘又称窗框，一般由上框、下框、中横框、中竖框及边框等组成。窗扇由上冒头、中冒头（窗芯）、下冒头及边梃组成。框用五金零件连接。窗框与墙的连接处，为满足不同的要求，有时会加有贴脸板、窗台板和窗帘盒等。如图 9-2 所示，为木窗组成图。

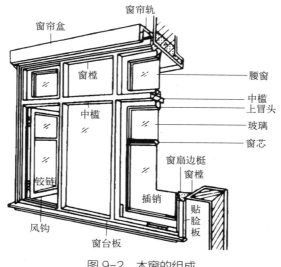

图 9-2　木窗的组成

9.3　门窗的形式和尺寸

门窗形式主要由其开启方式决定，不同材质的门窗，其开启方式大致相同，则可归为同一形式。

9.3.1　门的形式与尺寸

9.3.1.1　门的形式

门按其开启方式通常有：平开门（图 9-3）、弹簧门（图 9-4、图 9-5）、推拉门（图 9-6）、折叠门（图 9-7）、转门（图 9-8）等。

图 9-3　平开门

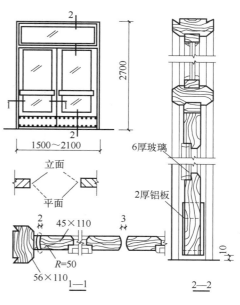

图 9-4　木制弹簧门

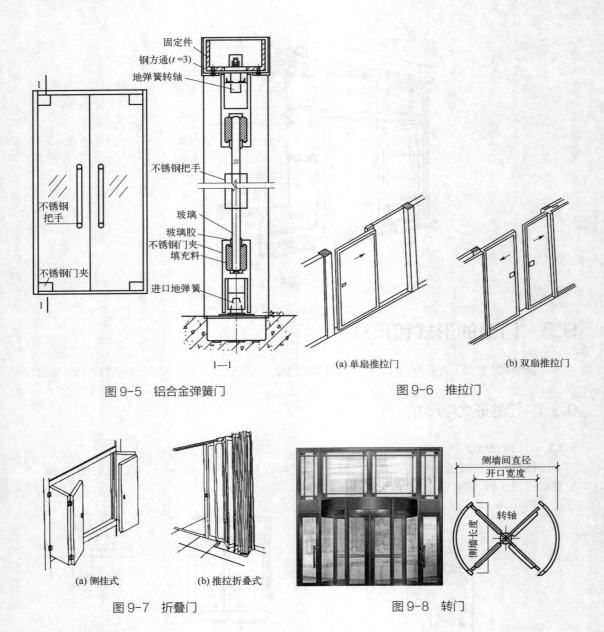

图 9-5　铝合金弹簧门

图 9-6　推拉门

(a) 单扇推拉门　　(b) 双扇推拉门

(a) 侧挂式　　(b) 推拉折叠式

图 9-7　折叠门

图 9-8　转门

9.3.1.2　门的尺寸

门的尺寸通常是指门洞的高与宽。门尺寸的确定主要取决于其交通疏散功能,满足人的通行要求、家具器械的搬运及建筑物比例关系等,并要符合现行《建筑模数协调标准》(GB/T 50002—2013) 的规定。

一般民用建筑门的高度不宜小于2100mm。如门设有亮子时,亮子高度一般为300~600mm,则门洞高度为门扇高、亮子高、门框及门框与墙间的缝隙尺寸之和,一般在 2400~3000mm 之间。公共建筑大门高度可视需要加大。

门的宽度:单扇门为 700~1000mm,双扇门为 1200~1800mm。因为门扇过宽时易产生翘曲变形,不利于门的开启。因此,当门的宽度在 2100mm 以上时,适合设计成三扇门、四扇门或双扇带固定扇的门。对于辅助用房,门的宽度略窄,一般为 700~800mm。

平开门的标准宽度一般 800 ~ 900mm，高度 2050 ~ 2100mm。

折叠门尺寸随环境的变化而变化，除了高度的变化很小，门扇数量、门扇宽度等都不明确。目前室内常规折叠门尺寸为宽度：450 ~ 600mm，高度：1900 ~ 2400mm。

推拉门常规尺寸为单扇宽度： 600 ~ 900mm，高度：1900 ~ 2400mm。而推拉门厚度为：大推拉 50mm、75mm、100mm，多数都是 100mm；小推拉 50mm、40mm、35mm，多数为 40mm。

弹簧门单扇宽度是 750 ~ 1000mm，当单扇门扇大于 1000mm 时，需采用重型地弹簧。弹簧门用地弹簧是一种液压式闭门器，尺寸标准有 850mm、900mm、1000mm、1300mm、1500mm、1600mm 等，应根据弹簧门门扇重量进行合理选择。

旋转门的高度一般最低不得低于 2500mm，最高 3800mm。旋转门种类比较多，按照门型来分，可分为两翼旋转门、三翼旋转门、四翼旋转门、围柱门、水晶门。一般三翼、四翼自动旋转门外直径是 2400 ~ 4800mm，门体高度最低 2500mm，两翼自动旋转门外直径是 3804 ~ 5004mm，门体高度最低 2500mm。

9.3.2 窗的形式与尺寸

9.3.2.1 窗的形式

窗可以按开启方式分为平开窗、固定窗（图 9-9）、悬窗（图 9-10）、推拉窗、立转窗（图 9-11）等。

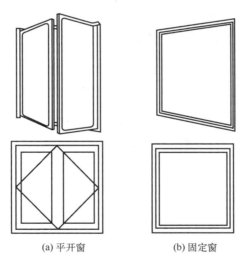

(a) 平开窗   (b) 固定窗

图 9-9 平开窗和固定窗

9.3.2.2 窗的尺寸

窗的尺寸会影响到房间的采光、通风，会受到构造做法和建筑造型等的影响，并要符合现行《建筑模数协调标准》（GB/T 50002—2013）的规定。为使窗坚固耐久，一般平开木窗的窗扇高度为 800 ~ 1200mm，宽度不宜大于 500mm。上、下悬窗的窗扇高度为 300 ~ 600mm，中悬窗窗扇高不宜大于 1200mm，宽度不宜大于 1000mm；推拉窗高宽均不宜大于 1500mm。对一般民用建筑用窗，各地均有通用图，各类窗的高度与宽度尺寸通常采用扩大模数 3M 数列作为洞口的标志尺寸，需要时只要按所需类型及尺寸大小直接选用即可。

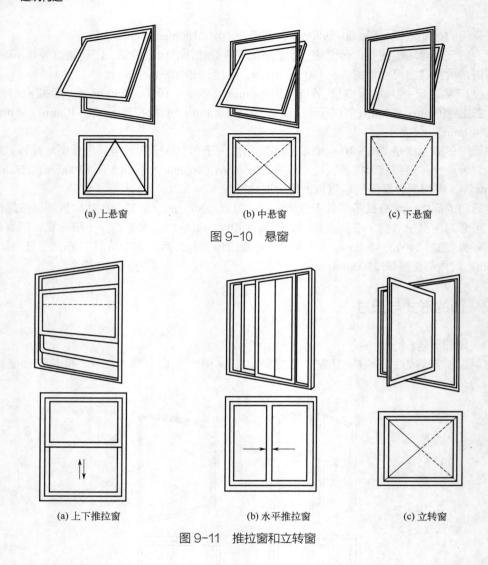

(a) 上悬窗   (b) 中悬窗   (c) 下悬窗

图 9-10   悬窗

(a) 上下推拉窗   (b) 水平推拉窗   (c) 立转窗

图 9-11   推拉窗和立转窗

9.4   木门窗

9.4.1   木门

门一般由门框、门扇、亮子、五金零件及其附件组成。

门扇有镶板门、夹板门、拼板门、玻璃门和纱门等构造方式。亮子在门上方，可供辅助采光和通风之用，有平开、固定及上、中、下悬等多种开启方式。门框是门扇及亮子与墙之间的联系构件。五金零件包括铰链、插销、门锁、拉手、门碰头等。附件有贴脸板、筒子板等。

9.4.1.1   门框

门框又称门樘，一般由两根竖直的边框和上框组成。当门带有亮子时，还有中横框。多扇门则还有中竖框。

　　门框的断面形式与门的类型、层数有关，设计时应注意利于施工，并使门在关闭时获得一定的密闭性，如图 9-12 所示。确定门框的断面尺寸时应考虑门的类型、接榫牢固程度、刨光损耗，故门框的毛料尺寸：双裁口的木门（门框上安装两层门扇时），厚度×宽度为（60～70mm）×（130～150mm）；单裁口的木门（只安装一层门扇时），厚度×宽度为（50～70mm）×（100～120mm）。

　　为便于门扇密闭，门框上要有裁口（或铲口）。根据门扇数与开启方式的不同，裁口的形式可分为单裁口与双裁口两种。单裁口用于单层门，双裁口用于双层门或弹簧门。裁口宽度要比门扇宽度大 1～2mm，以利于安装和门扇开启。裁口深度一般为 8～10mm。

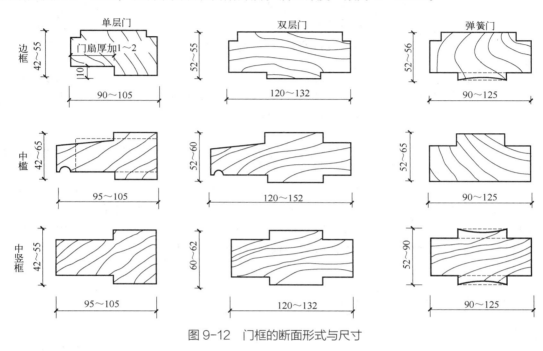

图 9-12　门框的断面形式与尺寸

　　为避免门框靠墙一面受潮，产生翘曲变形，常在该面开 1～2 道背槽，同时也利于门框的嵌固。背槽的形状有矩形或三角形，深度 8～10mm，宽 12～20mm。

　　门框的安装根据施工方式分塞口和立口两种，如图 9-13 所示。

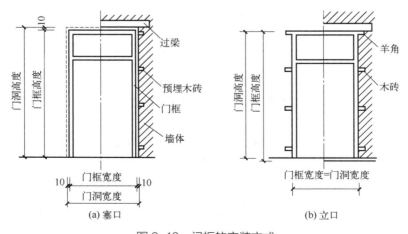

图 9-13　门框的安装方式

塞口（又称塞樘子），是在墙砌好后再安装门框。采用此法时，洞口的宽度应比门框大 20 ~ 30mm，高度比门框大 10 ~ 20mm。门洞两侧砖墙上每隔 500 ~ 600mm 预埋木砖或预留缺口，以便用圆钉或水泥砂浆将门框固定，框与墙间的缝隙需用沥青麻丝嵌填，如图 9-14 所示。

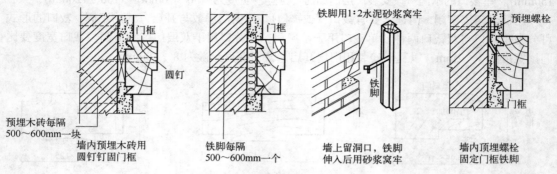

图 9-14　塞口门框在墙上的安装

立口（又称立樘子）是在砌墙前即用支撑先立门框然后砌墙。这种施工方式框与墙的结合紧密，但是立樘与砌墙工序交叉，施工不便。

门框可在墙的中间位置，也可与墙的一边平齐，如图 9-15 所示。在门框与开启方向一侧平齐时，要尽可能使门扇开启时贴近墙面。门框四周的抹灰极易开裂脱落，在门框与墙结合处应做贴脸板和木压条盖缝。贴脸板一般厚 15 ~ 20mm、宽 30 ~ 75mm，木压条厚与宽约为 10 ~ 15mm。装修标准高的建筑，还可在门洞两侧和上方设筒子板，如图 9-15（a）所示。

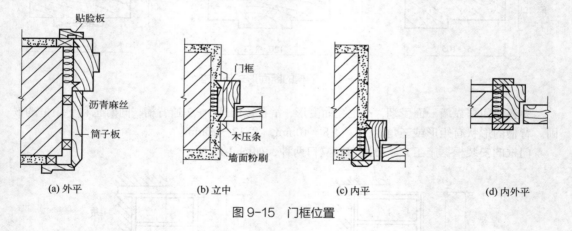

图 9-15　门框位置

9.4.1.2　门扇

常用的木门门扇有镶板门（包括玻璃门、纱门）和夹板门。

（1）镶板门

镶板门是广泛使用的一种门，门扇由边梃、上冒头、中冒头（可做数根）和下冒头组成骨架，内装门芯板而构成，如图 9-16 所示。它构造简单，加工制作方便，适于一般民用建筑内门和外门。

门扇的边梃与上、中冒头的断面尺寸一般相同，厚度为 40 ~ 45mm，宽度为 100 ~ 120mm。为了减少门扇的变形，下冒头的宽度一般加大至 160 ~ 250mm，并与边梃采用双榫结合。

门芯板一般采用 10 ~ 12mm 厚的木板拼成，也可采用胶合板、硬质纤维板、塑料板、玻璃和塑料纱等材料制作。当采用玻璃时，即为玻璃门，可以是半玻门或全玻门。若门芯板换成塑料纱（或铁纱），即为纱门。

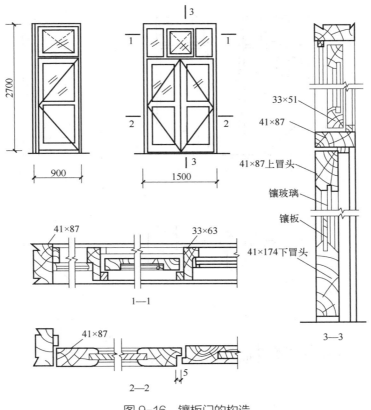

图 9-16　镶板门的构造

（2）夹板门

夹板门是用断面较小的方木做成骨架，并在两面粘贴面板而成，如图 9-17 所示。门扇面板可用胶合板、塑料面板和硬质纤维板。夹板门的面板不再是骨架的负担，而与骨架形成一个整体，共同抵抗变形。夹板门的形式可以是全夹板门、带玻璃或带百叶夹板门。

夹板门的骨架一般用厚约 30mm、宽 30 ~ 60mm 的木料做边框，用厚约 30mm、宽 10 ~ 25mm 的木条做中间肋条，肋条宜做成单向排列、双向排列或密肋形式，间距一般为 200 ~ 400mm，安门锁处需另加上锁木。为使门扇内通风干燥，避免因内外温湿度差产生变形，在骨架上需设通气孔。为节约木材，也有用蜂窝形浸塑纸来代替肋条的。

由于夹板门构造简单，自重轻，外形简洁，便于工业化生产，故在一般民用建筑中广泛用作建筑内门。

9.4.2　木窗

9.4.2.1　窗框

（1）窗框的断面形状与尺寸

窗框的断面尺寸主要按材料的强度和接榫的需要确定，一般多为经验尺寸，如图 9-18

所示。图中虚线为毛料尺寸,粗实线为刨光后的净尺寸。中横框若加披水,其宽度还需增加 20mm 左右。

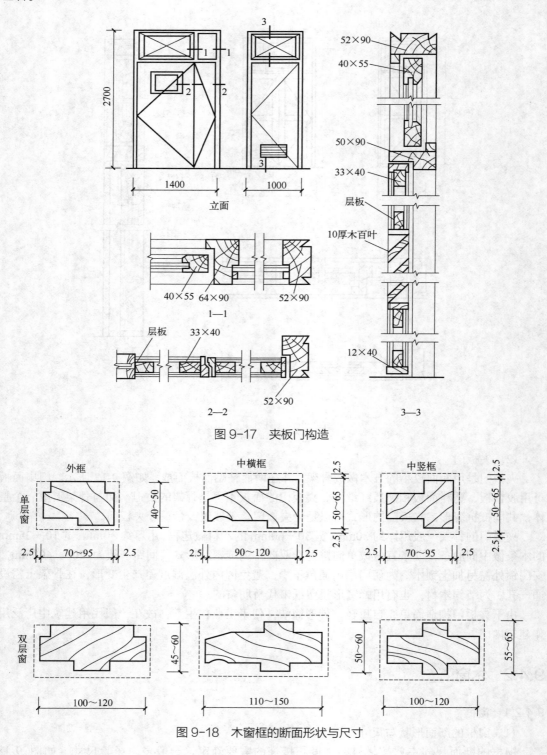

图 9-17 夹板门构造

图 9-18 木窗框的断面形状与尺寸

（2）窗框与墙的关系

① 窗框在墙中的位置。窗框的位置要根据房间的使用要求、墙身的材料及墙体的厚度确定。有窗框内平、窗框居中和窗框外平三种情况，如图 9-19 所示。窗框内平时，对内开的窗扇，可贴在内墙面，少占室内空间。当墙体较厚时，窗框居中布置，外侧可设窗台，内侧可做窗台板。窗框外平多用于板材墙或厚度较薄的外墙。

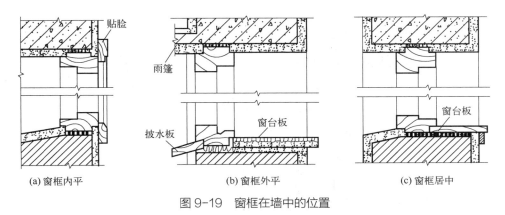

(a) 窗框内平　　　　　　　　(b) 窗框外平　　　　　　　　(c) 窗框居中

图 9-19　窗框在墙中的位置

② 窗框的缝隙处理。窗框与墙间的缝隙应填塞密实，以满足防风、挡雨、保温、隔声等要求。一般情况下，洞口边缘可采用平口，用砂浆或油膏嵌缝。为保证嵌缝牢固，常在窗框靠墙一侧内外两角做灰口，如图 9-20（a）所示。寒冷地区宜在洞口两侧外缘做高低口，缝内填弹性密封材料，以增强密闭效果，如图 9-20（d）所示，标准较高时常做贴脸或筒子板，如图 9-20（b）、图 9-20（c）所示。木窗框靠墙一面，易受潮变形，通常当窗框的宽度大于 120mm 时应做防腐处理。

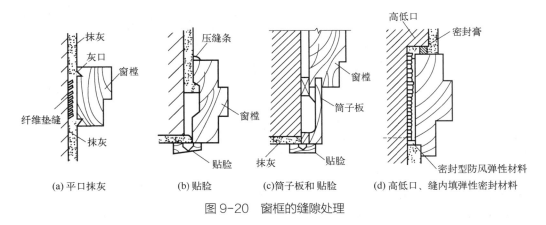

(a) 平口抹灰　　　　(b) 贴脸　　　　(c)筒子板和贴脸　　　　(d) 高低口、缝内填弹性密封材料

图 9-20　窗框的缝隙处理

（3）窗框与窗扇的关系

窗扇与窗框之间既要开启方便，又要关闭紧密。通常在窗框上做裁口（也叫铲口），深度为 10～12mm，也可以钉小木条形成裁口，以节约木料，如图 9-21（a）、图 9-21（b）所示。为了提高防风挡雨能力，可以在裁口处设回风槽，以减小风压和渗透量，如图 9-21（d）所示，或在裁口处装密封条，如图 9-21（e）、图 9-21（f）、图 9-21（g）、图 9-21（h）所示。在窗框接触面处窗扇一侧做斜面，可以保证扇框外表面接口处缝隙最小，如图 9-21（c）所示。外开窗的上口和内开窗的下口，是防雨水的薄弱环节，常做披水和滴水槽，以防雨水渗透，如图 9-22 所示。

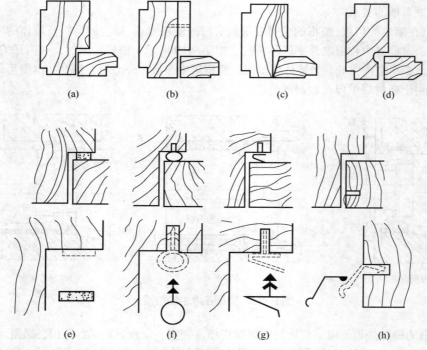

图 9-21　窗框和窗扇间的缝隙处理

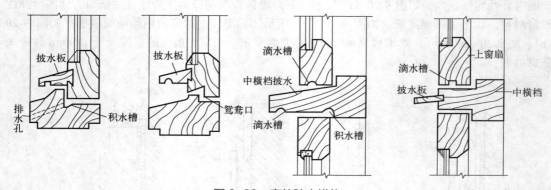

图 9-22　窗的防水措施

9.4.2.2　窗扇

（1）玻璃窗扇的断面形状和尺寸

窗扇的厚度为 35～42mm，上、下冒头及边梃的宽度一般为 50～60mm，窗芯宽度一般为 27～40mm。下冒头若加披水板，应比上冒头加宽 10～30mm，如图 9-23（a）、图 9-23（b）所示。为镶嵌玻璃，在窗扇外侧要做裁口，其深度为 8～12mm，但不应超过窗扇厚度的 1/3。各杆件的内侧常做装饰性线脚，既减少遮挡光线又美观，如图 9-23（c）所示。两窗扇之间的接缝处，常做高低缝的盖口，也可以一面或两面加钉盖缝条，以提高防风雨能力和减少冷风渗透，如图 9-23（d）所示。

（2）玻璃的选用

普通窗大多数采用 3mm 厚无色透明的平板玻璃，若单块玻璃的面积较大时，可选用 5mm 或 6mm 厚的玻璃，同时应加大窗料尺寸，以增加窗扇的刚度。另外，为了满足保温隔声、遮挡视线、使用安全及防晒等方面的要求，可分别选用双层中空玻璃、磨砂或压花玻璃、夹丝玻璃、钢化玻璃等。玻璃安装时，一般先用小铁钉固定在窗扇上，然后用油灰（桐油石灰）或玻璃密封膏镶嵌成斜角形，也可以采用小木条镶钉。

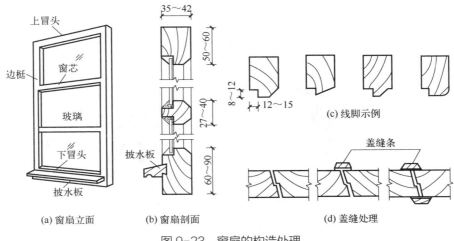

(a) 窗扇立面　　(b) 窗扇剖面　　(c) 线脚示例　　(d) 盖缝处理

图 9-23　窗扇的构造处理

9.5　钢门窗及铝合金门窗

　　钢制门窗与木门窗相比具有强度、刚度大，耐水、耐火性好，外形美观，以及便于工厂化生产等特点。另外，钢窗的透光系数较大，与同样洞口大小的木窗相比，其透光面积高达 75% 左右，但钢门窗易受酸碱和有害气体的腐蚀。由于钢门窗可以节约木材，并适用于较大面积的门窗洞口，故在建筑中的应用广泛。当前，我国钢门窗的生产已具备标准化、工厂化和商品化的特点，各地均有钢窗的标准图供选用。非标准的钢门窗也可自行设计并委托工厂进行加工，但费用高，工期长，故设计中应尽量采用标准钢门窗。

9.5.1　钢门窗

9.5.1.1　钢门窗的基本形式

　　为了适应不同尺寸门窗洞口的需要，便于门窗的组合和运输，钢门窗都以标准化的系列门窗规格作为基本单元，其高度和宽度符合 3M（300mm）。常用的钢窗高度和宽度为 600mm、900mm、1200mm、1500mm、1800mm 和 2100mm。钢门的宽度有 900mm、1200mm、1500mm 和 1800mm，高度有 2100mm、2400mm 和 2700mm。大型钢门窗就是以这些基本单元进行组合而成的。

　　钢门窗的安装方法采用塞口法，门窗框与洞口四周通过预埋铁件用螺钉牢固连接。固定的间距为 500 ~ 700mm。在砖墙上安装时多预留孔洞，将燕尾形铁脚插入洞口，并用砂浆嵌牢。在钢筋混凝土梁或墙柱上则先预埋铁件，将钢窗的 Z 形铁脚焊接在预埋铁板上，如图 9-24 所示。钢门窗玻璃的安装方法与木门窗不同，一般先用油灰打底，然后用弹簧夹子或钢皮夹子将玻璃嵌固在钢门窗上，然后再用油灰封闭，如图 9-25 所示。

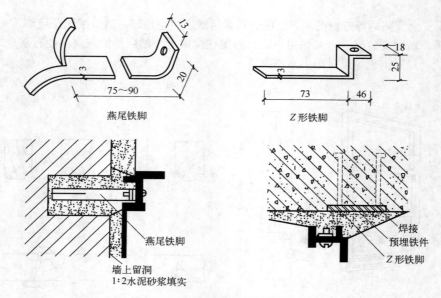

图 9-24　钢门窗与洞口的连接方法

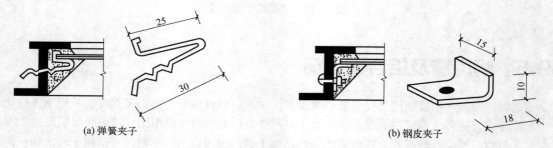

图 9-25　钢门窗玻璃的安装方法

9.5.1.2　钢门窗的组合与连接

　　钢门窗洞口尺寸不大时，可采用基本钢门窗，直接安装在洞口上。较大的门窗洞口则需用标准的基本单元和拼料组拼而成。拼料支承着整个门窗，保证钢门窗的刚度和稳定性。

　　基本单元的组合方式有三种，即竖向组合、横向组合和横竖向组合，如图 9-26 所示。基本钢门窗与拼料间用螺栓牢固连接，并用油灰嵌缝，如图 9-27 所示。

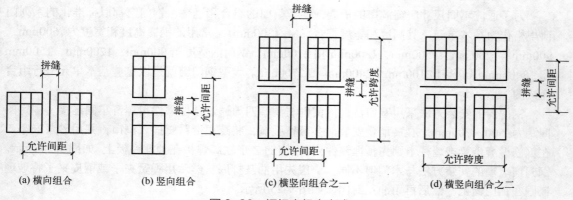

图 9-26　钢门窗组合方式

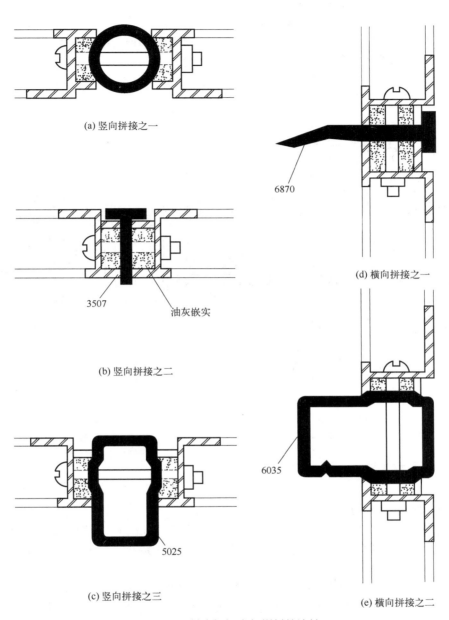

图 9-27 基本钢门窗与拼料的连接

9.5.2 铝合金门窗

随着建筑的发展，木门窗、钢门窗已不能满足现代建筑对门窗的要求，铝合金门窗、塑料门窗以其用料省、质量轻、密闭性好、耐腐蚀、坚固耐用、色泽美观、维修费用低而得到广泛的应用。

9.5.2.1 铝合金门窗框

铝合金门窗设计通常采用定型产品，选用时应根据不同地区、不同气候、不同环境、不同建筑物的不同使用要求，选用不同的门窗框。

　　铝合金门窗是表面处理过的铝材经下料、打孔、铣槽、攻丝等加工，制作成门窗框料的构件，然后与连接件、密封件、开闭五金件一起组合装配成的门窗，如图9-28、图9-29所示分别为铝合金窗装配结构与组合方法示意图。

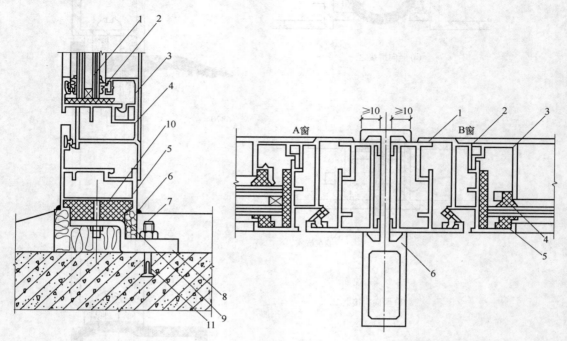

图9-28　铝合金窗装配结构
1—玻璃；2—橡胶条；3—压条；4—内扇；
5—外框；6—密封膏；7—砂浆；8—地脚；
9—软填料；10—塑料垫；11—膨胀螺栓

图9-29　铝合金门窗组合方法示意图
1—外框；2—内扇；3—压条；4—橡胶条；
5—玻璃；6—组合杆件

9.5.2.2　断热型铝合金门窗

　　由于普通铝合金门窗框料传热系数大，对有节能要求的建筑常用断热型铝合金型材代替普通型材。断热型铝合金门窗框可较大地降低传热系数，其构造有穿条式和灌注式两种。

　　目前市场上的断热型铝合金门窗以穿条式为主。穿条式隔热铝合金型材，是把一体性铝型材一分为二，然后采用低热导性能的增强尼龙隔热条，通过机械复合的手段将分开的铝型材连接起来。这种隔热铝门窗在隔热条的选材、结构受力、连接、密封等质量控制上均积累了成熟的经验。

9.6　窗的 Revit 建模

　　图9-30为某建筑二层门、窗分布图，对建筑图纸进行窗的识图，明确窗的位置及窗的类型、形状、尺寸、构造等。

　　建模过程可扫描二维码观看建模教学视频。

在线视频

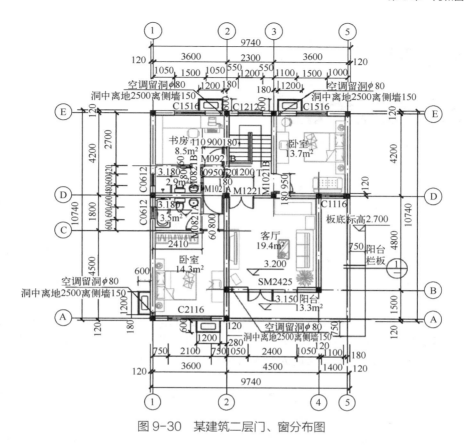

图 9-30 某建筑二层门、窗分布图

 知识拓展　中国古代门窗的文化传承

　　中国古代门窗的设计、雕刻艺术承载了传统文化的艺术元素，展现了不同历史时期和地区的文化特色。门窗上的雕刻和彩绘代表了中国各个时期的审美特征和文化传承。中国古代门窗技艺流传至今，并将继续在工匠精神的守护下传承发展下去。

 课后习题

在线题库
参考答案

1. 门窗按开关方式如何分类？
2. 窗的尺寸应综合考虑哪几个方面的内容？
3. 简述木窗窗框的安装方法。
4. 在设计门的具体尺寸时应综合考虑哪些方面的因素？
5. 绘制悬窗结构图，说明窗的开启特点。
6. 简述钢门窗的尺寸及特点。
7. 绘图说明铝合金窗的装配式结构。

第 10 章
建筑物面层做法

10.1 概述

对于一新建的建筑物，在建筑主体完成后，还需要对建筑构件（如墙面、楼地面、顶棚等）进行一系列处理，添加合适的面层，以满足人们的使用要求，这一过程称为饰面装修。饰面装修工程关系到工程的质量，直接影响人们对生产、生活和工作环境的满意度，是建筑工程不可或缺的组成部分。

建筑物构件的外表面应根据所处的位置不同，添加合适的面层。面层的主要作用是对建筑物和建筑构件进行保护，改善环境条件并且起到美观的作用。

可以用作建筑构件面层的材料非常多，应该根据构件的不同部位以及使用要求合理选用并充分考虑施工技术条件。同时应考虑面层材料的安全性能，特别是有毒物质和放射性物质的含量以及燃烧性能等，都必须控制在相关规范所规定的范围内。

鉴于建筑物墙及楼地面面层的构造做法有很多相同的地方，本章将就其中最常见的做法按照施工工艺分为粉刷类、粘贴类、钉挂类和裱糊类，做一个综合性的介绍。

10.1.1 饰面装修的作用

（1）保护作用

建筑结构构件暴露在大气中，在风霜雨雪和太阳辐射等的作用下，构件可能因热胀冷缩导致结构节点被拉裂，影响建筑物牢固性与安全性。通过抹灰、油漆等饰面装修对构件进行处理，不仅可以提高构件、建筑物对外界各种不利因素如水、火、酸、碱、氧化、风化等的抵抗能力，还可以保护建筑构件不直接受到外力的磨损、碰撞和破坏，从而提高结构构件的耐久性，延长其使用年限。

（2）改善环境条件，满足房屋的使用功能要求

为了创造良好的生产、生活和工作环境，无论何种建筑物，一般都需进行装修，通过对建筑物表面的装修，不仅可以改善室内外卫生条件，而且能增强建筑物的采光、保温、隔热、隔声性能。如砖砌体抹灰后不但能提高建筑物室内采光及环境照度，而且能防止冬天砖缝可能引起的空气渗透。

（3）美观作用

装修不仅具有保护作用，还有美化和装饰作用。建筑师根据室内外环境的特点，正确、合

理运用建筑线形以及不同饰面材料的质地和色彩给人以不同的感受。同时，通过巧妙组合，还可以创造出优美、和谐、统一而又丰富的空间环境，以满足人们在精神方面对美的要求。

10.1.2　饰面装修的设计要求

（1）根据使用功能，确定装修的质量标准

不同等级和功能的建筑，除在平面空间组合中满足其要求外，还应采用不同的装修质量标准，如高级公寓与普通住宅就不能同等对待，应为之选择相应的装修材料、构造方案和施工措施。即使是同等建筑，由于所处位置不同，如临城市主要干道与在小区内部的，也不能同等对待。同一栋建筑的不同部位，如正、背立面，重要房间与次要房间等，均可按不同标准进行处理。另外，有特殊要求的，如声学要求较高的录音室、广播室，除选择声学性能良好的饰面材料外，还应采用相应的构造措施和施工方案。

（2）正确合理地选用材料

建筑装修材料是装饰工程的重要物质基础，在装修费用中一般占 70%左右。装修工程所用材料，量大面广，品种繁多，从黏土砖到大理石、花岗石，从普通砂、石到黄金、锦缎，价格相差巨大。能否正确选择和合理地利用材料，直接关系到工程质量、效果、造价、做法。材料的物理、化学性能及其使用性能是装修材料选择的依据。除大城市重要的公共建筑可采用较高级装修材料外，对于大量性建筑来讲，因造价不高，装修用料应尽可能因地制宜，就地取材，不要舍近求远，舍内求外。只要合理利用材料，就既能达到经济节约的目的，又能保证良好的装饰效果。

（3）充分考虑施工技术条件

装修工程是通过施工来实现的。如果仅有良好的设计、材料，没有好的施工技术条件，理想的效果也难以实现。因此，在设计阶段就要充分考虑影响装修效果的各种因素：工期长短、施工季节、温度高低、具体施工队伍的技术管理水平和技术熟练程度以及施工组织和施工方法等。

10.1.3　饰面装修的基层

饰面装修是在结构主体完成之后进行的。凡附着或支托饰面层的结构构件或骨架，均视为饰面装修的基层，如内外墙体、楼地板、吊顶龙骨等。

10.1.3.1　基层处理原则

（1）基层应有足够的强度和刚度

饰面层附着于基层。为了保证饰面不至于开裂、起壳、脱落，要求基层具有足够承载力。饰面变形不仅影响美观而且影响使用。如果墙体或顶棚饰面开裂、脱落，还可能砸伤行人，酿成事故。可见，具有足够承载力和刚度的基层，是保证饰面层附着牢固的重要因素。

（2）基层表面必须平整

饰面层平整均匀是达到美观的必要条件，而基层表面的平整均匀又是使饰面层达到平整均匀的重要前提。为此，饰面主要部位的基层，如内外墙体、楼地板、吊顶骨架等，在砌筑、安装时必须平整。基层表面凹凸过大，必然使找平层厚度增加，且不易找平。厚度不一不仅浪费材料，还可能因材料的胀缩不一而引起饰面层开裂、起壳，甚至脱落，同时会影响美观、使用，乃至危及安全。

　　（3）确保饰面层附着牢固

　　饰面层附着于基层表面应牢固可靠。但实际工程中，不论地面、墙面还是顶棚，饰面层都可能出现开裂、起壳、脱落现象，常常是由于构造方法不妥和饰面层与基层材料性能差异过大或黏结材料选择不当等因素所致，所以应根据不同部位和不同性质的饰面材料采用不同材料的基层和相应的构造连接措施，如粘、钉、抹、涂、贴、挂等，使饰面层附着牢固。

10.1.3.2　基层类型

　　（1）实体基层

　　实体基层是指用砖石等材料组砌或用混凝土现浇或预制的墙体以及预制或现浇的各种钢筋混凝土楼板等。这种基层强度高、刚度好，其表面可以做任何一种饰面，如罩刷各种涂料、涂抹各种抹灰、铺贴各类面砖、粘贴各种卷材等。为保证实体基层的饰面层平整均匀，附着牢固，施工时还应对各种材料的基层做处理。

　　砖石基层：主要指用砖石砌筑的墙体。因砖石表面粗糙，加之凹进墙面的缝隙较多，故黏结力强。做饰面前必须清理基层，除去浮灰，必要时用水冲净。如能在墙体砌筑时做到垂直，就为饰面层的牢固黏结及厚度均匀创造了条件。

　　混凝土及钢筋混凝土基层：主要指预制或现浇墙体或楼板。由于这些构件是由混凝土浇筑成型，为脱模方便，其表面均存在机油之类的隔离剂，加上钢模板的广泛采用，构件表面较为光滑平整。为使饰面层附着牢固，施工时必须除掉隔离剂，还须将表面打毛，用水冲去浮尘。为保证平整，无论是预制安装或现场浇筑，都要求墙体垂直，楼板水平。

　　对于轻质填充墙基层，由于各类轻质填充墙基层与钢筋混凝土基层的热膨胀系数不同，在做抹灰面层时容易造成面层开裂、脱落，影响美观和使用，因此在基层处理时，不同基体材料相接处应铺钉金属网，金属网与各基体搭接宽度不应小于100mm。如轻质填充墙在外墙面做抹灰饰面时，基层处理应满挂钢丝网。

　　（2）骨架基层

　　骨架隔墙、架空木地板、各种形式吊顶的基层都属于骨架基层。

　　骨架基层由于材料不同，有木骨架基层和金属骨架基层之分。构成骨架基层的骨架通常称为龙骨。木龙骨多为方木，金属龙骨多为型钢或薄壁型钢、铝合金型材等。龙骨中距视表面材料而定，一般不大于600mm。骨架表面，通常不做大理石等较重材料的饰面层。

10.2　粉刷类面层

　　粉刷类面层是以各类砂浆或者水泥加上石粒等细骨料在现场对砖石砌体、水泥制品、混凝土构件等基层通过反复大面积的湿作业涂抹修正（又叫抹灰）后，得到的整体化的平整表面。

10.2.1　普通粉刷类面层的构造

　　粉刷类面层通常要经过多道抹灰。其构造做法主要分为打底（又称找平、刮糙）、粉面（又称罩面）和表层处理三个层次。

10.2.1.1　打底层

　　打底层抹灰具有使饰面层与基层墙体粘牢和初步找平的作用，故又称找平层。为了与下一道抹灰的材料牢固结合，其表面需用工具搓毛，故在工程中又称之为刮糙，找平的过程必须分层进行，可防止单层砂浆太厚时在结硬的过程中因干缩而导致开裂。

通常每层抹灰的厚度控制在：水泥砂浆为 5 ~ 7mm；混合砂浆为 7 ~ 9mm。

找平层所需要的抹灰道数由基底材料性质、基底的平整度及具体工程对面层的要求来决定。行业的习惯是控制整个粉刷面层（包括打底层和粉面层）的总厚度。例如墙面抹灰一般总厚度控制在 20mm，高档装修在 25mm，等等。

10.2.1.2　粉面层

粉面层抹灰是指达到整体平整、无裂痕要求的最上层的表面抹灰。粉面层抹灰完成后，外表面需用工具压平抹光，而不是像找平层那样故意搓毛。

在工程中，一般常用同类砂浆里强度较低的砂浆打底，强度较高的砂浆粉面。例如用 20mm 厚 1:3 水泥砂浆打底，1:2 水泥砂浆粉面；或用 20mm 厚 1:1:6 混合砂浆打底，1:1:4 混合砂浆粉面等。但较硬的面层不宜做在较软的底层上。

有些工程项目为了使粉刷面层更细腻，会在砂浆表面再粉一道纸筋石灰，纸筋石灰是一种加纸筋的石灰膏，一般厚度≤2mm。

10.2.1.3　表层处理

粉刷类面层追求的是整体效果。抹灰完成后，通常用腻子来填补表面的细小空隙，以取得进一步平整的效果。腻子是各种粉剂和建筑用胶的混合物，其质地细腻，较稠易干，用来抹在砂浆表面后用砂纸或打磨机磨光，最后涂上涂料，即完成全部粉刷面层的构造。图 10-1 所示为常见的普通粉刷面层的剖面画法及标注。

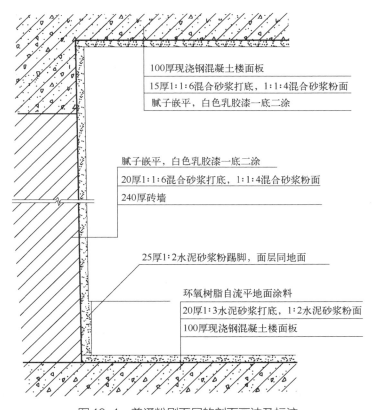

图 10-1　普通粉刷面层的剖面画法及标注

涂料是指涂敷于物体表面能与基层牢固黏结并形成完整而坚韧的保护膜的材料。建筑涂料的种类很多，按成膜物质可分为有机涂料、无机高分子涂料、有机无机复合涂料。按建筑涂料所用稀释剂分类，可分为溶剂型涂料、水溶性涂料、水乳型涂料（乳液型）。按建筑涂料的功能分类，可分为装饰涂料、防火涂料、防水涂料、防腐涂料、防霉涂料、防结露涂料等。按涂料的厚度和质感可分为薄质涂料、厚质涂料、复层涂料等。用于外墙面的涂料，应具有良好的耐久、耐污染性能，内墙涂料除满足装饰要求外，还应有一定的强度和耐擦洗性能。

（1）水溶性涂料

水溶性涂料有聚乙烯醇水玻璃内墙涂料、聚乙烯醇缩甲醛内墙涂料等，俗称 106 内墙涂料和 SJ-803 内墙涂料。聚乙烯醇涂料以聚乙烯醇树脂为主要成膜物质。这类涂料的优点是不掉粉，造价不高，施工方便，有的还能经受湿布轻擦，主要用于内墙饰面。

由丙烯酸树脂、彩色砂粒、各类辅助剂组成的真石漆涂料是一种具有较高装饰性的水溶性涂料，膜层质感与天然石材相似，色彩丰富，具有不燃、防水、耐久性好等优点，且施工简便，对基层的限制较少，适用于宾馆、剧场、办公楼等场所的内外墙饰面装饰。

（2）水乳型涂料

水乳型涂料的主要成分是各种有机物单体经乳液聚合反应后生成的聚合物，它以非常细小的颗粒分散在水中，形成非均相的乳状液。将这种乳状液作为主要成膜物质配成的涂料称为水乳型涂料。当填充料为细小粉末时，所配制的涂料能形成类似油漆漆膜的平滑涂层，故习惯上称为"乳胶漆"。

水乳型涂料以水为分散介质，无毒，不污染环境。由于涂膜多孔而透气，故可在初步干燥的基层（抹灰）上涂刷。涂膜干燥快，对加快施工进度、缩短工期十分有利。另外，所涂饰面可以擦洗，易清洁，装饰效果好。水乳型涂料施工须按所用涂料的品种、性能及要求（如基层平整、光洁、无裂纹等）进行，方能达到预期的效果。水乳型涂料品种较多，属高级饰面材料，主要用于内外墙饰面。若使用掺有类似云母粉、粗砂粒等粗填料所配得的涂料，能形成有一定粗糙质感的涂层，称为乳液厚质涂料，通常用于外墙饰面。

（3）溶剂型涂料

溶剂型涂料是以高分子合成树脂为主要成膜物质，有机溶剂为稀释剂，加入一定量颜料、填料及辅料，经辊轧塑化、研磨、搅拌、溶解，配制而成的一种挥发性涂料。这类涂料一般有较好的硬度、光泽、耐水性、耐蚀性以及耐老化性，但施工时，有机溶剂的挥发会污染环境。施工时要求基层干燥，除个别品种外，在潮湿基层上施工易产生起皮、脱落现象。这类涂料主要用于外墙饰面。

（4）氟碳树脂涂料

氟碳树脂涂料是一类性能优于其他建筑涂料的新型涂料，由于采用了具有特殊分子结构的氟碳树脂，因此该类涂料具有突出的耐候性、耐沾污性及防腐性能。作为外墙涂料，其耐久性可达 15～20 年，可称之为超耐候性建筑涂料。特别适用于有高耐候性、高耐沾污性要求和有防腐要求的高层建筑及公共、市政建筑。不足之处是价位偏高。

10.2.2 粉刷类面层材料的选择及护角、引条线的构造

粉刷用的砂浆中所用的水泥最好采用硅酸盐水泥和普通硅酸盐水泥，标号不低于 325 号。黄砂是砂浆中的主要骨料。黄砂宜使用中砂或粗砂，其中含泥量不得大于 3%。石灰膏的熟化天数在常温下不得小于 15 天，用作罩面材料时不得小于 30 天。

水泥砂浆的强度和防水性能较好，适用于地面粉刷、墙面的阳角处做护角（图 10-2）以及用于其他有可能经常受到碰撞的地方，如踢脚线、墙裙等处的粉刷和湿度较大的场所，如有水的实验室、厨房、卫生间等处的粉刷。

　　混合砂浆的和易性较好，适用于混凝土楼板的板底粉刷（注意总厚度不得大于 15mm）和一般的墙面粉刷。

　　聚合物砂浆是添加了高分子聚合物的水泥砂浆，其黏结力和抗拉伸能力均较好，适用于硅酸盐砌块、加气混凝土砌块的墙面以及楼板的板底粉刷。

　　防水砂浆中添加了减水剂、密实剂等材料，可用于外墙及防水工程中。

　　对于大面积做粉刷面层的外墙面，为了防止在热胀冷缩的温度应力作用下，粉刷砂浆出现裂缝，造成外墙渗漏及影响美观，应用引条线将其划分为较小的块面（图 10-3）。所谓引条线是在做粉刷面层前先在找平层上用少量砂浆固定木制、塑料或不锈钢引条（图 10-4），待面层砂浆粉刷完毕且稍干后剔出引条，随后在缝中嵌入建筑油膏或其他柔性填缝材料（图 10-5）。

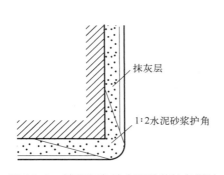

图 10-2　墙面阳角处水泥砂浆护角做法

图 10-3　引条线将大块粉刷墙面划分为较小块面

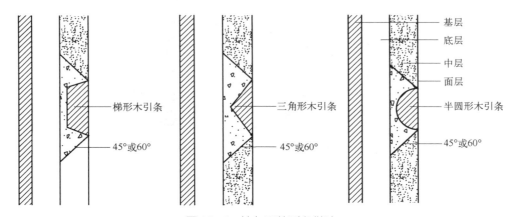

图 10-4　抹灰面的引条做法

图 10-5　在引条线中嵌入建筑油膏

第 10 章

10.2.3　特殊粉刷类面层的构造

特殊粉刷类面层是指在面层粉刷材料中添加石粒等细骨料，或是用其他细骨料来代替砂浆中的黄砂，使得被装修部位的表层呈现出与普通粉刷不同的色泽和质感。

常见的特殊粉刷类面层有水刷石、干粘石、斩假石、水磨石等。具体的构造层次和做法可以参考表 10-1。其中干粘石的表面质感与水刷石比较近似，但其面层石碴是甩或喷到黏结层上去的，不如水刷石的表层石碴用粉刷的方法固定来得牢固，因此一般底层外墙不宜做干粘石。图 10-6 是这些面层做法的实例。

表 10-1　常用的几种添加石骨料的粉刷面层构造做法

面层名称	构造层次及施工工艺
水刷石	15mm 厚 1∶3 水泥砂浆打底，水泥纯浆一道，10mm 厚 1∶（1.2～1.4）水泥石碴粉面，凝结前用清水自上而下洗刷，使石碴漏出表面
干粘石	15mm 厚 1∶3 水泥砂浆打底，水泥纯浆一道，4～6mm 厚 1∶1 水泥砂浆+803 胶（或水泥聚合物砂浆）黏结层，3～5mm 厚彩色石碴面层（用甩或喷的方法施工）
斩假石	15mm 厚 1∶3 水泥砂浆打底，水泥纯浆一道，10mm 厚 1∶（1.2～1.4）水泥石碴粉面，用剁斧斩去表面层水泥浆或石尖部分使其显出凿纹
水磨石	15mm 厚 1∶3 水泥砂浆打底，分格固定金属或玻璃嵌条，1∶1.5 水泥石碴粉面（厚度视石碴粒径），表面分遍磨光后用草酸清洗，晒干、打蜡

(a) 水刷石面层　　　　　　　　(b) 干粘石面层

图 10-6　常见特殊粉刷类面层做法

10.2.4　整体地面的构造

整体地面也属于粉刷类面层，按地面材料不同分为水泥砂浆地面、水泥石屑地面、水磨石地面等。

10.2.4.1　水泥砂浆地面

水泥砂浆地面是在结构层上涂抹水泥砂浆建成的地面，其构造简单、坚固防潮、造价较低，但表面容易起灰，不易清洁。通常用于对地面要求不高的房间或清水房的地面。

水泥砂浆地面有单层和双层两种做法。单层做法只抹一层 20～25mm 厚 1∶2 或 1∶2.5 水泥砂浆；双层做法是先做 10～20mm 厚 1∶3 水泥砂浆找平层，表面再抹 5～10mm 厚 1∶2 水泥砂浆，如图 10-7 所示。双层做法虽增加了工序，但不易开裂。

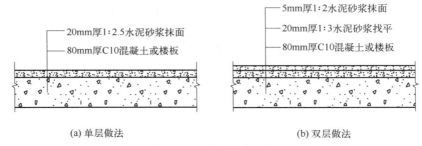

(a) 单层做法　　　　　　　　　　(b) 双层做法

图 10-7　水泥砂浆地面

10.2.4.2　水泥石屑地面

水泥石屑地面是以石屑替代砂的一种整体地面，亦称豆石地面或瓜米石地面。该地面强度高于水泥砂浆地面，表面光洁、不起尘、易清洁，通常用于车库、仓库等辅助房间的地面。其构造也有单层和双层之别，单层做法是抹一层 25mm 厚 1:2 水泥石屑，提浆抹光；双层做法是先做 15～20mm 厚 1:3 水泥砂浆找平层，再铺 15mm 厚 1:2 水泥石屑，并提浆抹光。

10.2.4.3　水磨石地面

水磨石地面一般分两层施工。首先在结构层上用 10～20mm 厚的 1:3 水泥砂浆找平，再铺 10～15mm 厚 1:（1.5～2）的水泥白石子，待面层达到一定强度后加水用磨石机磨光、打蜡即成，如图 10-8 所示。

所用水泥为普通水泥，所用石子为中等硬度的方解石、大理石、白云石屑等。

为避免开裂及施工维修方便，做好找平层后，还需用玻璃条、塑料条或金属条把地面分成尺寸约 1m 的若干小块，嵌条用 1:1 水泥砂浆固定。如果将普通水泥换成白水泥，并掺入不同颜料做成各种彩色地面，即美术水磨石地面，但造价较高。

图 10-8　水磨石地面

水磨石地面具有良好的耐磨性、耐久性、防水防火性，并具有美观、表面光洁、不起尘、易清洁等优点，过去应用十分广泛，但由于工序复杂，现在使用逐渐减少。

10.3　粘贴类面层

粘贴类面层的做法是在对基层进行平整处理后，在其表面再粘贴表层块材或卷材。

10.3.1　粘贴类面层常用的材料

粘贴类面层除常用粉刷类面层所用的打底材料进行基底的平整度处理外，表面粘贴的材料主要有各种面砖、石板、人工橡胶的块材和卷材以及各种其他人造块材。

面砖的品种非常多，是以陶土或瓷土为原料，经加工成型、烧结而制成的产品。陶土面砖和瓷土面砖都可分为有釉和无釉两种，表现为表面有光或哑光。另有一种小块面砖称"马赛克"，又称锦砖，并按成分分为陶瓷锦砖和玻璃锦砖。生产时将小片马赛克拼贴在牛皮纸上，以方便安装，故而又称纸皮砖。面砖多用于建筑室内，用于地面的面砖应当选择具有防滑功能的品种。

用作装饰面层的石材品种也很多。天然石材按照其成因可分为火成岩（以花岗石为代表）、变质岩（以大理石为代表）和沉积岩（以砂岩为代表）。火成岩质地均匀，强度较高，适宜用在楼地面；变质岩纹理多变且美观，但容易出现裂纹，故适宜用在墙面等部位。沉积岩质量较轻，表面常有许多孔隙，最好不要放在容易被污染，需要经常清洗的部位。天然石材在使用前应该通过检验，保证放射物质的含量在法定标准以下。

天然石材的表面可以经由磨光、火烧、水冲等工艺形成镜面、光面、毛面等效果。为了减轻面层的自重，可以将薄层的天然石片与蜂窝状的金属、塑料等制成复合材料。为了使大面积石材的色泽和纹理均匀一致，还可以将碎大理石与和聚酯树脂混合制成人造石材，其质量较天然石材小，但强度较高，是应用十分广泛的产品。

人工橡胶的块材和卷材产品近年来发展也较快。这类产品可以添加金刚砂等材料增加表面摩擦力，有较好的防滑效果；又可以加工出多种色彩及表面纹理，施工也很简便；有的产品还能够通过热熔接的方法使单片制品之间施工后没有缝隙，方便清扫，所以大量用作商场、医院、展示空间和其他公共场所的地面材料。此外，小片的竹、木制品，成张的软木制品以及它们与其他材料的复合制品等，都可以用来作为粘贴类面层的表面材料。

10.3.2   粘贴类面层的构造

10.3.2.1   面砖饰面

面砖多数是以陶土或瓷土为原料，压制成型后经烧结而成。由于面砖不仅可以用于墙面装饰，也可用于地面，所以被人们称之为墙地砖。常见的面砖有釉面砖、无釉面砖、仿花岗石瓷砖、劈离砖等。

釉面砖是用于建筑物内墙装饰的薄板状精陶制品，有时也称为瓷片。釉面砖的结构由两部分组成，即坯体和表面釉彩层。釉面砖除白色砖和彩色砖外，还有图案砖、印花砖以及各种装饰釉面砖等，主要用于高级建筑内外墙面以及厨房、卫生间的墙裙贴面。用釉面砖装饰建筑物内墙，可使建筑物具有独特的卫生、易清洗和清新美观的建筑效果。无釉面砖俗称外墙面砖，主要用于高级建筑外墙面装修。外墙面砖坚固耐用、色彩鲜艳、易清洗、防火、防水、耐磨、耐腐蚀、维修费用低。外墙面砖是高档饰面材料，一般用于装饰等级要求较高的工程，它不仅可以防止建筑物表面被大气侵蚀，而且可使立面美观。但是，较大尺寸的面砖作为外墙装饰材料容易脱落，使用期间应注意安全。

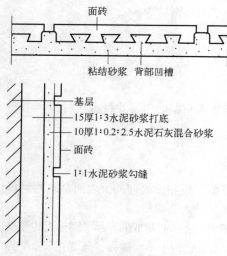

面砖

粘结砂浆   背部凹槽

—— 基层
—— 15厚1:3水泥砂浆打底
—— 10厚1:0.2:2.5水泥石灰混合砂浆
—— 面砖
—— 1:1水泥砂浆勾缝

图 10-9   面砖饰面构造示意图

面砖安装前先将表面清洗干净，然后将面砖放入水中浸泡，贴前取出晾干或擦干。面砖安装时先用1:3水泥砂浆打底并划毛，后用1:0.3:3水泥石灰砂浆或用掺有108胶（水泥用量5%～10%）的1:2.5水泥砂浆满刮于面砖背面，其厚度不小于10mm，然后将面砖贴于墙上，轻轻敲实，使其与底灰粘牢。一般面砖背面有凹凸纹路，更有利于面砖粘贴牢固，对贴于外墙的面砖，常在面砖之间留出一定缝隙，以利湿气排除，如图10-9所示。内墙面为便于擦洗和防水，则要求安装紧密，不留缝隙。面砖如被污染，可用浓度为10%的盐酸洗刷，并用清水洗净。

10.3.2.2　陶瓷马赛克饰面

陶瓷马赛克，是高温烧结而成的小型块材，为不透明的饰面材料，表面致密光滑，坚硬耐磨，耐酸耐碱，一般不易变色。它的尺寸较小，根据它的花色品种，可拼成各种花纹图案。铺贴时，先按设计的图案将小块的面材正面向下贴于 500mm×500mm 大小的牛皮纸上，然后，牛皮纸面向外将陶瓷马赛克贴于饰面基层，待半凝后将纸洗去，同时修整饰面。陶瓷马赛克可用于墙面装修，更多用于地面装修。

10.3.3　石材贴面类饰面

装饰用的石材有天然石材和人造石材之分，按其厚度分为厚型和薄型两种，通常，厚度在 30～40mm 以下的称板材，厚度在 40～130mm 以上的称为块材。

10.3.3.1　天然石材

天然石材不仅具有各种颜色、花纹、斑点等天然材料的自然美感，而且质地密实坚硬，故耐久性、耐磨性等均比较好，在装饰工程中的适用范围广泛，可用来制作饰面板材、各种石材线角、罗马柱、茶几、石质栏杆、电梯门贴脸等。但是由于材料品种、来源的局限性，造价比较高，属于高级饰面材料。

天然石材，按其表面的处理效果，可分为磨光和剁斧两种主要处理形式。磨光的产品又有粗磨板、精磨板、镜面板等区别。剁斧的产品可分为磨面、条纹面等类型。也可以根据设计的需要加工成其他的表面。板材饰面的天然石材主要有花岗石、大理石及青石板。

10.3.3.2　人造石材

人造石材属于复合装饰材料，它具有重量轻、强度高、耐腐蚀性强等优点。

人造石材包括水磨石、合成石材等。人造石材的色泽和纹理不及天然石材自然柔和，但其花纹和色彩可以根据生产需要人为地控制，可选择范围广，且造价要低于天然石材墙面。常见墙面装修做法如图 10-10 所示。

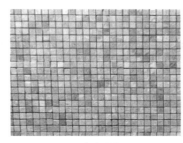

(a) 面砖外墙面　　　　　　　(b) 马赛克内墙面　　　　　　　(c) 人造石材外墙面

图 10-10　常见墙面装修做法

10.3.3.3　石材饰面的安装

用于地面的天然石材一般比较厚重，厚度通常在 25mm 及以上，人造石材一般也在 15～20mm，一般要用水泥砂浆铺设，而且一般水泥砂浆在未干硬前难以支承石材重量而达到表面平整的效果，因此地面石材通常用 30mm 厚 1∶3 的干硬性水泥砂浆垫底，直接在上面铺设面材，如图 10-11 所示。而用于墙面的天然石材如果要用和粘贴面砖同样的方法施工，就必须选用单片面积较小而且厚度也较小的块材，否则难以固定，且较易脱落。一般厚重的大片石材必须用钉挂的方法在墙面上安装，本章下一节将对此作较详细的介绍。

至于其他可用粘贴类工艺施工的表面块材及卷材，一般都有配套的黏结产品可供使用，在选择面材时可一并选用。

粘贴类面层面材之间的缝隙需要做填缝或擦缝处理。一般较为光洁的面层材料和较细的缝可用水泥纯浆擦缝，例如除设计有特殊要求外，规整的，特别是表面做镜面处理的石材板块之间的缝宽应≤1mm，这时只能够用水泥浆擦缝。板材之间较宽的缝隙，例如普通面砖之间的缝隙，可以用白水泥调色粉擦缝，也可以用1:1稀水泥砂浆填缝，还可以用近似颜色的成品高聚物填缝材料填缝。对于较大块的碎石或者表面烧毛的花岗石之间在10mm左右的缝隙，除了用1:1~1:2的水泥砂浆填缝外，还要进行勾缝的处理。像图10-11中地面石材表面的粉末状物质就是用来填缝的白水泥。从图10-12中可以看到不同块材的缝宽及填缝情况。

(a) 内墙面砖留缝及填缝实例   (b) 外墙面石材留缝及填缝实例

图10-11 用干硬性水泥砂浆铺贴
地面石材的施工实例

图10-12 不同块材贴面的留缝及缝宽处理

10.4 钉挂类面层

钉挂工艺是以附加的金属或者木骨架固定或吊挂表层板材的工艺。其中用于地面的主要是架空的木地板；用于墙面的主要是各种附加的装饰墙面板；用于楼板底的主要是各类吊顶。习惯上将木地板的附加骨架称为搁栅；将装饰墙面板的附加骨架称为墙筋；而将吊顶的附加骨架称为龙骨。

10.4.1 钉挂类面层常用的材料

钉挂类面层的骨架用材主要是铝合金、木材和型钢。有时也可以用单个的金属连接件代替条状的骨架。

钉挂类面层的面材主要有各种天然和复合木板，纸面石膏板，硅钙板，吸声矿棉板，金属板如铜、不锈钢、塑铝板等，以及石材、陶土制品和玻璃。此外如果表层采用软包装修，还常会采用各类天然和人造的皮革以及各类纺织品材料。

10.4.2 钉挂类面层的构造

10.4.2.1 装饰石材的构造

石材在安装前必须根据设计要求核对石材品种、规格、颜色，进行统一编号，天然石材要用电钻打好安装孔，较厚的板材应在其背面凿两条 2～3mm 深的砂浆槽。板材的阳角交接处应做好 45°的倒角处理。最后根据石材的种类及厚度，选择适宜的连接方法。常用的连接方式为在墙柱表面拴挂钢筋网，将板材用钢丝或不易生锈的金属丝绑扎，拴结在钢筋网上，并在板材与墙体的夹缝内灌以水泥砂浆，称之为拴挂法如图 10-13 所示。还可用连接件挂接法，通过连接件、扒钉等零件与墙体连接。另外还有采用聚酯砂浆或树脂胶黏结板材固定的连接方式。

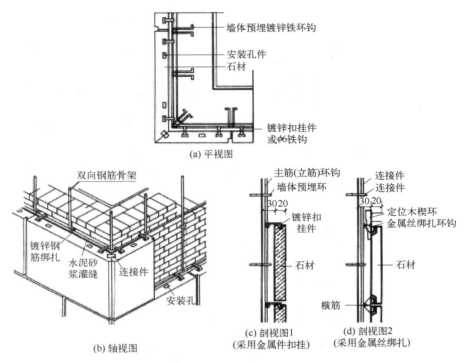

图 10-13　石材拴挂法

对于一些重型或单块面积较大的装饰面板例如石板等，出于安全及施工可能性方面的考虑，无论用在室内外，都应该用金属连接件来固定。根据连接件的形式，这些石板需要在侧边或是靠近墙体的内侧开孔或开槽以使连接件能够插入，如图 10-14～图 10-17 所示。近年来还有在工厂里事先在石板中打入带螺口的锚栓，然后运到工地安装的方法，称为背栓法，如图 10-18 所示。连接石板的连接件最好具有调节的功能，以方便调整石板表面的平整度以及板缝的宽度。对于位于外墙面，特别是高大建筑物外墙上的石材饰面，连接节点还应当具有适应风压以及热胀冷缩的应力所引起的变形的能力。

图 10-14　挂装的石材开口的情况

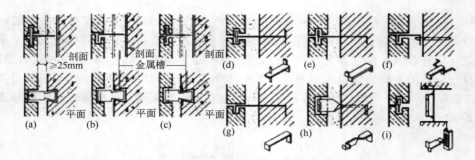

图 10-15　片状连接件及其挂装石材的方法

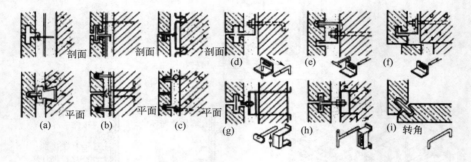

图 10-16　杆状连接件及其挂装石材的方法

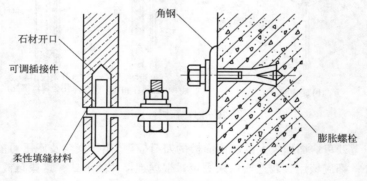

图 10-17　可调式石材挂装连接件示意

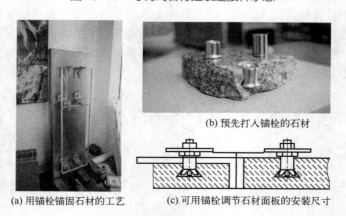

(a) 用锚栓锚固石材的工艺　　(c) 可用锚栓调节石材面板的安装尺寸

图 10-18　用锚栓锚固石材的工艺示意

10.4.2.2　架空木地板的构造

架空木地板的搁栅经在地面弹线定位（中距≤400mm）并钻孔打入木楔或塑料楔后，以每个连接点一钉一螺固定。搁栅的表面只要用 2m 的直尺检查时尺与搁栅间的空隙不大于 3mm，做到表面基本平直就可以，不一定需要先在基层上做找平层。因为搁栅的木料属于粗加工的材料，本身的尺寸未必完全统一。不平整处可以用木楔调整。调整后在上面钉上 16～20mm 厚的企口木地板，如图 10-19 所示。

图 10-19　企口木地板

因为木地板和木搁栅属于天然材料，遇到潮湿和干燥的天气会膨胀或干缩变形，而木地板间的缝隙又不得大于 1mm，所以规范规定搁栅应该离墙 30mm、木地板应离墙 8～10mm 铺设，以留出变形的余地，如图 10-20 所示。

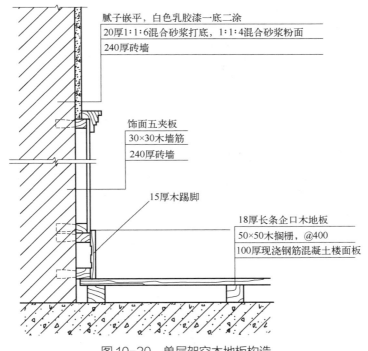

腻子嵌平，白色乳胶漆一底二涂
20厚1:1:6混合砂浆打底，1:1:4混合砂浆粉面
240厚砖墙

饰面五夹板
30×30木墙筋
240厚砖墙

15厚木踢脚

18厚长条企口木地板
50×50木搁栅，@400
100厚现浇钢筋混凝土楼面板

图 10-20　单层架空木地板构造

木地板在铺钉完成后，表面可以用机械打磨平整，然后上漆。

有一些场所对架空木地板有特殊的要求，例如室内运动场馆、练功房、舞台等，使用者往往会有较为激烈的运动，为了降低发生碰撞时产生危险的可能性，需要在架空地板的搁栅下设置弹性钢弓或橡皮垫块、地弹簧等缓冲装置，如图 10-21～图 10-23 所示。有些娱乐场所如舞厅等，为了提高地板的舒适性，也可以做这样的弹性架空地板。

拼花处理，可以在搁栅上面先呈 45°角铺设约 20mm 厚的毛板一层，以方便面层各个方向地板条的铺钉。为了防止两层地板间在人走动时发出噪声，需要在中间铺上一层油纸、油毡或无纺布，如图 10-24 所示。

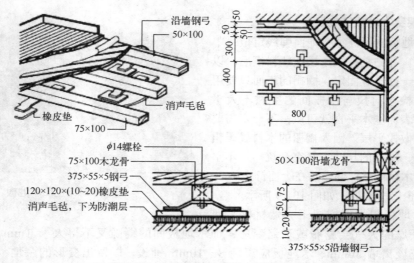

图 10-21　用钢弓的弹性木地板构造

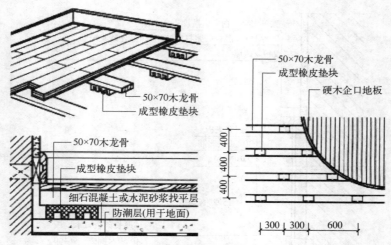

图 10-22　用橡皮垫块的弹性木地板构造

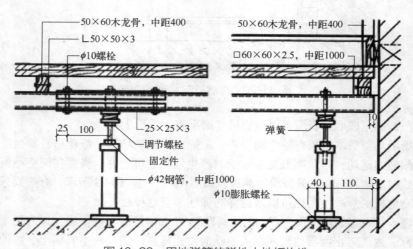

图 10-23　用地弹簧的弹性木地板构造

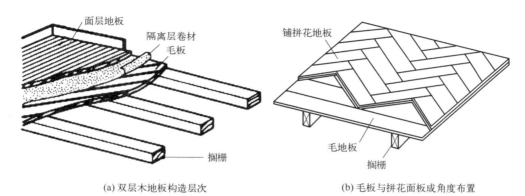

(a) 双层木地板构造层次　　　　　　　　　(b) 毛板与拼花面板成角度布置

图 10-24　双层木地板构造

市场上有一些刷过漆的木地板，俗称"漆板"。还有一些复合型的木地板，表面亦经处理。这类材料用于单层架空木地板的铺设较困难，因为木搁栅表面很难达到漆板等所要求的平整度，而这些板材又不适宜在铺钉后再重新做表面磨平处理。最好的做法是先在地面基层上做找平层，然后满铺一层发泡塑料膜后再直接干铺这类地板。如果需要快速安装，而基层又是现浇板，平整度本来就较好的话，可以不用砂浆而用环氧树脂自流平地面涂料做找平层。虽然材料较贵，但节省了大量的时间和人工，施工质量也较好。

10.4.2.3　吊顶的构造

吊顶的防火要求较高，因此在公共建筑中，木质的龙骨已很少使用，而代之以铝合金轻钢材料等制作的金属龙骨。龙骨系统包括吊筋和龙骨两部分，龙骨本身又可分为主龙骨和次龙骨。轻钢龙骨的构件之间还有许多配套使用的连接件，可以方便安装。

吊顶的吊筋可以在楼板施工的过程中预留，预留吊筋应长出板底 100mm，并可焊接加长，如图 10-25 所示。也可以用膨胀螺栓打入楼板底部固定。但如果楼板的状况使得膨胀螺栓难以发挥拉结作用，例如预制钢筋混凝土多孔板，出于安全方面的考虑，应当设法以墙或者梁等构件为支座，通过增加小型钢梁等方法，给吊筋以有效的连接点。

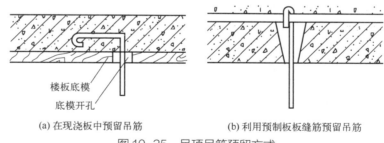

楼板底模
底模开孔

(a) 在现浇板中预留吊筋　　　　　　　(b) 利用预制板板缝筋预留吊筋

图 10-25　吊顶吊筋预留方式

轻钢龙骨与吊顶面板的连接方式有钉入式、搁置式和卡接式等几种，如图 10-26 ~ 图 10-28。钉入式适用于需要大面积平整表面的吊顶；搁置式适用于小块的成品块材，而且可以方便吊顶内部附加管道等的检修，常用于走道等部位；卡接式适用于需要经常更换吊顶灯具等布置方式的场所，如商场、展示空间等。

吊顶除了装饰功能外，往往还被利用来对空间进行声学处理。

首先在建筑物中，楼上人的脚步声，拖动家具、撞击物体等所产生的撞击声，对楼下房间的干扰特别严重。而隔绝撞击声与隔绝借空气而传播的空气声的方法是不同的。空气声的传播

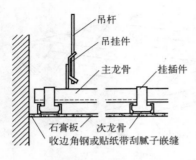

(a) 纸面石膏板与轻钢龙骨钉接

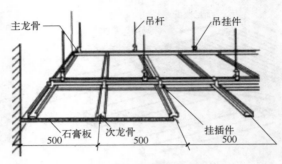

(b) 钉入式轻钢龙骨纸面石膏板吊顶顶部透视

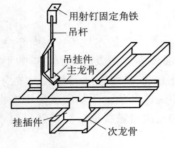

(c) 轻钢龙骨交接示意

(d) 钉入式轻钢龙骨纸面石膏板吊顶实例

图 10-26　钉入式轻钢龙骨纸面石膏板吊顶

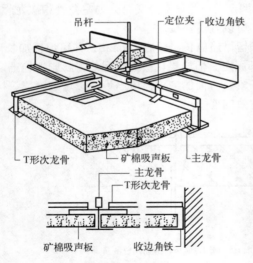

(a) 搁置式吊顶构造示意

(b) 搁置识别矿棉板吊顶实例

图 10-27　搁置式矿棉吊顶

分两种情况，一种是声音直接在空气中传递，称直接传声。如露天中声音的传播或某一空间内发出的声音通过构件中的缝隙传至另一空间，均系直接传声。另一种是由于声波振动，经空气传至结构，引起结构的强迫振动，致使结构向其他空间辐射声能，这种声音的传递称振动传声。要隔绝空气传声，在构造上可以采用质量大、气密性好的构件。但要隔绝撞击声，就不能以隔绝空气声的隔声量指标来衡量。因为它不单纯地受质量定律的支配，相反，像楼板这样的构件密度越大，重量越重，对撞击声的传递就越快。所以，除了可以在楼面上铺设富有弹性的材料，如铺设地毯、橡胶地毡、塑料地毡、软木板等，以降低楼板本身的振动，使撞击声能减弱；或者在楼板结构层与面层之间增设一道弹性垫层，例如木丝板、甘蔗板、软木片、矿棉毡等，使楼面形成浮筑层，与楼板完全隔开以外，在楼板下做吊顶，使楼板被撞击后产生的撞击声能在吊顶与楼板间的间层中有所消耗，也是不错的方法。但这个间层最好能够封闭，而且吊顶的质量越大，整体性越强，其隔声效果越好。另外，吊顶吊筋与楼板之间的连接越是采用弹性连接，隔声的效果也越好。

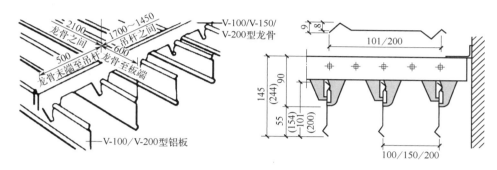

(a) 卡接式吊顶构造示意

(b) 卡接式金属吊顶实例

图 10-28　卡接式金属吊顶

　　其次，在许多大型的公共空间中，人流活动所产生的噪声往往也较大，这时如果采取吸声材料作为吊顶的面层材料或者采用穿孔面板，在面板背面敷设吸声材料，对减少噪声在空气中的传递也是很有效的方法，如图 10-29 所示。

　　再有，在许多需要特殊声学处理的空间中，例如讲堂、音乐厅等场所，吊顶都是用来控制声场分布和音质效果的重要部件，可以通过其表面形状、材料、构造等的改变，起到反射和吸收声能的作用。图 10-30 所示的报告厅中的吊顶可以通过反射角度帮助讲台声源的前期反射声到达座位的后部，在较为压抑的后排座位位置上方及后壁上采用吸声材料帮助减少混响时间，这样有助于提高语音的清晰度。此外，该工程实例中结合设备布置将吊顶进行分段处理，也是消除较小层高的空间中吊顶形式单调有可能产生的压抑感的一种方法。

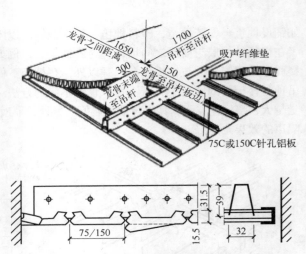

(a) 吸声穿孔金属板吊顶实例　　　　　　(b) 吸声穿孔金属板吊顶构造示意

图 10-29　吸声穿孔金属板吊顶

图 10-30　某报告厅吊顶实例

10.5　裱糊类面层

裱糊工艺是将各种装饰性的墙纸、墙布等卷材类的装饰材料裱糊在墙面上的一种工艺。

10.5.1　裱糊类面层常用的材料

裱糊类面层常用的材料有各类壁纸、壁布和配套的黏结材料。

其中常用的壁纸类型有：

PVC 塑料壁纸（以聚氯乙烯塑料或发泡塑料为面层材料，衬底为纸质或布质）、纺织物面壁纸（以动植物纤维做面料复合于纸质衬底上）、金属面壁纸（以铝箔、金粉、金银线配以金属效果饰面）、天然木纹面壁纸（以极薄的木皮衬在布质衬底上）等。

常用的壁布类型有：

人造纤维装饰壁布（以人造纤维如玻璃纤维等的织物直接作为饰面材料）、锦缎类壁布（以天然纤维织物如织锦缎等直接作为饰面材料）等。

10.5.2　裱糊类面层的构造

裱糊类面层的施工主要在抹灰的基层上进行，亦可在其他基层上粘贴壁纸和壁布。

裱糊类基层的抹灰以混合砂浆为好。它要求基底平整、致密；对不平的基底需用腻子刮平并弹线。在具体施工时首先下料，对于有对花要求的壁纸或壁布在裁剪尺寸上，其长度需比墙高出 100 ~ 150mm，以适用对花粘贴的要求。然后进行润纸（布），即令壁纸、壁布预先受潮胀开，以免粘贴时起皱。在壁纸、壁布的粘贴过程中，可以根据面层的特点分别选用不同的专用胶料或粉料。同时，在粘贴时，要注意对接缝以及气泡的处理。

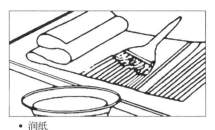
• 润纸

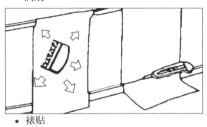
• 裱贴

图 10-31　裱糊壁纸、壁布的基本顺序

图 10-31 所示是裱糊壁纸、壁布的基本方法，注意自上而下令其自然悬垂并用干净湿毛巾或刮板推赶气泡。图 10-32 是壁纸、壁布对缝的一般方法，这样可使接缝美观而且不明显。如果接缝处对缝拼花有困难，也可做搭接处理，如图 10-33 所示。如果装裱厚壁纸、壁布下仍有气泡，可用注射用针筒进行抽气处理。

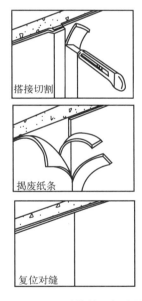

搭接切割

揭废纸条

复位对缝

图 10-32　对缝的一般方法

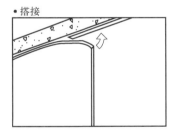
• 搭接

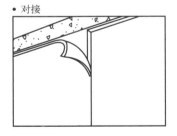
• 对接

图 10-33　需对花的壁纸、
壁布接缝处的拼花方法

 知识拓展　走在世界前列的国产涂料

2008 年，北京奥运会主体育场馆"鸟巢"的涂装工程面向全球招标，当时全球有数十家著名涂料企业参与竞标，通过严格的筛选与对比，我国自主生产的涂料，因挥发性有机化合物含

量接近 0，中标"鸟巢"的涂装工程，这标志着我国国产涂料已经走在了世界的前列。

课后习题

1. 简述饰面装修的作用。
2. 简述饰面装修的基层处理原则。
3. 简述饰面装修的类型。
4. 简述墙面装修的种类及特点。
5. 简述水泥砂浆地面、水泥石屑地面、水磨石地面的组成及优缺点、适用范围。

第四部分
建筑围护系统

第11章
建筑防水及保温、隔热构造

防水及热工性能是建筑物的重要质量指标。建筑物的屋面及外墙面工程中，很多构造问题都与此相关，而且两者互有关联，施工往往也是交叉进行的。

11.1 建筑防水构造原理概述

11.1.1 构造防水和材料防水

用来防止建筑物发生渗漏的方法有两大类。一类是依靠构造方法来防水，也就是依靠构件形状的合理性以及细部构造连接的正确性来防水。例如中国传统民居的坡屋面，上面的小青瓦形状呈扇面起拱，如图 11-1 所示，经上下及正反向叠合后，瓦片间形成了顺雨水流动方向盖缝的机理，以及使雨水可以迅速流向屋面檐口的一道道沟槽，如图 11-2 所示。这样即便瓦片之间没有任何的密封材料，缝都是开口的，屋面也可以没有屋面板这一道构造层次，瓦片就直接铺在椽子上（即俗称的"冷摊瓦"），如图 11-3 所示，屋面在一般情况下也不会漏水。这种方式已经沿用了千年以上，所使用的屋面材料虽不先进，但构造做法却自有其合理性。

图 11-1 传统民居常见的小青瓦

图 11-2 小青瓦的叠放方式

图 11-4 和图 11-5 是现代使用比较广泛的彩钢屋面板。在彩钢板的两侧可以看到能够左右套接的翻口，安装后雨水不易渗入接缝部位，这也是利用构造方法进行防水的例子。

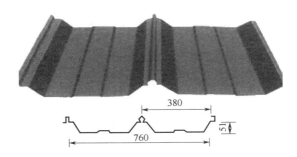

图 11-3　冷摊瓦的坡屋面　　　　　　图 11-4　彩钢屋面板两侧边缘可套接

　　但是构造防水的方式并非在所有的场合下都简便易行。例如上文所述的小青瓦，如果用于平屋面，因为排水不如坡屋面来得迅速，瓦片的缝隙间就一定会进水，导致防水失败。所以另一种重要的防水方式就是材料防水，即利用材料本身的不透水性及连接处的密封性，防止水渗入建筑物。图 11-6 所示的屋面上就采用了防水卷材及密封胶，这使得屋面好像穿上了一件密封的防水服，其防水的性能完全依赖于材料的品质及连接部位密封的可靠性。构造防水和材料防水这两种方式在应用时需要根据工程项目的实际情况来选择最合理的方案。有时这两种方式可以有机地结合起来运用。

图 11-5　彩钢屋面板安装后的状况　　　　图 11-6　贴防水卷材的平屋面

11.1.2　变形对建筑防水构造的影响

　　图 11-7 所示的建筑物墙面上出现了许多裂纹，有可能已经发生了渗漏，而且影响到了建筑物的正常使用。事实上，在这个部位出现问题的建筑物并不在少数。究其原因，大部分是屋面的热胀冷缩造成了屋面女儿墙与屋面的交接处发生了错动，或者是结构的不均匀沉降使然。但这个部位正是屋面雨水容易积聚的地方，如果屋面防水层，例如图 11-8 中那样的防水卷材，也因为所附着的构件发生错动而被拉裂的话，雨水就不可避免地会从裂缝中渗入室内。可见在处理建筑物的防水问题时，应当充分考虑到发生各种变形的可能性，关注容易产生变形的建筑部位，如屋面檐口、预制装配屋面板的搁置端及侧缝处等，并采取针对性的构造措施，防患于未然，使得即便发生变形，防水设施也完好无损。这将是本节在介绍具体的防水构造做法时，所要特别强调的问题。

图 11-7　变形对建筑防水构造的影响

图 11-8　屋面与女儿墙交接处防水层
容易损坏的情况

11.2　建筑保温、隔热构造原理概述

适宜的室内温度和湿度环境是人们生活和生产的基本要求。对于建筑的外围护结构来说，因为在大多数情况下，建筑室内外都会存在温差，特别是处于寒冷地区冬季需要采暖的建筑和在有些地区因夏季炎热而需要在室内使用空调制冷的建筑，其两侧的温差在这样的情况下甚至可以达到几十度。如图 11-9 所示的建筑物处于严寒地区，施工时索性用保温块材作为现浇墙体的永久性模板，主体结构完成后留作保温之用。

又如图 11-10 所示的建筑物，本是通体透明的"玻璃盒子"，但夏季为了保持室内较低的温度以及减少空调的能耗，不得不沿四周放下帘子来，通透的视觉效果也随之消失。所以说建筑外围护结构的构成和构造必须考虑热工性能方面的要求。这种要求可分为两个等级：第一等级是至少应当能够维持建筑室内的热稳定性，保证室内基本的热环境质量并进一步则应当满足建筑节能的要求；第二等级则应当满足建筑节能的要求。现在，许多建筑类型，例如住宅和商业建筑，都已开始执行建筑的节能规范。

图 11-9　直接用保温材料做永久模板现浇墙体

图 11-10　某建筑夏季垂帘以保持较低室温

11.2.1　我国的建筑热工分区

按照气候的特征，我国共有 5 个建筑热工分区，如表 11-1 所示。

表 11-1　建筑热工分区及设计要求

分区名称		严寒地区	寒冷地区	夏热冬冷地区	夏热冬暖地区	温和地区
分区指标	主要指标	最冷月平均温度≤-10℃	最冷月平均温度-10～0℃	最冷月平均温度-10～0℃；最热月平均温度25～30℃	最冷月平均温度>10℃；最热月平均温度25～29℃	最冷月平均温度10～13℃；最热月平均温度18～25℃
	辅助指标	日平均气温≤5℃的时间≥145d	日平均气温≤5℃的时间为90～145d	日平均气温≤5℃的时间为0～90d；日平均气温≥25℃的时间为40～110d	日平均气温≥25℃的时间为100～200d	日平均气温≤5℃的时间为0～90d
设计要求		必须充分满足冬季保温的要求，一般可不考虑夏季防热	应满足冬季保温的要求，部分地区兼顾夏季防热	必须满足夏季防热要求，适当兼顾冬季保温	必须充分满足夏季防热要求，一般可不考虑冬季保温	部分地区应注意冬季保温，一般可不考虑夏季防热

　　对照热工分区的标准，可以决定建筑物的外围护结构究竟是以保温为主，还是以隔热为主，或者两者都要兼顾。

11.2.2　保温构造原理概述

11.2.2.1　适用的建筑保温方式及保温的重点部位

　　需要采取保温措施的建筑物，热量的来源在室内，如图 11-11 所示。

　　室内热量要通过外围护结构从高温处向室外低温处转移，热量传递的三种基本方式即热传导、热对流和热辐射都同时存在，表现为：围护结构的内表面首先通过与附近空气之间的对流与导热以及与周围其他表面之间的辐射传热，从周围温度较高的空气中吸收热量；然后在围护结构内部由高温向低温的一侧传递热量，此时的传热主要是以材料内部的导热为主；接下去围护结构的外表面将继续向周围温度较低的空间散发热量。

图 11-11　取暖房间室内安装暖气片

　　由此可见，在建筑物室内外存在温差，尤其是较大温差的情况下，如果要维持建筑室内的热稳定性，使室内温度在设定的舒适范围内没有大幅度的波动，而且要节省能耗，就必须尽量减少通过建筑外围护结构散失的热量。

　　为了尽量减少室内热量向室外的传递，固然可以通过增加外围护构件的厚度来实现，例如我国北方过去单层的住宅普遍采用了超过一砖的砖墙厚度，如图 11-12 所示，但如果只是一味增加外围护构件的厚度，不仅可能增加了结构不必要的自重，而且也不能充分发挥材料的力学性能。比较好的做法是采用容重较小的多孔轻质材料作为保温层，附加在外围护构件上，如图 11-13 所示。这类材料有憎水性水泥膨胀珍珠岩保温板、发泡聚苯乙烯保温板、挤塑型（或称挤压型）聚苯乙烯保温板、硬质和半硬质的玻璃棉或岩棉保温板、水泥聚苯空心砌块、玻璃棉毡和岩棉毡、膨胀珍珠岩及发泡聚苯乙烯颗粒等。这类材料的导热系数较小，这与我们在冬季用轻而软的外衣来保暖的道理是一样的。

图 11-12   传统的北方建筑墙体厚重

图 11-13   附加轻质外保温板材的住宅墙面

在常用于建筑外围护构件的材料中，实心黏土砖的导热系数较小，但其使用已受到限制，其次是加气混凝土砌块，然后是空心黏土砖。普通混凝土制品的导热系数较大，热工性能较差，所以在使用钢筋混凝土的屋面处，一般都需要添加保温层。至于外墙部分，因为构成的材料及所占面积不尽相同，情况比较复杂，在经过热工计算后，可以确定需要添加保温层的部位和厚度。

11.2.2.2   建筑外围护结构中保温层与防水层的相关关系

保温层材料一般轻质多孔，孔隙中的空气有助于发挥保温的性能。但如果受潮的话，材料的保温性能就会下降，还有可能产生霉变等后果。更严重的是，需要做保温处理的建筑物所在地区一般冬季室外气温都较低，一旦保温层受潮而且水在里面结冰的话，由于水结冰时体积膨胀，很可能造成保温材料内部结构的破坏。因此保温材料内部的气孔最好是闭合的，而且表面要进行防水的处理。

有可能使得建筑外围护结构中的保温层受潮的因素来自两方面，一方面来自天降雨雪，另一方面来自建筑物内部的水汽。其中来自建筑物内部的水汽本来含在空气中，即空气是具有一定湿度的，但由于热量在向室外转移的过程中，外围护结构中空气的温度逐渐下降，一旦下降到露点温度，即令空气中的水汽达到饱和的温度时，空气中的水汽就会析出，在保温层中结露。

要防止建筑外围护结构中的保温层受潮，处理好保温层与防水层，以及外围护构件之间的相关关系有以下几种方法。

（1）将保温层置于防水层与外围护构件之间

最常规的方法是将保温层置于建筑防水层与外围护构件之间，同时在保温层朝向围护结构构件的一侧设置一道隔蒸汽层。这样既可以排除雨雪对保温层的影响，又可阻止室内空气中的水汽侵入到保温层中。图 11-14 所示的建筑物屋面就采用了这种最典型的做法。图 11-15 所示的建筑物设置了排水汽的通道，使得这些通道与室外的大气连通，水汽就有了排出的可能性，而不会在保温层中间积聚结露，也就保证了保温块材的使用功效。

（2）将保温层置于建筑外围护结构以内

保温层放在室内完全避免了雨雪的侵袭，而且相对置于围护结构之外两侧的温差小，结露的机会少，但有可能占据室内的有效使用空间，如图 11-16 所示。

（3）将保温层置于防水层以外

如果保温材料本身是具有防水功能的，例如上文中所提到的挤塑型聚苯乙烯板，可以放置在外围护结构的防水层以外。这在工程中也称作"倒铺"。这样做的好处是使得防水材料较少受到日晒、昼夜温差等环境因素的影响，减少变形的发生以及延缓材料老化的进展。图 11-17 所示的建筑物屋面就采用了这种"倒铺"的做法，保温层面上可以铺一层塑料膜，上压砾石或者混凝土块作保护层，以免保温层受风压影响而掀起，还可以供人行走。

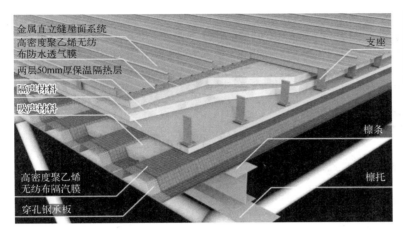

图 11-14　保温层设在防水层与外围护构件之间　　　　图 11-15　设置排水汽的通道
　　　　　　　　　　　　　　　　　　　　　　　　　　　　　　　　防止在保温层中结露

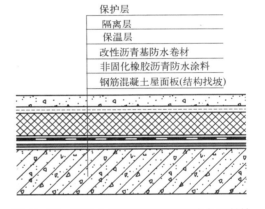

图 11-16　在外墙内侧墙筋间放置保温材料　　图 11-17　自防水的保温层可设于防水层以外

11.2.3　隔热构造原理概述

　　需要采取隔热措施的建筑物，热量的来源在室外，主要是来自太阳的辐射热。一般来说，在建筑物外围护结构上贴保温材料，也能够阻止来自室外的热量向室内流动，但保温层不透气，容易使室内的人觉得比较闷热，而透气性对于夏季炎热地区的建筑是很重要的，因此除非是属于夏热冬冷地区的建筑，需要兼顾冬季保温，否则原则上不宜考虑用保温材料来隔热。

　　比较有效而合理的隔热方法应该是利用通风来散热以及利用反射来减少太阳的辐射热对建筑室内的影响。

　　图 11-18 是在建筑物外表面设通风间层隔热的原理示意。像图 11-19 那样的架设在建筑物屋顶上的架空隔热层，是利用架立混凝土大阶砖的砖砌带之间迎向主导风向的狭窄通道将风引进，并令其快速通过，从而起到将热量带走的作用，其工作原理如图 11-20 所示。在我国南方地区使用较多。

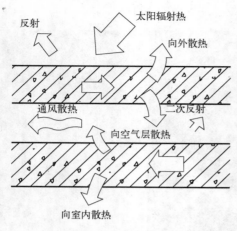

图 11-18　通风间层隔热原理示意

图 11-19　设置架空隔热层的建筑屋面

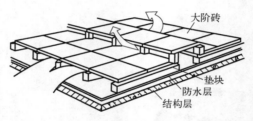

图 11-20　屋面架空隔热层的工作原理

11.3　屋面防水及保温、隔热构造

在介绍了建筑防水和保温、隔热的构造原理和适用方式后，本节及以下几节内容将结合剖面详图，详细介绍建筑防水和保温、隔热构造的具体做法及细部处理。本节偏重屋面部分的相关内容。

11.3.1　平屋面的防水及保温、隔热构造

平屋面防水以材料防水为主。其基本构造层次自下而上，具体如下。

找坡层——用轻质材料，例如各种轻质混凝土以及发泡的高分子块材（聚苯乙烯板材等），按照所设计的排水方向垒出一定的缓坡来，将屋面雨水有组织地疏导到建筑物和城市的雨水排放系统中去，如图 11-21 所示。一般上人屋面的排水坡度在 2% 左右，不上人屋面的排水坡度在 3% ~ 5%。

防水层——根据所用防水材料的不同，平屋面防水构造又可分为卷材防水、刚性材料防水以及涂膜防水等几种，如图 11-22 ~ 图 11-24 所示。

防水卷材主要有各种改性沥青的油毡，如氯丁橡胶沥青、丁基橡胶沥青等，各类高分子卷材，如三元乙丙防水卷材、三元丁橡胶防水卷材，聚氯乙烯防水卷材，氯化聚乙烯-橡胶共混防水卷材等。

图 11-21　屋面找坡坡向雨水集水口

图 11-22　卷材防水屋面

图 11-23　刚性材料防水屋面

图 11-24　涂膜防水屋面

　　防水的刚性材料主要是细石混凝土和添加防水剂的防水砂浆。

　　防水涂膜主要有水泥基涂料、合成高分子涂料、高聚物改性沥青防水涂料、沥青基防水涂料等。其工作机理是生成不溶性的物质堵塞混凝土表面的微孔，或者生成不透水的薄膜覆盖在基层的表面。

　　保护层——对防水材料起到保护作用的表面构造层次，如防水卷材上表面涂的反光涂料及铺的细砂或细石粒等。

　　在各个基本层次之间，由于构造方面的需要，往往会增加一些其他层次，例如要是选用的找坡材料较为粗糙，则会在粘贴防水卷材之前先做一道找平层，使铺贴方便，而且可以防止防水卷材被戳破，等等。此外，保温材料的加入，也会使具体的构造做法发生一定的变化。读者可以从下面介绍的一些构造详图中去仔细体会。

11.3.1.1　卷材防水屋面及保温层的设置

　　图 11-25 是平屋面带女儿墙的檐口及带檐沟处的卷材防水构造详图。其中有如下细部构造需要予以注意：①由于用来找坡和找平的轻混凝土和水泥砂浆都是刚性材料，屋面如有变形，因材料难以抵抗拉伸及剪切应力，故在变形敏感的部位容易出现裂缝，从而造成粘贴附着在上面的防水卷材随之破裂。为此应当在屋面板的支座处、板缝间和屋面檐口附近这些变形敏感的部位，预先将用刚性材料所做的构造层次进行人为的分割，即预留分仓缝。分仓缝宽 20 ~ 40mm，中间应用柔性材料及建筑密封膏嵌缝，如图 11-26 所示。即便屋面是现浇整体式的钢筋混凝土屋面，也应在距离檐口 500mm 的范围内，以及屋面纵横不超过 6000mm×6000mm 的间距内，

做预留分仓缝的处理。

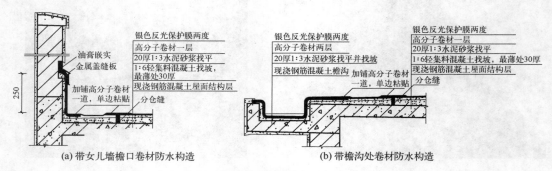

(a) 带女儿墙檐口卷材防水构造   (b) 带檐沟处卷材防水构造

图 11-25 平屋面卷材防水构造

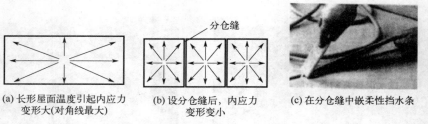

(a) 长形屋面温度引起内应力   (b) 设分仓缝后，内应力   (c) 在分仓缝中嵌柔性挡水条
变形大(对角线最大)   变形变小

图 11-26 分仓缝作用及构造

② 在屋面防水卷材粘贴经过分仓缝的地方，应该先单面粘贴或干铺一层宽 200~300mm 的同样的卷材，使得这些地方表层的防水卷材略有放长，并且与基层材料之间存在局部相对滑动的可能，从而减少屋面变形对防水层可能造成的影响。同样道理，在屋面檐口处也应加铺防水卷材一层，并同表面卷材一起翻高于屋面表面至少 250mm。卷材的收头在砖砌的女儿墙处可以采用如图 11-27 (a)、(b) 所示的方法，在女儿墙上做一条凹口，用水泥钉钉住防水卷材的边沿及附加的盖缝金属构件，然后用密封膏嵌实；在钢筋混凝土的女儿墙处，则可采用图 11-27 (c) 所示的方法，直贴卷材或一直到女儿墙压顶的下面。

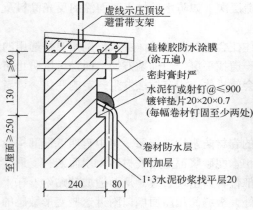

(a) 砖墙女儿墙处卷材上翻固定构造

(b) 卷材收头做法

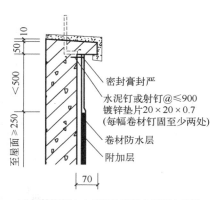

(c) 钢筋混凝土女儿墙处卷材上翻固定构造

图 11-27　女儿墙檐口防水卷材上翻及固定做法

③ 屋面如采用油毡作为防水卷材，一般不像用高分子卷材那样是用专用的黏结剂来黏结，而是用热沥青来黏结。油毡铺设前基层经清洁后先刷一道油性结合层，然后涂布热沥青。因为油毡的抗拉伸性能及耐气候性能均不如高分子卷材，所以油毡必须多道铺设。一般采用三毡四油，表面再均匀撒布加热到 100℃ 左右的细石粒（俗称"绿豆砂"）作为保护层。

④ 防水卷材的搭接方向必须有利于减少渗漏，搭接长度应该符合规范要求。其中胶接与热焊接是高分子卷材常用于搭接处的接缝方法，如图 11-28 所示为胶接接缝方式。

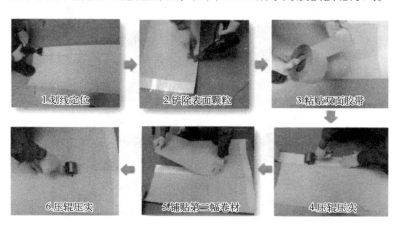

图 11-28　高分子卷材的胶接接缝方式

在卷材防水屋面中加入保温层，最简单的方法是如图 11-29 所示的那样，直接用保温块材来找坡，只要最薄处达到了设计厚度的要求，就可以省去另外找坡所用的材料及所产生的屋面荷载。如果所采用的保温材料不是自防水的，例如普通发泡聚苯板，可以先在屋面基层上做一道水泥砂浆的找平层，上置卷材隔汽层，再铺设保温兼找平层。成品的保温材料上表一般平整，可直接在上面铺设卷材防水层。如果保温材料为挤塑型聚苯乙烯板材等有自防水功能的材料，保温层也可以做成倒铺的形式，即直接在卷材面上铺保温板材，然后盖塑料薄膜后压砾石或预制混凝土块作为保护层，如图 11-30 所示。

11.3.1.2　刚性材料防水屋面及保温层的设置

刚性材料抗压强度高，耐磨，可以作为上人屋面使用，如图 11-31 所示，但是无法保证它们在屋面变形应力的作用下完全不开裂。因此，也要采取相应的构造措施来克服材料所固有的缺点。

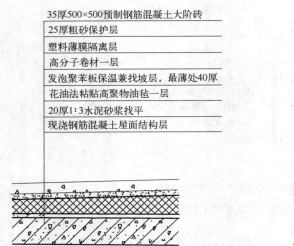

图 11-29　保温层置于防水层下，兼用作找坡

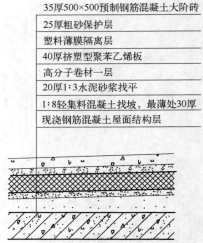

图 11-30　用自防水的保温材料做倒铺屋面

图 11-32 和图 11-33 是平屋面带檐沟处的刚性材料及带女儿墙的檐口防水构造详图。

图 11-31　上人屋面用刚性材料防水

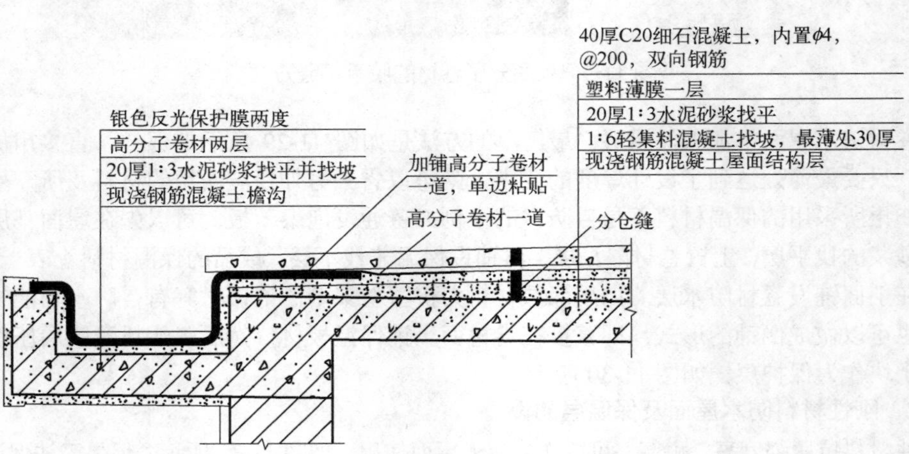

图 11-32　刚性防水屋面在檐沟处的构造做法

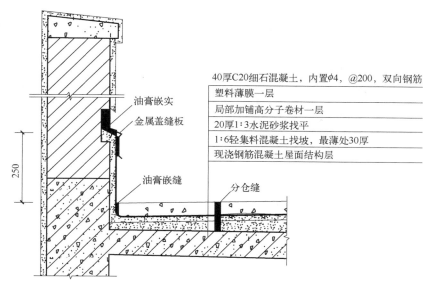

图 11-33　刚性防水屋面在女儿墙处的构造做法

其中的构造要点是：

① 在刚性防水材料之下先用无黏结或难黏结的材料做一层浮筑层,目的是使得防水混凝土不与基层水泥基的材料黏结, 可以互相错动, 从而减小在温度应力或结构变形应力作用下不同构造层次之间的互相牵制和影响。

② 在防水层混凝土中配筋, 要求双向配$\phi 4$ 钢筋, 间距不大于 200mm, 而且要求细石混凝土的厚度不小于 40mm, 强度等级不少于 C20 级。

③ 在防水层混凝土中留分仓缝, 部位、间距同卷材防水屋面中的刚性材料层, 而且混凝土中所配的钢筋也必须在分仓缝处断开。图 11-34 所示的屋面没按要求留缝, 只做了一个方向的分仓缝, 结果造成了另一方向刚性防水材料开裂。

④ 在檐口处防水卷材应做收头处理。

卷材一头压入刚性防水材料之下, 另一头上翻做法同卷材防水屋面。

做刚性防水的屋面可以上人, 没有必要做倒铺的保温层, 只要直接用保温层找坡, 上面干铺一层塑料薄膜, 再做刚性防水层就可以了。

塑料薄膜可以防止保温材料在施工过程中不慎被破坏, 同时又可以用作浮筑层。

图 11-34　不按规定留分仓缝造成防水层开裂

11.3.1.3　涂膜防水屋面及保温层的设置

图 11-35 是在防水混凝土之上再做防水涂膜的做法。

因为屋面防水涂膜是将防水涂料直接涂在基层之上生成的, 如果基层发生变形, 就很容易使表层防水材料受到影响, 所以规范规定在防水等级较高的工程中, 屋面的多道防水构造层里, 只能够有一道是防水涂膜。不过, 遇有屋面突出物, 如管道、烟囱等与屋面的交接处, 在其他防水构造方法较难施工或难以覆盖严实时, 用防水涂膜和纤维材料经多次敷设涂抹成膜, 是简便易行的方法, 如图 11-36 所示。

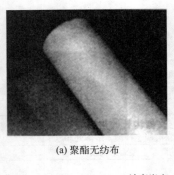

(a) 聚酯无纺布

| 35厚500×500预制钢筋混凝土大阶砖 |
| 细砂隔离层 |
| 聚氨酯防水涂膜两度 |
| 15厚1:3水泥砂浆找平 |
| 40厚C20细石混凝土,内置$\phi4$,@200,双向钢筋 |
| 塑料薄膜一层 |
| 局部加铺高分子卷材一层 |
| 20厚1:3水泥砂浆找平 |
| 1:6轻集料混凝土找坡,最薄处30厚 |
| 现浇钢筋混凝土屋面结构层 |

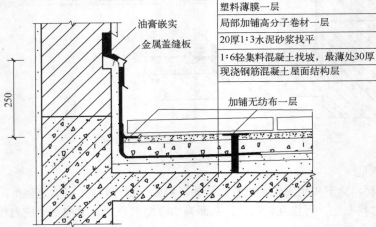

(b) 涂膜防水构造

图11-35　涂膜防水屋面在女儿墙处的构造做法

图11-36　用防水涂膜补强的突出物转角处

才能够上人。

做防水涂膜时应注意:

① 涂膜防水层应当涂抹在平整的基层上,如图11-37所示。如果基层是混凝土或水泥砂浆,其空鼓、缺陷处和表面裂缝应先用聚合物砂浆修补,还应该保持干燥,一般含水率在8%~9%以下时方可施工。

② 防水涂料必须涂抹多遍,成膜达到规定的厚度才行,如图11-38所示;而且与防水卷材的构造做法相类似,在跨越分仓缝时,要加铺一层聚酯的无纺布在下面,以增加适应变形的能力。

③ 为了保护涂膜不受损坏,通常需要在上面用细砂隔离层保护后,铺设预制混凝土块等硬质材料,

11.3.1.4　多道材料防水屋面构造

在具体的工程项目中,相关规范根据建筑物的重要性以及对于屋面防水层的使用年限要求,将屋面的防水等级分为4个等级。表11-2具体说明了这4个等级的建筑物在做屋面防水构造时所应选取的材料及构造方案。从中可以看出,属于Ⅰ级和Ⅱ级的屋面须做2~3道防水层。至于具体所采用的材料以及构造层次的安排,可以根据建筑物所在地的气候条件、屋面是否上人、造价的限制等因素来决定。例如属于表中第Ⅱ类建筑物的屋面防水构造,如果屋面经常上人,可以选择先做一道防水卷材,表面覆盖塑料薄膜作为隔离层(同时作为浮筑层)之后,做防水

细石混凝土。这样整个屋面层厚度最小，细石混凝土可兼作防水卷材的保护层，又能在上面进行装修，以适应上人的需要。诸如此类的做法，可以从工程实践中多多学习。

图 11-37　在平整基底上滚涂防水涂膜

图 11-38　防水涂料须经多次涂抹，达到规定厚度

表 11-2　屋面防水等级和设防要求

项目	屋面防水等级			
	Ⅰ	Ⅱ	Ⅲ	Ⅳ
建筑物类别	特别重要的民用建筑和对防水有特殊要求的工业建筑	重要的工业与民用建筑，高层建筑	一般的工业与民用建筑	非永久性的建筑
使用年限	25 年	15 年	10 年	5 年
防水层选用材料	宜选用合成高分子防水卷材、高聚物改性沥青防水卷材、合成高分子防水涂料、细石防水混凝土等材料	宜选用高聚物改性沥青防水卷材、合成高分子防水卷材、合成高分子防水涂料、高聚物改性沥青防水涂料、细石防水混凝土、平瓦等材料	宜选用三毡四油沥青防水卷材、高聚物改性沥青防水卷材、合成高分子防水卷材、合成高分子防水涂料、高聚物改性沥青防水涂料、沥青基防水涂料、刚性防水层、平瓦、油毡瓦等材料	可选用二毡三油沥青防水卷材、高聚物改性沥青防水涂料、沥青基防水涂料、波形瓦等材料
设防要求	三道或三道以上防水设防，其中应有一道合成高分子防水卷材，且只能有一道厚度不小于 2mm 的合成高分子防水涂膜	两道防水设防，其中应有一道卷材，也可采用压型钢板进行一道设防	一道防水设防，或两种防水材料复合使用	一道防水设防

11.3.1.5　种植屋面防水构造

有些上人的屋顶平台，会进行绿化种植，如图 11-39 所示。这样就需要在屋面上覆土，而且种植部分会一直处于潮湿的状态下。因此对这部分屋面的防水要求较高。除了不能发生渗漏外，还要让种植土中多余的水可以滤出来，最后通过屋面排水系统排出，以防止积水。其构造做法是在防水层上铺设陶粒或卵石，上面用聚酯无纺布或者是具有良好内部结构、可以渗水但不让土的微小颗粒通过的土

图 11-39　种植屋面实例

工布作为隔离层，然后再放置轻质的种植土。图 11-40 是种植屋面的构造做法示意图。

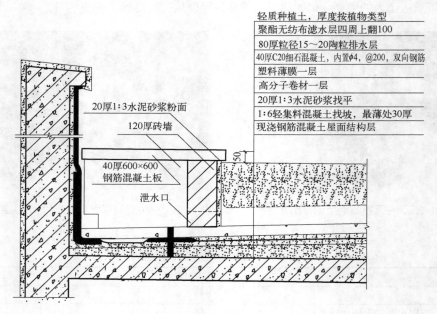

轻质种植土，厚度按植物类型
聚酯无纺布滤水层四周上翻100
80厚粒径15～20陶粒排水层
40厚C20细石混凝土，内置φ4, @200, 双向钢筋
塑料薄膜一层
高分子卷材一层
20厚1:3水泥砂浆找平
1:6轻集料混凝土找坡，最薄处30厚
现浇钢筋混凝土屋面结构层

20厚1:3水泥砂浆粉面
120厚砖墙
40厚600×600钢筋混凝土板
泄水口
50

图 11-40   种植屋面构造示意

在有女儿墙的种植屋面上，女儿墙周边 600mm 的范围内要用半砖墙垒起架空的走道，上面覆盖预制钢筋混凝土走道板，走道板表面应该高过覆土面 50mm 以上。如果屋面上采取大面积绿化的做法，则应当在种植部分每隔 6m 做一道架空的走道。

可以在屋面种植植物的地区，冬季气温一般不会太低，屋面覆土部分下面可以考虑不做保温层，走道部分局部要加保温层，为了屋面构造层次的划一及施工方便，如果建筑顶层室内有吊顶，也可以考虑在这部分屋面的板底黏结半硬质的岩棉板来保温，或将用塑料袋封装的散装保温材料放置在吊顶的面板或龙骨之上，如图 11-41 所示。

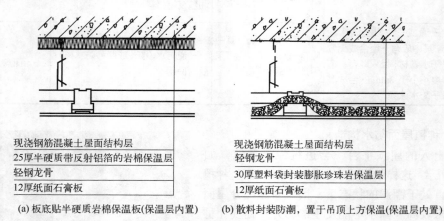

现浇钢筋混凝土屋面结构层
25厚半硬质带反射铝箔的岩棉保温层
轻钢龙骨
12厚纸面石膏板

现浇钢筋混凝土屋面结构层
轻钢龙骨
30厚塑料袋封装膨胀珍珠岩保温层
12厚纸面石膏板

(a) 板底贴半硬质岩棉保温板(保温层内置)   (b) 散料封装防潮，置于吊顶上方保温(保温层内置)

图 11-41   建筑屋面内保温做法

现在市场上还有一种带有锥壳的塑料层板，可以用来代替种植土下面的陶粒或卵石，能够大大降低屋面荷载，已在许多工程中得到了推广使用，如图 11-42 所示。此外，如果能够将供

水管及喷淋装置埋入屋面种植土中，用雾化的水来进行喷洒浇灌，既可达到节约用水的目的，又减少了屋面积水渗漏的概率，是值得推广的做法。

11.3.1.6　屋面通风隔热层构造

本章第 11.2.3 节中介绍过在建筑物屋面上做架空隔热层形成通风散热的原理。架空隔热层一般做法是在防水层完成后，用砖或其他小型砌块垒起墩状或者带状的支座，然后在上面放置钢筋混凝土的小型薄板。其中墩状的支座虽有可能节省了一些材料，但风在其间容易形成紊流，通风隔热的效果反而会受到影响。倒是带状的支座，将空间隔成一条条狭窄的管状通道，有利于引风。如果注意将通道的开口部位迎向夏季的主导风向，就能够起到加大风速的作用，对迅速带走热量有好处。

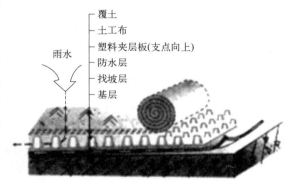

图 11-42　用于滤水层的塑料夹层板

在屋面架空隔热层接近女儿墙的部位，应该离开女儿墙一段距离，否则自然风很难进入到其下部的间层中去，如图 11-43 所示。此外，当房屋进深大于 10m 时，在隔热层的中间部位需要设引风口，以加强通风的效果。

近年来，我国有些城市对许多平屋顶的旧住宅楼进行了"平改坡"的改造，如图 11-44 所示。在原有的平屋顶之上又架起了一个用轻钢屋架、木屋面板、钢板瓦、油毡瓦等制作的轻型坡屋顶。这样一方面可以解决老房子屋顶防水层年久失修所造成的麻烦，另一方面相当于在原有屋面上添加了一个空气间层。为了达到通风隔热的目的，新加的坡屋面往往采用仿气楼的方式来安装通风百叶。

图 11-43　屋面架空隔热层应离开女儿墙一段距离

图 11-44　"平改坡"的坡顶安装通风百叶隔热

11.3.2　坡屋面的防水及保温、隔热构造

11.3.2.1　传统坡屋面的防水及保温、隔热构造

传统坡屋面的防水靠的是屋面瓦片的形状以及构造的合理。如果屋面采用的是如图 11-3 所示的冷摊瓦的话，防水的问题不大，但其热工性能并不理想。因为瓦片的容重较大，蓄热能力较好，特别在夏天高温时，由厚重的瓦片所吸收储蓄的太阳热量再向室内辐射，往往使得紧贴屋面的下部空间，例如用来做阁楼的部位酷热难当。

图 11-45 所示的使用平瓦，而且增加了屋面板的坡屋顶，由于在挂瓦时要用顺水条架起挂

瓦条,自然也就在屋面瓦与屋面板之间形成了一个空气间层,整个顶盖的热工性能较冷摊瓦的屋面得到改善。

平瓦的搭接情况如图 11-46 所示,可见其表面形状之所以复杂,完全是为了互相咬合、盖缝防水的需要。屋面板上的油毡是为防止风压太大时雨水进入瓦片之下才设置的。

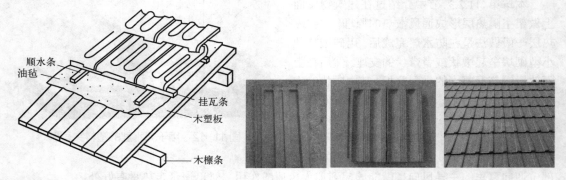

图 11-45　铺设木质屋面板的平瓦屋面　　　　图 11-46　各种类型的平瓦

在普通屋面瓦片无法搭接的部位,例如屋脊,天沟以及瓦片与高出屋面的墙身相撞、会产生通缝的部位,需要用特殊的脊瓦、镀锌铁皮等另作处理,如图 11-47、图 11-48 所示。

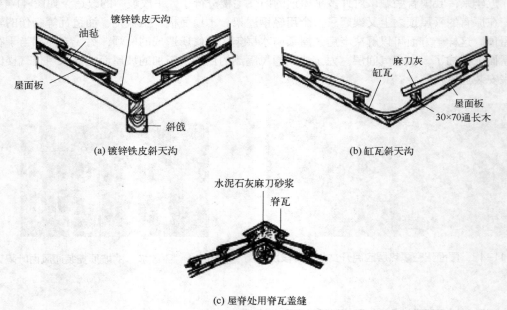

(a) 镀锌铁皮斜天沟　　　　　　　　　(b) 缸瓦斜天沟

(c) 屋脊处用脊瓦盖缝

图 11-47　平瓦屋面特殊部位处理(一)

为了进一步改善盖瓦坡屋面的热工性能,过去多在屋盖下部吊顶。吊顶的通风口可设置在山墙的上部顶端,也可以做在出檐的檐口下部吊顶上,还可以如图 11-49 所示的那样,在屋面上做通风口。此外,民间还有将稻草、奢糠等天然轻质材料包装置于吊顶之上,用来保温的。在建材工业发展较早的地区,也有人尝试用具有一定厚度的轻质发泡的水泥块材来代替传统的木质屋面板,取得了较好的保温效果,如图 11-50 所示。

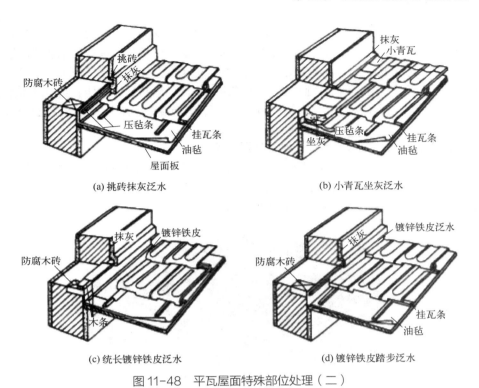

(a) 挑砖抹灰泛水　　　　　　　　　(b) 小青瓦坐灰泛水

(c) 统长镀锌铁皮泛水　　　　　　　(d) 镀锌铁皮踏步泛水

图 11-48　平瓦屋面特殊部位处理（二）

图 11-49　在屋面上的通风口

图 11-50　用加气混凝土板做屋面板的坡屋顶

11.3.2.2 钢筋混凝土坡屋面的防水及保温、隔热构造

在钢筋混凝土坡屋面的基层结构板面上，如果用水泥砂浆找平后粘贴仿瓦式样的饰面砖，可以满足视觉效果的要求，但在热胀冷缩的变形应力作用下，找平层的刚性材料很容易开裂，造成表层面砖下滑，是不可取而且具有一定危险性的，以前已经有过不少这方面的失败教训。

图 11-51 所示的是既能满足钢筋混凝土坡屋面

图 11-51　盖传统屋面瓦的钢筋混凝土屋面

的防水要求和视觉要求，又有利于提高其热工性能的做法。该图中保温层以下的构造做法相当于平屋面的倒铺屋面做法，保温材料应当选用挤塑型聚苯乙烯板等具有自防水功能的板材。保温层以上采用了传统坡屋面用顺水条支起挂瓦条挂瓦的工艺。屋面瓦的使用相当于又增加了一道防水层，而且形成了空气间层，使得屋面的防水、保温、隔热功能俱佳。其中顺水条通过钢筋混凝土屋面板中的预埋铁固定。为防止保温层下滑，钢筋混凝土屋面板近檐口处有一段上翻，可作阻挡用。

11.3.2.3　大型板材装配式坡屋面的防水及保温构造

　　大型装配式的板材作为工厂化预制的产品，其发展趋势越来越倾向于集防水、保温及面装修等构造于一体。如图 11-4 所介绍过的彩钢屋面板，自带保温层及防水构造，可在现场快速安装。图 11-52 和图 11-53 分别介绍其中的两种做法。

(a) 平接式夹心彩钢板屋面

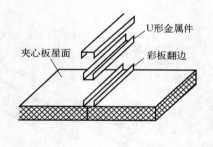

(b) 夹心彩钢板侧缝平接

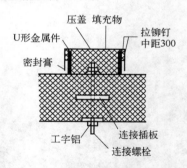

(c) 用盖缝板对平接式接缝进行盖缝处理

图 11-52　平接式夹心彩钢板板缝间的防水构造示意

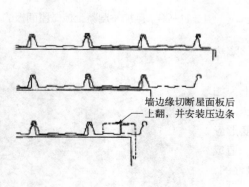

(a) 金属屋面板断面

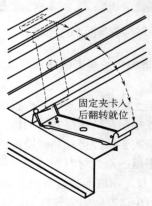

(b) 在梁上安装屋面板的固定条件

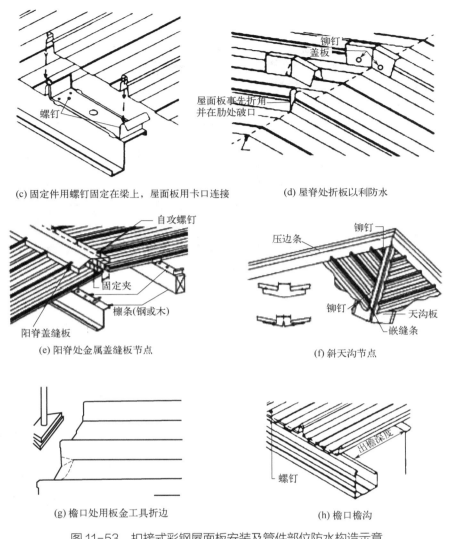

(c) 固定件用螺钉固定在梁上，屋面板用卡口连接　　　(d) 屋脊处折板以利防水

(e) 阳脊处金属盖缝板节点　　　(f) 斜天沟节点

(g) 檐口处用板金工具折边　　　(h) 檐口檐沟

图 11-53　扣接式彩钢屋面板安装及管件部位防水构造示意

11.4　外墙防水及保温、隔热构造

外墙面的防水在一般情况下有赖于控制结构的不均匀沉降以及在门窗缝等部位和面层部位构造做法的合理。因为控制和减少裂缝产生的机会就是减少了发生渗漏的可能性。由于外墙面积较大，对建筑物的热环境质量以及建筑节能的程度影响较大，而且从构成上看，墙体用料比较复杂，不像屋顶结构面板那样单纯。在外墙的有些部位，例如砌体墙的圈梁和构造柱，以及骨架体系建筑的骨架梁柱等处，因为所用材料的导热系数往往比砌体等材料的导热系数来得大，热量在此容易通过，形成了所谓的"热桥"，所以有可能还要对这些部位进行特殊的构造处理，使得外墙的整体热工性能被控制在合适的范围内。此外，外墙装修的视觉要求也比屋面高，但有些保温材料质地却比较软，对饰面层的添加不利。诸如此类问题的解决，是本节所要着重介绍的内容。再有，一些使用外墙挂板的建筑，墙板的板缝较多，是防水的重点所在，如图 11-54 所示。在本节中也将涉及这方面的问题。

图 11-54　外墙挂板的板缝较多，需防水处理

11.4.1　外墙保温及隔热构造

11.4.1.1　外墙保温构造

外墙上的保温材料放置的位置相对外墙墙体来说有内、中、外三种情况。

（1）外墙外保温

外墙外保温使用最为普遍，因为可以不占据室内的有效使用空间。但因为外墙的整个外表面除了门窗洞口外是连续的，不像内墙面那样可以被楼板隔开；同时外墙面又会直接受到阳光的照射和雨雪的侵袭，所以外保温构造在对抗变形因素的影响和防止材料脱落以及防火等安全方面的要求更高。

常用外墙外保温构造有以下几种：

① 保温浆料外粉刷。具体做法是先在外墙外表面做一道界面砂浆，然后涂抹胶粉聚苯颗粒保温浆料等保温砂浆，如图 11-55 所示。如果保温砂浆的厚度较大，应当在里面钉入镀锌钢丝网，以防止开裂（但满铺金属网时应有防雷措施）。保护层以及饰面层用聚合物砂浆加上耐碱玻纤布，最后用柔性耐水腻子嵌平，涂表面涂料。

在这些构造层次中，在聚合物砂浆中夹入玻纤网格布是为了防止外粉刷空鼓、开裂。需注意玻纤布应该做在聚合物砂浆的层间，而不应该先贴在基层上，其原理与应当将钢筋埋在混凝土中制成钢筋混凝土，而不是将钢筋附在混凝土表面是一样的。在门窗洞口等砂浆易开裂处保护层中的玻纤布应加铺一道，或者改用钉入法固

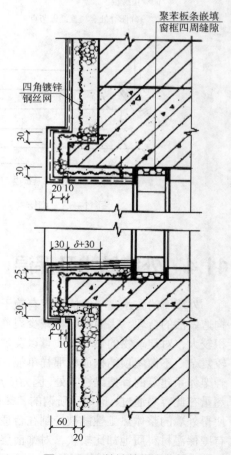

图 11-55　外墙外保温浆料

定的镀锌钢丝网来加强。另外，为了防止在保温砂浆外再粘贴面砖容易脱落伤人，这类保温外墙在底层以上一般宜做涂料饰面。

② 外贴保温板材。外贴保温板材的基本构造做法是：用黏结胶浆与辅助机械锚固方法一起固定保温板材，上面做用聚合物砂浆加上耐碱玻纤布的保护层，饰面用柔性耐水腻子嵌平，涂表面涂料，如图 11-56、图 11-57 所示。

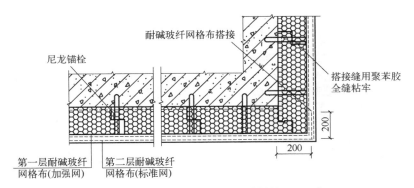

图 11-56　外墙外贴保温板材（单位：mm）

用作外贴的保温板材最好是属于自防水及阻燃型的，如阻燃型挤塑型聚苯板和聚氨酯外墙保温板等，可以减少做隔蒸汽层及防水层等的麻烦，又较安全。在黏结外墙保温板时，应用机械锚固件辅助连接，以防止脱落。一般固定挤塑型聚苯板时，每平方米需加钉 4 个钉；而发泡型聚苯板则需要加钉 1.5 个钉。此外，出于高层建筑进一步的防火方面的需要，在高层建筑 60m 以上高度的墙面上，窗口以上的一截保温应用矿棉板来做。

③ 在现场喷涂发泡聚氨酯保温材料。这种做法整体性较好。喷涂前一般需用 1:3 水泥砂浆找平、涂刷聚氨酯防潮底漆、插定厚度标杆后再喷涂至规定厚度，如图 11-58 所示。其表层涂聚氨酯界面砂浆，再用胶粉聚苯颗粒保温浆料找平，并用玻璃纤维布增强聚合物砂浆抹灰。

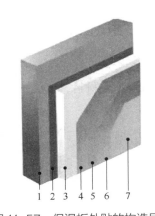

图 11-57　保温板外贴的构造层次
1—基层墙体；2—胶贴剂；3—聚苯板；
4—聚合物抗裂抹面胶；5—耐碱玻纤网格布；
6—聚合物抗裂抹面胶；7—涂料饰面

对于建筑外墙上的热桥部分，在做保温层时局部最好能够进行重点处理。如图 11-59 所示，可以将混合结构建筑物构造柱和圈梁的截面大小做到符合相关规范规定的最小尺寸，从而利用其与墙厚的差距，在中间填入聚苯保温板做重点保温处理。这样能较好地综合提高整个建筑外围护结构的热工性能。

(2) 外墙内保温构造

外墙内保温的优点是不影响外墙外饰面及防水等构造的做法，但需要占据较多的室内空间，减少了建筑物的使用面积，而且用在居住建筑上，会给用户的自主装修造成一定的麻烦。

做在外墙内侧的保温层，一般有以下两种构造方法：

① 硬质保温制品内贴。具体做法是在外墙内侧用黏结剂粘贴增强石膏聚苯复合保温板等硬质建筑保温制品，然后在其表面粉刷石膏，并在里面压入耐碱玻纤涂塑网格布（满铺），最后用腻子嵌平，做涂料，如图 11-60 所示。

图 11-58　现场喷涂发泡聚氨酯

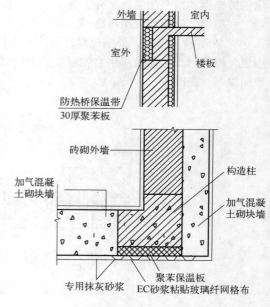

图 11-59　对圈梁部位热桥的特别处理

　　由于石膏的防水性能较差，因此在卫生间、厨房等较潮湿的房间内不宜使用增强聚苯石膏板。

　　② 保温层挂装。具体做法是先在外墙内侧固定衬有保温材料的保温龙骨，在龙骨的间隙中填入岩棉等保温材料，然后在龙骨表面安装纸面石膏板，如图 11-61 所示。

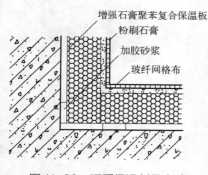

图 11-60　硬质保温制品内贴

图 11-61　外墙内侧保温层挂装实景

　　（3）外墙中保温构造

　　在按照不同的使用功能设置多道墙板或者做双层砌体墙的建筑物中，可以选择将外墙保温材料放置在这些墙板或砌体墙的夹层中，如图 11-62 所示；或者在夹层位置现场喷涂 20～30mm 的发泡聚氨酯，如图 11-58 所示。发泡聚氨酯表面不平整，很难再在其表面做粉刷，只适合再挂装饰墙板。但其不只保温效果好，而且能对连接件处的孔洞进行密封，具有整体防水的功能，只是材料目前较贵。再有一种方法是夹层中并不放入保温材料，只是封闭夹层空间形成静止的空气间层，并在里面设置具有较强反射功能的铝箔等，起到阻挡热量外流的作用。

(a) 某安装双层墙板的外墙骨架

(b) 带反射铝箔的半硬质岩棉板

(c) 安放岩棉保温板后的实景

(d) 金属外墙板安装后实景

图 11-62　双层墙板中设置保温层的实例

11.4.1.2　外墙隔热构造

外墙隔热最好也采用通风散热的方式。图 11-63 是利用墙面离缝干挂石材幕墙，形成通风间层来隔热的实例。该例中同时做了墙体外保温，使得建筑物适用于需要夏季隔热，冬季采暖地区的气候条件。

(a) 某建筑物外墙面离缝干挂石材幕墙

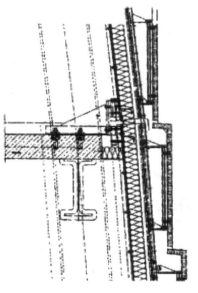
(b) 该建筑物外墙的局部纵剖面

图 11-63　外墙结合装修形成通风散热的实例

　　此外，如同上一段落所提到的在外墙夹层中设置具有较强反射功能的铝箔，能起到保温作用的做法一样，如果建筑外墙设有夹层，将夹层中铝箔的反射面朝向室外，就能够起到反射太阳热量的隔热效果。

11.4.2　外墙挂板板缝防水构造

　　外墙板之间的板缝又分为水平缝、垂直缝和十字缝。外墙板板缝的防水构造常常运用到本书在 8.4.1 节中所介绍过的空腔原理，如图 11-64 所示。另外，构造防水和材料防水结合使用的方法，也得到了具体的体现。例如水平缝可以一边采用高低企口的构造来挡水，一边在缝里填入柔性的堵水的材料，如图 11-64（b）、（c）所示。至于在十字缝节点中安放的铝质水舌（或者称作水簸箕），可以将漏入板缝中的雨水通过十字缝处的小孔排出去，体现了堵塞和疏导并举的思路，如图 11-64（d）所示。类似这样的板缝节点，经过长期的工程实践和改进，已经变得非常成熟。

　　一般情况下，外墙板的板缝宽不宜超过 20mm，配合内部的防水构造，板缝的外表面可以局部开口，也可以选择用金属或柔性材料盖缝，或者在嵌缝材料外面填水泥砂浆勾缝做保护层，如图 11-65 所示。用以勾缝的水泥砂浆的厚度不得小于 15mm，但其抗拉伸变形的效果不如用柔性材料盖缝来得好。

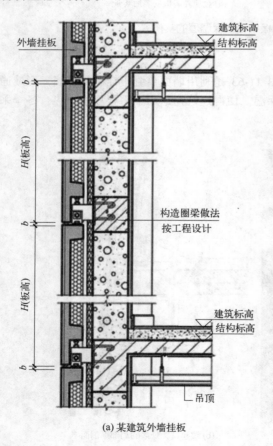

(a) 某建筑外墙挂板

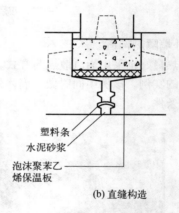

(b) 直缝构造

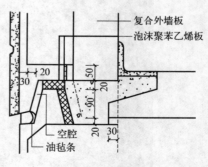

(c) 水平缝构造

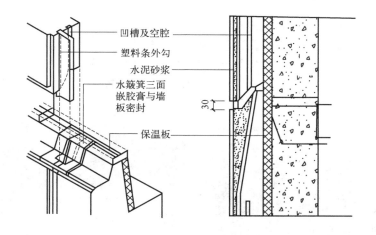

(d) 十字缝构造

图 11-64　典型钢筋混凝土外墙板板缝构造

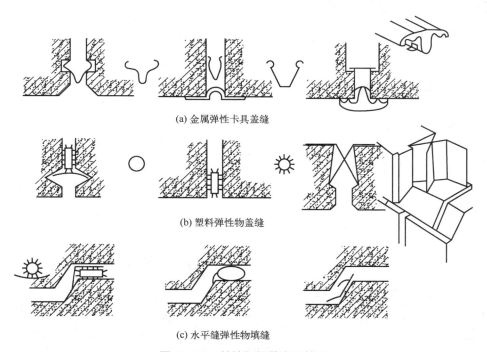

(a) 金属弹性卡具盖缝

(b) 塑料弹性物盖缝

(c) 水平缝弹性物填缝

图 11-65　外墙板板缝表面处理

11.5　建筑地下室防水

有关地下室的防水构造，从施工顺序讲，应该在基坑回填土之前完成，但是为了集中讨论防水原理，放在此处一并介绍。建筑物地下室的地坪与墙体为满足结构和防水的需要，一般都采用钢筋混凝土材料。虽然混凝土的防水性能良好，而且添加外加剂后密实性有进一步的提高，但如果地下室长期浸泡在地下水中，在压力的作用下，地下水容易通过地下室的底板和外壁向内渗透。受到地下水侵蚀的混凝土，其耐久性会受到影响。地下水对钢筋的侵蚀破坏也是一个不容忽视的问题。因此单靠防水混凝土来抵抗地下水的侵蚀其效果是有限的。

　　地下室的防水构造做法主要是采用防水材料来隔离地下水。按照建筑物的状况以及所选用防水材料的不同，可以分为卷材防水、砂浆防水和涂料防水等几种，如图 11-66 ~ 图 11-68 所示。另外，采用人工降排水的办法，使地下水位降低至地下室底板以下，变有压水为无压水，消除地下水对地下室的影响，也是非常有效的。

图 11-66　地下室卷材防水实例

图 11-67　地下室砂浆防水实例

11.5.1　地下室材料防水

11.5.1.1　地下室卷材防水

　　地下室卷材防水适用于受侵蚀性介质或受振动作用的地下工程。所用的卷材应为高聚物改性沥青防水卷材和合成高分子防水卷材，铺设在地下室混凝土结构主体的迎水面上。铺设位置是自底板垫层至墙体顶端的基面上，如图 11-69 所示，同时应在外围形成封闭的防水层。

图 11-68　地下室涂料防水实例

图 11-69　在地下室底板垫层上铺防水卷材

　　卷材铺贴前应在基层表面上涂刷基层处理剂，基层处理剂应与卷材及胶黏剂的材料相容，可采用喷涂或涂刷法施工，喷涂应均匀一致、不露底，待表面干燥后方可铺贴卷材。两幅卷材短边和长边的搭接宽度均不应小于 100mm。当采用多层卷材时，上下两层和相邻两幅卷材的接缝应错开 1/3 幅宽，且两层卷材不得相互垂直铺贴。在阴阳角处，卷材应做成圆弧，而且应当像在有女儿墙处的卷材防水屋面做法一样，加铺一道相同的卷材，宽度≥500mm，如图 11-70 和图 11-71 所示。

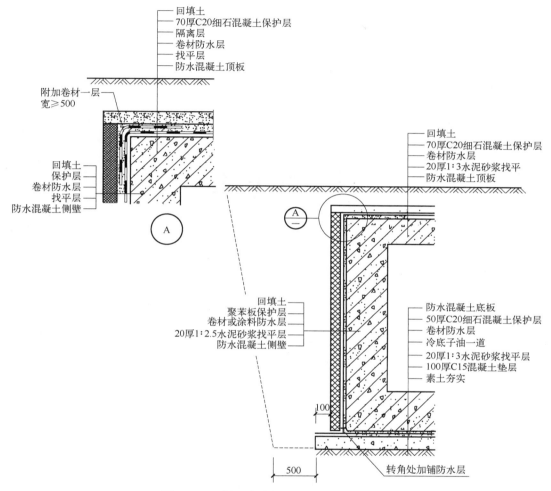

图 11-70　地下室卷材防水构造示意（一）

11.5.1.2　地下室砂浆防水

砂浆防水构造适用于混凝土或砌体结构的基层上，不适用于环境有侵蚀性、持续振动或温度高于 80℃的地下工程。所用砂浆应为水泥砂浆或高聚物水泥砂浆、掺外加剂或掺合料的防水砂浆，施工应采取多层抹压法。用作防水的砂浆可以做在结构主体的迎水面或者背水面。其中水泥砂浆的配比应在 1∶1.5～1∶2，单层厚度同普通粉刷。高聚物水泥砂浆单层厚度为 6～8mm；双层厚度为 10～12mm。掺外加剂或掺合料的防水砂浆防水层厚度为 18～20mm。

11.5.1.3　地下室涂料防水

涂料防水构造适用于受侵蚀性介质或受振动作用的地下工程主体迎水面或背水面的涂刷。

适宜做在主体结构迎水面上的是有机防水涂料，主要包括合成橡胶类、合成树脂类和橡胶沥青类，如氯丁橡胶防水涂料、SBS 改性沥青防水涂料，聚氨酯防水涂料等，如图 11-72 所示。

另有聚合物水泥涂料，是以高分子聚合物为主要基料，加入少量无机活性粉料（如水泥及石英砂等），具有比一般有机涂料干燥快、弹性模量低、体积收缩小、抗渗性好等优点，国外称之为弹性水泥防水涂料，近年来应用相当广泛，也适宜做在主体结构的迎水面。

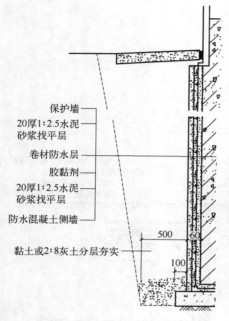

保护墙
20厚1:2.5水泥砂浆找平层
卷材防水层
胶黏剂
20厚1:2.5水泥砂浆找平层
防水混凝土侧墙
黏土或2:8灰土分层夯实
500
60
100

图 11-71　地下室卷材防水构造示意（二）

图 11-72　合成树脂防水涂料做在地下室迎水面

　　适宜做在主体结构的背水面的是无机防水涂料，主要包括聚合物改性水泥基防水涂料和水泥基渗透结晶型防水涂料等属于刚性的水泥防水涂料。

11.5.2　地下室人工降排水

图 11-73　地下盲沟用塑胶软管

　　人工降排水法可分为外排法和内排法两种。所谓外排法是采取在建筑物的四周设置永久性降排水设施，使高过地下室底板的地下水位在地下室周围回落至其底板标高之下，或者使平时水位虽在地下室底板之下，但在丰水期有可能上升的地下水水位难以达到地下室底板的标高，使得对地下室的有压水变为无压水，以减小其渗透的压力。通常的做法是在建筑物四周地下室地坪标高以下设盲沟，或者设置无砂混凝土管或各种塑胶渗水管，如图 11-73 所示，周围填充可以滤水的砾石及粗砂等材料。其中贴近天然土的是粒径较小的粗砂滤水层，可以使地下水通过，而不把细小的土颗粒带走；而靠近排水装置的是粒径较大的砾石渗水层，可以使较清的地下水透入渗水管中积聚后流入城市排水总管。当城市的排水管标高高于盲沟或渗水管时，则采用人工排水泵将积水排走，如图 11-74 所示。

　　内排水法是将有可能渗入地下室内的水，通过永久性自流排水系统，如集水沟，排至集水井再用水泵排除，其工作原理与种植屋面中在种植土以下做排水层的做法很相似，在构造上常将地下室地坪架空，留出隔水间层，或在地下室一个或若干个地面较低点设集水坑，并预留排水泵电源及排水管路，以保持室内墙面和地坪干燥。为了保险起见，有些重要的地下室，既做外部防水又设置内排水设施。

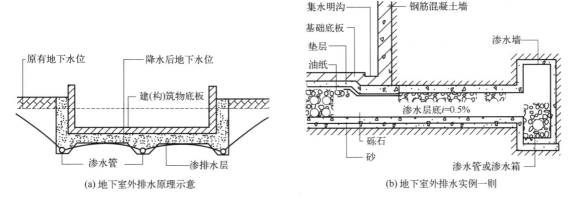

(a) 地下室外排水原理示意　　　　　　　　(b) 地下室外排水实例一则

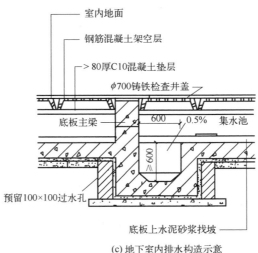

(c) 地下室内排水构造示意

图 11-74　地下室人工降排水构造示意

11.6　楼面防水

　　建筑物中有一些用水频繁的房间，其楼面也应做防水处理。楼板应尽量现浇，并设置地漏。楼板面层应设置一定的坡度（一般为 1% ~ 1.5%），坡向地漏的方向。为了防止用水房间万一积水外溢，其面标高应比相邻房间或走廊做低 20 ~ 30mm。

　　对于防水质量要求较高的地方，可在楼板基层与面层之间设防水层一道，防水材料可用防水卷材、防水砂浆或防水涂料。而且应将防水层沿房间四周墙边向上翻起 100 ~ 150mm，并在开门处铺出门外至少 250mm，如图 11-75 所示。

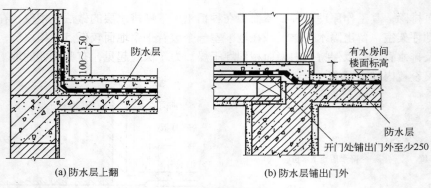

(a) 防水层上翻　　　　　(b) 防水层铺出门外

图 11-75　用水房间地面构造

 知识拓展　ETFE 材料的膜结构

　　"水立方"是当今世界上最大的膜结构工程，该膜结构采用 ETFE 材料。ETFE 材料具有良好的热学性能和透光性，不仅可以调节室内环境，而且还可以有效防止建筑结构受到环境的侵蚀。这种新型的材料为建筑设计提供了更多的可能性。

 课后习题

在线题库
参考答案

　　1. 刚性防水屋面为什么要设置分仓缝？通常在哪些部位设置？
　　2. 常用屋顶的隔热、降温措施有哪几种？
　　3. 在柔性防水屋面中，设置隔汽层的目的是什么？隔汽层常用的构造做法是什么？
　　4. 常用外墙外保温构造做法有哪几种？
　　5. 外墙内保温的优点是什么？常用构造做法有哪些？

第五部分
地下建筑

第 12 章
地下建筑构造

12.1　地下建筑概述

12.1.1　地下建筑结构的概念及其作用

地下建筑是修建在地层中的建筑物，它可以分为两大类：一类是修建在土层中的地下建筑结构；另一类是修建在岩层中的地下建筑结构。地下建筑通常包括在地下开挖的各种隧道与洞室。铁路、公路、矿山、水电、国防、市政等许多领域，都有大量的地下工程。随着科学技术和国民经济的发展，地下建筑将会有更为广泛的新用途，如地下储气库、地下储热库及地下核废料密闭储藏库等。

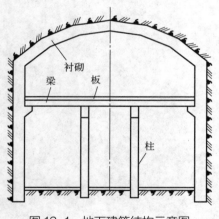

图 12-1　地下建筑结构示意图

地下建筑结构，即埋置于地层内部的结构。修建地下建筑物时，首先按照使用要求在地层中挖掘洞室，然后沿洞室周边修建永久性支护结构——衬砌。为了满足使用要求，在衬砌内部尚需浇筑或修建必要的梁、板、柱、墙体等内部结构。所以，地下建筑结构包括衬砌结构和内部结构两部分，如图 12-1 所示。衬砌结构主要是起承重和围护两方面的作用。承重，即承受岩土体压力、结构自重以及其他荷载的作用；围护，即防止岩土体风化、坍塌、防水、防潮等。

12.1.2　地下建筑结构的形式

地下建筑结构的形式主要由使用要求、受力条件和施工方法等因素确定。要注意，施工方法对地下结构的形式会起重要影响。

结构形式首先由受力条件来控制，即在一定条件下的围岩压力、水土压力和一定的爆炸与地震等动载下求出最合理和经济的结构形式。地下结构断面可以有如图 12-2 所示的几种形式：矩形隧道，适用于工业、民用、交通等建筑物围护结构，但直线构件不利于抗弯，故在荷载较小，即地质较好、跨度较小或埋深较浅时常被采用；圆形隧道，当受到均匀法向压力时，弯矩为零，可充分发挥混凝土结构的抗压强度，当地质条件较差时应优先采用；其余五种形式介于以上两者之间，需按具体荷载和尺寸决定，例如顶压较大时，则可用直墙拱形结构。

大跨度结构需用落地拱，底板常做成仰拱式。

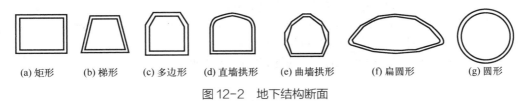

(a) 矩形　　(b) 梯形　　(c) 多边形　　(d) 直墙拱形　　(e) 曲墙拱形　　(f) 扁圆形　　(g) 圆形

图 12-2　地下结构断面

结构形式也受使用要求的制约，一个地下建筑物必须考虑使用需要。如人行通道，可做成单跨矩形或拱形结构；地铁车站或地下车库等应采用多跨结构，既减小内力，又利于使用；飞机库因中间部位不能设置柱，而常用大跨度落地拱；在工业车间中，矩形隧道断面形状接近使用限界，空间利用率高；当欲利用拱形空间放置通风管等管道时，亦可做成直墙拱形或圆形隧道。

施工方法是决定地下结构形式的重要因素之一，在使用要求和受力条件相同情况下，由于施工方法不同采取的结构形式也不同。

综合受力条件、使用要求、施工方法等因素，地下建筑结构形式根据地质情况的差异，可分土层和岩层内的两种形式。本书拟按土层和岩层分别介绍地下建筑结构形式。

12.1.2.1　土层地下建筑结构

（1）浅埋式结构：平面呈方形或长方形，当顶板做成平顶时，常用梁板式结构。浅埋地下道路通道常采用板式结构、梁板式结构、矩形结构、浅拱形结构、多边形结构。

（2）附建式结构：指房屋下面的地下室，一般有承重的外墙、内墙（地下室作为大厅用时则为内柱）和板式或梁板式顶底板结构。

（3）沉井（沉箱）结构：沉井施工时需要在沉井底部挖土，顶部出土，故施工时沉井为一开口的井筒结构，水平断面一般做成方形，也有圆形，可以单孔也可以多孔，下沉到位后再做底顶板。与沉井施工不同的是，沉箱内部为一封闭结构，充满气压（起控制地下水的作用），其出土有专用通道。

（4）地下连续墙结构：先建造两条连续墙，然后在中间挖土，修建底板、顶板和中间楼层。

（5）盾构结构：盾构推进时，以圆形最适宜，故常采用装配式圆形衬砌，也有做成方形、半圆形、椭圆形、双圆形、三圆形的。

（6）沉管结构：一般做成箱形结构，两端加以临时封墙，托运至预定水面处，沉放至设计位置。

（7）其他结构：除上述地下结构之外，还包括顶管结构和箱涵结构等。在城市管道埋深较大，交通干线附近和周围环境对位移、地下水有严格限制的地段常采用顶管结构，施工更为安全和经济。而在铁路和公路交叉口，为了不影响交通，需修建下立交地道，一般采用箱涵结构。对于大断面的浅埋通道，一般先采用管幕围护，再采用箱涵结构。

12.1.2.2　岩层地下建筑结构

岩层地下建筑结构形式主要包括直墙拱形、圆形、曲墙拱形等。此外，还有一些其他类型的结构，如喷锚结构、弯顶结构、复合结构等。最常用的是拱形结构，这是因为它具有以下优点：

① 地下结构的荷载比地面结构大，且主要承受竖向荷载。因此，拱形结构就受力性能而言比平顶结构好（例如在竖向荷载作用下弯矩小）。

② 拱形结构的内轮廓比较平滑，只要适当调整拱曲率，一般都能满足地下建筑的使用要求，并且建筑布置比圆形结构方便，净空浪费也比圆形结构少。

③ 拱主要是承压结构。因此，适用于采用抗拉性能较差，抗压性能较好的砖、石、混凝土等材料构筑。这些材料造价低，耐久性良好，易维护。

以下简单介绍常用的几种拱形结构、喷锚结构以及穹顶结构等。

（1）拱形结构

① 贴壁式拱形结构。贴壁式拱形结构是指衬砌结构与围岩之间的超挖部分应进行回填的衬砌结构，其包括拱形半衬砌结构、厚拱薄墙衬砌结构、直墙拱形衬砌结构及曲墙拱形衬砌结构。

a. 半衬砌结构。当岩层较坚硬，岩石整体性好而节理又不发育，围岩稳定或基本稳定，通常采用半衬砌结构，即只做拱圈，不做边墙。

b. 厚拱薄墙衬砌结构。厚拱薄墙衬砌结构的构造形式是它的拱脚较厚，边墙较薄。这样，可将拱圈所受的力通过拱脚大部分传给围岩，充分利用了围岩的强度，使边墙受力大为减少，从而减少了边墙的厚度。

c. 直墙拱形衬砌结构。贴壁式直墙拱形衬砌结构由拱圈、竖直边墙和底板组成，衬砌结构与围岩的超挖部分都进行密实回填。一般适用于洞室口部或有水平压力的岩层中，在稳定性较差的岩层中亦可采用。

d. 曲墙拱形衬砌结构。当遇到较大的竖向压力和水平压力时，可采用曲墙拱形衬砌。若洞室底部为较软弱岩层，有涌水现象，或遇到膨胀性岩层时，则应采用有底板或带仰拱的曲墙拱形衬砌。

② 离壁式拱形衬砌结构。离壁式拱形衬砌结构是指与岩壁相离，其间空隙不做回填，仅拱脚处扩大延伸与岩壁顶紧的衬砌结构。离壁式衬砌结构防水、排水和防潮效果均较好，一般用于防潮要求较高的各类贮库，稳定的或基本稳定的围岩均可采用离壁式衬砌结构。

（2）喷锚结构

在地下建筑中，可采用喷混凝土、钢筋网喷混凝土、锚杆喷混凝土或锚杆钢筋网喷混凝土加固围岩。这些加固形式统称为喷锚支护。喷锚支护可以作临时支护，也可作为永久衬砌。目前，在公路、铁路、矿山、市政、水电、国防各建筑领域中已被广泛采用。

（3）穹顶结构

穹顶结构是一种圆形空间薄壁结构。它可以做成顶、墙整体连接的整体式结构；也可以做成顶、墙互不联系的分离式结构。穹顶结构受力性能较好，但施工比较复杂，一般用于地下油罐、地下停车场等。它较适用于无水平压力或侧壁围岩稳定的岩层。

① 连拱衬砌结构。连拱衬砌结构主要适用于洞口地形狭窄，或对两洞间距有特殊要求的中短隧道，按中墙结构形式不同可分为整体式中墙和复合式中墙两种形式。

② 复合衬砌结构。复合衬砌结构通常由初期支护和二次支护组成，为满足防水要求须在初期支护和二次支护间增设防水层。一般认为复合衬砌结构围岩具有自支承能力，支护的作用首先是加固和稳定围岩，使围岩的自支承能力可充分发挥，因此允许围岩发生一定的变形并由此减薄支护结构的厚度。

12.2　浅埋式结构

埋设在土层中的建筑物，按其埋置深浅划分可分为深埋式结构和浅埋式结构两大类。本节内容讲述浅埋式结构。

所谓浅埋式结构，是指覆盖土层较薄，不满足压力拱成拱条件，即 $H_土 <$ （2～2.5）h_1（$H_土$ 为覆土厚度，h_1 为压力拱高），或软土地层中覆盖层厚度小于结构尺寸的地下结构。决定采用深埋式结构还是浅埋式结构的因素包括：建筑物的使用要求、环境条件、地质条件、防护等级以及施工能力等。

一般浅埋式建筑工程，常采用明挖法施工，比较经济；但在地面环境条件要求苛刻的地段，也可采用管幕法、箱涵顶进法等暗挖法施工。

浅埋式结构的形式很多，大体可归纳为以下三种：直墙拱形结构、矩形闭合框架结构和梁板式结构，或者是上述形式的组合。

12.2.1　直墙拱形结构

浅埋式直墙拱形结构在小型地下通道以及早期的人防工程中比较普遍，一般多用在跨度 1.5～4m 的结构中。墙体部分通常用砖或块石砌筑，拱体部分视其跨度大小，可以采用砖砌拱、预制钢筋混凝土拱或现浇钢筋混凝土拱。前两种多用于跨度较小的人防工程的通道部分，后一种则在跨度较大的工程中采用。从结构受力分析看，拱形结构主要承受轴向压力，其中弯矩和剪力都较小。

所以，一些砖、石和混凝土等抗压性能良好，而抗拉性能又较差的材料在拱形结构中得以充分发挥其特性。

拱顶部分按照其断面形状又可分为：半圆拱、割圆拱、抛物线拱等多种形式。

12.2.2　矩形闭合框架结构

随着地下结构跨度、复杂性的增加，以及对结构整体性、防水方面的要求越来越高，混凝土矩形闭合框架结构在地下建筑中的应用变得更为广泛。特别是车行立交地道、地铁通道、车站等最为适用。浅埋式矩形闭合框架结构具有空间利用率高，挖掘断面经济，且易于施工的优点。

矩形闭合框架结构的顶、底板为水平构件，承受的弯矩较拱形结构大，故一般做成钢筋混凝土结构。

在地铁工程中，根据使用要求及荷载和跨度的大小，矩形闭合框架可以是单跨的、双跨的或是多跨的；有时在车站部分还需做成多层多跨的形式。

（1）单跨矩形闭合框架结构

当跨度较小时（一般小于 6m），可采用单跨矩形闭合框架结构，如图 12-3 所示。地铁车站或大型人防工程的出入口通道多采用此结构形式。

（2）双跨和多跨的矩形闭合框架结构

当结构的跨度较大或由于使用和工艺的要求，结构可设计成双跨的或多跨的。图 12-4 即为双孔（跨）矩形闭合框架结构。为了改善通风条件和节约材料，中间隔墙还可开设孔洞，如图 12-5 所示。这样，不但可以改善通风，节约材料，而且也使结构轻巧、美观。

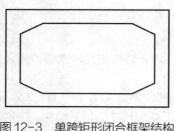

图 12-3   单跨矩形闭合框架结构

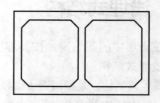

图 12-4   双孔（跨）矩形闭合框架结构

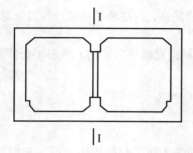

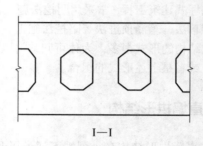

图 12-5   双孔（跨）开孔矩形闭合框架结构

中间隔墙还可以用梁、柱代替。事实上，当隔墙上的孔洞开设较大时，隔墙的作用即变成梁、柱的传力体系。

（3）多层多跨的矩形闭合框架结构

有些地下厂房（例如地下热电站）由于工艺要求必须做成多层多跨的结构。

地铁车站部分，为了达到换乘的目的，局部也做成双层多跨的结构，如图 12-6 所示。

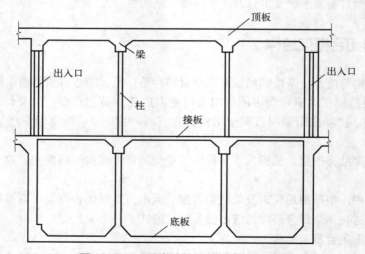

图 12-6   双层多跨的矩形闭合框架结构

12.2.3   梁板式结构

浅埋地下工程中，梁板式结构的应用也很普遍，例如：地下医院、教室、指挥所等。这种工程在地下水位较低的地区或要求防护等级较低的工程中，顶、底板做成现浇钢筋混凝土梁板式结构，而围墙和隔墙则为砖墙；在地下水位较高或防护等级要求较高的工程中，一般除内部隔墙外，均做成箱形闭合框架钢筋混凝土结构。

12.3　沉井与沉箱结构

12.3.1　概述

不同断面形状（如圆形、矩形、多边形等）的井筒或箱体，按边排土边下沉的方式使其沉入地下，即沉井或沉箱。沉井也称为开口沉箱，沉箱也称为闭口沉箱。由于闭口沉箱下沉施工时采用压气排水的施工方法，故通常称其为压气沉箱。沉井（沉箱）施工法是深基础施工中采用的主要施工方法之一，它与基坑放坡施工相比，具有占地面积小、挖土量少，对邻近建筑物影响比较小等优点。因此，在工程用地与环境条件受到限制或埋深较大的地下构筑物工程中被广泛应用。在市政工程中，沉井（沉箱）常用于桥梁墩台基础、取水构筑物、排水泵站、大型排水窨井、盾构或顶管的工作井等工程。

在密集的建筑群中施工时，为确保邻近地下管线和建筑物的安全，近年来在沉井（沉箱）施工中创造了"钻吸"和"中心岛式"等施工工艺，这些施工新工艺可使地表仅产生微小的沉降和地层位移。由于沉井（沉箱）施工技术的不断发展和日臻完善，只要施工措施选择恰当，沉井（沉箱）施工法几乎可适用于任何环境和地质条件。沉井（沉箱）施工方法以它的施工简单、造价低廉、质量可靠、适用性强等优势，正日益广泛地应用在市政工程等领域的建设施工中。

沉井（沉箱）结构通常具有以下几个特点：

① 躯体结构刚性大，断面大，承载力高，抗渗能力强，耐久性能好，内部空间可有效利用；

② 施工场地占地面积较小，可靠性良好；

③ 适用土质范围广，淤泥土、砂土、黏土、砂砾等土层均可施工；

④ 施工深度大；

⑤ 施工时周围土体变形较小，因此对邻近建筑（构筑）物的影响小，适合近接施工，尤其是压气沉箱工法对周围地层沉降造成的影响极小，目前在日本已有离开箱体边缘 30cm 以外的地层无沉降的压气沉箱施工实例；

⑥ 具有良好的抗震性能。

由于沉井（沉箱）具有以上的特点，因此它们在大型地下构筑物和深基础方面有着极为广泛的应用。例如，在大型地下构筑物应用方面，有作为永久性地下构筑物使用的地下储油罐、地下气罐、地下泵房、地下沉淀池、地下水池、地下防空洞、地下车库、地下变电站、地下料坑等多种地下设施；作为永久性工作井使用的隧道通风井、排水井、地下铁道施工盾构设备的接收井、采矿用竖井以及在盾构隧道施工中作为临时性的工作井（为盾构机械的搬入、组装、进发、到达、解体，管片及其他材料的运入，泥水处理设备的设置，挖掘土砂及其他废料的运出等作业提供场地）。在深基础的应用方面，有高层和超高层建筑物基础、各种桥梁基础、城市高架路基础、轻轨线路基础、水闸基础、港口基础、护堤基础、冶金高炉基础以及各种重型设备基础等。

12.3.2　沉井结构

　　沉井通常为一个上无盖下无底的井筒状结构物，常用钢筋混凝土制成。施工时先在建筑场地整平地面，制作第一节沉井，接着在井壁的围护下，从井底挖土，随着土体的不断挖深，沉井因自重作用克服井壁土的摩阻力而逐渐下沉，当第一节井筒露出地面不多时停止开挖下沉，接高井筒，待井筒达到规定强度后再挖土下沉，这样交替操作一直下沉到设计标高，然后封底，浇筑钢筋混凝土底、顶板等，做成地下建筑物，如图12-7所示。这种利用结构自重作用而下沉入土的井筒状结构物就称"沉井"。因此，所谓沉井，实质上就是将一个在地面筑成的"半成品"沉入土中，然后在地下完成整个结构物的施工。它与基坑法修筑地下建筑结构的区别就是，沉井在施工过程中，井壁成了阻挡水土压力，防止土体坍塌的围护结构，从而省去大量的基坑围护结构设施和支撑工作，减少了土方开挖量。

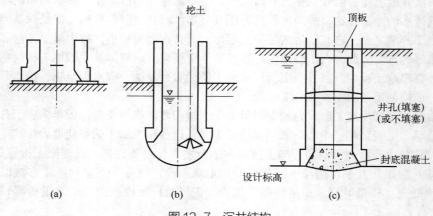

图12-7　沉井结构

　　沉井一般多沉到较坚实的土层上，以充分利用深层土的承载能力并防止运营期间出现较大沉降值。沉井常用作桥梁墩台、重型厂房和各种工业构筑物的深基础。作为深基础时，井孔内可用混凝土或砂砾石填实以增加压重。

　　虽然，随着地下连续墙结构的兴起，许多地下工程可用地下连续墙施工。但是沉井结构的单体造价较低，主体的混凝土都在地面上浇筑，质量较易保证，不存在接头的强度和漏水问题，可采用横向主筋构成较经济的结构体系。因此，在一定的场合下，沉井仍是一种合理的地下结构。

12.3.3　沉井的类型

　　沉井按其构造形式可分为连续沉井（多用于隧道工程井）和单独沉井（多用于工业、民防地下建筑）；按平面形状可分为圆形沉井、矩形沉井、方形沉井或多边形沉井等。

　　在松软的土层中浅埋地下铁道或水底隧道的岸边段，除可用基坑明挖法（大开挖）、地下连续墙施工外，亦可采用连续沉井施工。

　　如图12-8所示为某水底隧道所用的连续沉井中的一节，长25~35m。在两个沉井之间采用有橡胶止水带的柔性接头。沉井长度主要根据各段沉井的不均匀沉降、变温影响和混凝土收缩应力等因素加以确定。

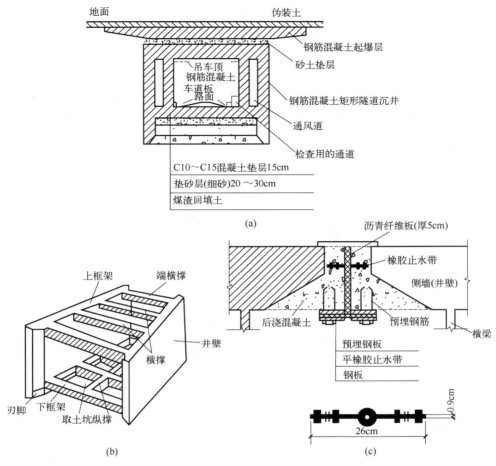

图 12-8　连续沉井

　　沉井横断面的宽度应由隧道的几何设计来确定，一般应能容纳所需车道、风道、走道等。在曲线段中还应按车速和曲率半径等考虑适当加宽。

　　沉井高度主要由车道的净空要求确定。同时还要考虑路面铺装、车道板、吊顶结构以及相邻沉井间沉降差等所需高度。

　　为保证沉井施工阶段结构刚度，在沉井顶部和底部均设置横向支撑数道，与井壁部分构成刚劲的上、下框架。井宽较大时，下框架中尚可加设纵向支撑一道，与横支撑（梁）组成井字梁式的下框架。此下框架区隔形成了彼此分开的取土井，其尺寸应保证便于抓斗挖土。上下端横撑还可起支承临时钢封门的作用。钢封门能够避免沉井下沉时，纵向两端的土体挤入井内。下沉完毕后，钢封门即可拆除。沉井下沉到设计标高后，就可封底，并浇筑底板、内隔墙和顶板。顶板上方可设置钢筋混凝土起爆层。

12.3.4　沉箱结构

　　本节所介绍的沉箱结构就是指压气沉箱结构。众所周知，将杯状容器杯口向下压入水中，随着容器的下沉，容器内的空气受到压缩，下沉深度越大，容器内的气压越高。如图 12-9 所示，将杯口向下的茶杯竖直压入水中，茶杯内的空气受到压缩，体积缩小，为了防止水进入茶杯内，可以从茶杯顶部充入适当的压缩空气，压气沉箱工法就是利用了这个简单的原理。也就是说，在沉箱底部设置一个高气密性的钢筋混凝土结构工作室，并向工作室内充入压缩空气，防止水的进入，这样，作业人员可以和在地上一样的无水的环境下进行挖土排土。形象地说，茶杯的中空部分相当于压气沉箱工作室，茶杯的杯口相当于压气沉箱刃脚。当压气沉箱刃脚下沉到地下水位以下时，周围的地下水就会涌入压气沉箱工作室，为了防止地下水的涌入，需通过气压自动调节装置向工作室内注入压缩空气，保证刃脚最下端处的压缩空气压力和地下水压力相等。与刃脚最下端处的地下水压力相等的气压称为理论气压，与之相对应工作室内的实际气压称为工作气压，在工作室内原则上应当保持工作气压恒等于理论气压。

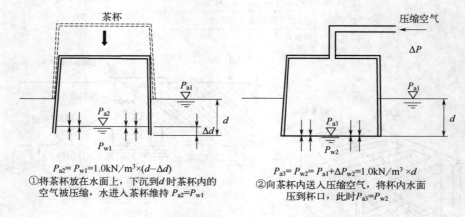

$P_{a2}= P_{w1}=1.0\text{kN/m}^3\times(d-\Delta d)$
①将茶杯放在水面上，下沉到 d 时茶杯内的空气被压缩，水进入茶杯维持 $P_{a2}=P_{w1}$

$P_{a3}= P_{w2}= P_{a1}+\Delta P_{w2}=1.0\text{kN/m}^3\times d$
②向茶杯内送入压缩空气，将杯内水面压到杯口，此时 $P_{a3}=P_{w2}$

图 12-9　压气沉箱工作原理

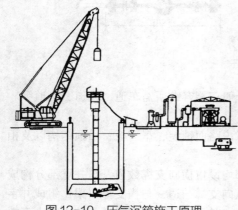

图 12-10　压气沉箱施工原理

如图 12-10 所示，压气沉箱工施工方法是在沉箱结构的最下部设置一个高刚度、高强度的气密性工作室。为了防止地下水渗入工作室，保证施工能够在无水环境下进行，通过气压自动调节装置向工作室内注入压缩空气，保持刃脚处工作室气压与地下水压相平衡。工作人员可以在无水环境的工作室内挖土排土，破坏力的平衡促使沉箱下沉。按照施工计划，重复地上或施工栈台上箱体分段浇筑、工作室内挖排土、箱体在自身重量及上部附加荷载等作用下下沉。下沉到指定深度后，进行持力层载荷试验，最后在沉箱结构底部的工作室内填筑混凝土构成底板。压气沉箱结构主要采用圆形、长方形等截面形式。

12.4　地下连续墙结构

12.4.1　地下连续墙的施工方法

地下连续墙的施工方法：在地面上用一种特殊的挖槽设备，沿着深开挖工程的周边（例如地下结构的边墙），依靠稳定液（又称泥浆）的支护，开挖一定槽段长度的沟槽；再将钢筋笼放入沟槽内；采用导管在充满稳定液的沟槽中用混凝土液进行置换。相互邻接的槽段，由特别接头（施工接头）进行连接。连续施工成为长的地下墙，施工程序如图 12-11 所示。

　　这个方法的特征是沟槽内始终充满着特殊液体作为沟槽的支护。这个液体最初使用的是膨润土和水的混合物（该液体名称很多，如触变泥浆、泥浆、稳定液、安定液等）。最近为了增加稳定液的机能和防止其机能的降低，不仅使用膨润土，而且还投入一些添加物组成混合液，这种混合液仍简称稳定液或泥浆。用这种在稳定液中建筑成的地下墙是能达到钢筋混凝土构件所需要强度的。

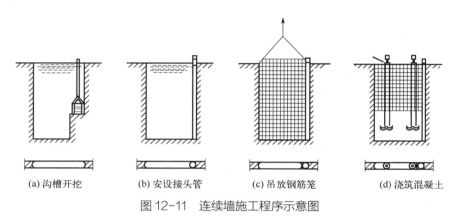

|(a) 沟槽开挖|(b) 安设接头管|(c) 吊放钢筋笼|(d) 浇筑混凝土|

图 12-11　连续墙施工程序示意图

12.4.2　地下连续墙的特点及适用场合

　　（1）地下连续墙优点

地下连续墙技术之所以能得到广泛的应用与发展，是因为它具有如下的优点：

　　① 可减少工程施工时对环境的影响，施工时振动少，噪声低；能够紧邻相近的建筑及地下管线施工，较易控制沉降及变形；

　　② 地下连续墙的墙体刚度大、整体性好，因而结构和地基变形都较小，既可用于超深围护结构，也可用于主体结构；

　　③ 地下连续墙为整体连续结构，现浇墙壁厚度一般不少于 60cm，钢筋保护层又较大，故耐久性好，抗渗性能亦较好；

　　④ 可实行逆作法施工，有利于施工安全，并加快施工进度，降低造价；

　　⑤ 适用于多种地质情况。

　　（2）地下连续墙缺点

正如以往任何一种施工技术或结构形式一样，地下连续墙尽管有上述明显的优点，但也有它自身的缺点和尚待完善的方面。归纳起来有以下几方面：

　　① 弃土及废泥浆的处理问题。除增加工程费用外，如处理不当，还会造成新的环境污染。

　　② 地质条件和施工的适应性问题。从理论上讲，地下连续墙可适用于各种地层，但最适应的还是软塑、可塑的黏性土层。当地层条件复杂时，还会增加施工难度，影响工程造价。

　　③ 槽壁坍塌问题。引起槽壁坍塌的原因，可能是地下水位急剧上升，护壁泥浆液面急剧下降；有软弱疏松或砂性夹层；泥浆的性质不当或者已经变质，此外还有施工管理等方面的因素。槽壁坍塌轻则引起墙体混凝土超方、结构尺寸超出允许的界限，重则引起相邻地面沉降、坍塌，

第12章

危害邻近建筑和地下管线的安全。这是一个必须重视的问题。

④ 现浇地下连续墙的墙面通常较粗糙，如果对墙面要求较高，虽可使用喷浆或喷砂等方法进行表面处理或另作衬壁来改善，但也增加工作量。

⑤ 地下连续墙如单纯用作施工期间的临时挡土结构，不如采用钢板桩等可拔出重复使用的围护结构来得经济。因此连续墙结构一般兼作主体结构。

(3) 地下连续墙适用条件

地下连续墙是一种比钻孔灌注桩和深层搅拌桩造价昂贵的结构形式，选用该结构时，必须经过技术经济比较，确认为经济合理、因地制宜时，才可采用。一般说来其在基坑工程中的适用条件归纳起来，有以下几点：

① 基坑深度大于 10m，地基为软土地基或砂土地基；

② 在密集的建筑群中施工的基坑，对周围地面沉降、建筑物的沉降要求需严格限制时；

③ 围护结构与主体结构相结合，用作主体结构的一部分，且对抗渗有较严格要求时；

④ 采用逆作法施工，内衬与护壁形成复合结构的工程。

12.5 盾构法隧道结构

12.5.1 衬砌形式与选型

盾构法隧道的衬砌结构在施工阶段作为隧道施工的支护结构，用于保护开挖面，防止土体变形、坍塌及泥水渗入，承受盾构推进时千斤顶压力及其他施工荷载；在隧道竣工后作为永久性支撑结构，防止泥水渗入，同时承担衬砌周围的水土压力以及使用阶段和某些特殊需要的荷载，满足结构预期的使用要求。因而，必须依据隧道的使用目的、围岩条件以及施工方法，合理选择衬砌的强度、结构、形式和种类等。根据这些条件，盾构隧道横断面一般有圆形、矩形、半圆形、马蹄形等多种形式，衬砌最常用的横断面形式为圆形与矩形。在饱和含水软土地层中修建地下隧道，由于顶压和侧压较为接近，较有利的结构形式是圆形结构。目前在地下隧道施工中盾构法应用得十分普遍，装配式圆形衬砌结构在一些城市的地下铁道、市政管道等方面的应用也较为广泛和普遍。

12.5.2 衬砌的分类和比较

(1) 钢筋混凝土管片

① 箱形管片一般用于直径较大的隧道。单块管片重量较轻，管片本身强度不如平板形管片，在千斤顶压力作用下易开裂，见图 12-12。

② 平板形管片用于直径较小的隧道，单块管片重量较重，对盾构千斤顶压力具有较大的抵抗能力，正常运营时对隧道通风阻力较小，见图 12-13。

(2) 铸铁管片

国外在饱和含水不稳定地层中修建隧道时较多采用铸铁管片，最初采用的铸铁材料全为灰口铸铁，第二次世界大战后逐步改用球墨铸铁，其延性和强度接近于钢材，因此管片较轻，耐蚀性好，机械加工后管片精度高，能有效地防渗抗漏。缺点是金属消耗量大，机械加工量也大，价格昂贵。近十几年来已逐步由钢筋混凝土管片所取代。由于铸铁管片具有脆性破坏的特性，不宜用作承受冲击荷载的隧道衬砌结构，见图 12-14。

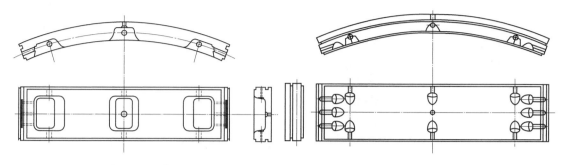

图 12-12 箱形管片（钢筋混凝土）　　　　图 12-13 平板形管片（钢筋混凝土）

（3）钢管片

优点是重量轻，强度高。缺点是刚度小，耐锈蚀性差，需进行机械加工以满足防水要求，成本昂贵，金属消耗量大。国外在使用钢管片的同时，会在其内浇筑混凝土或钢筋混凝土内衬。

（4）复合管片

外壳采用钢板制成，在钢壳内浇筑钢筋混凝土，组成复合结构，这样其重量比钢筋混凝土管片轻，刚度比钢管片大，金属消耗量比钢管片小，缺点是钢板耐蚀性差，加工复杂冗繁。

（5）预应力管片和钢纤维管片

我国主要在水工隧洞混凝土衬砌结构中采用预应力技术。目前我国采用环锚预应力结构

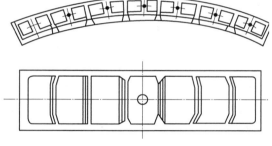

图 12-14 铸铁管片

作为水工隧洞混凝土衬砌的大型工程不多，较为重要的是清江隔河岩水电站的 4 条引水隧道和广西天生桥水电站的引水隧洞，第三个就是小浪底工程的 3 条排沙洞。目前，预应力管片在地下铁路、公路隧道等开始应用，具有较好的应用前景。

钢纤维混凝土（Steel Fiber Reinforced Concrete，SFRC），具有优良的物理、力学性能，与普通混凝土相比，其抗拉、抗弯强度及耐磨、耐冲击、耐腐蚀、耐疲劳性、韧性和抗爆等性能得到了提高。SFRC 的独特性能使得其可以较好地弥补前述钢筋混凝土管片的缺点。由于 SFRC 的纤维有效地改善了结构内部受力，使管片损坏率明显下降，因此使用 SFRC 的构件具有优异的抗裂性；此外，采用 SFRC 对老隧道进行修补、加固，或用于复合衬砌内衬，都具有显而易见的优越性。

12.5.3　隧道防水及其综合处理

在饱和含水软土地层中采用装配式钢筋混凝土管片作为隧道衬砌，除应满足结构强度和刚度的要求外，另一重要的技术课题是如何解决隧道漏水问题，以获得一个干燥的使用环境。例如在地下铁道的区间隧道内，潮湿的工作环境会使衬砌（特别是一些金属附件）和设备加速锈蚀；隧道内的湿度增加，会使人感到不舒适。再如，在盾构施工期间，如果不及时对流入隧道

的泥、水进行堵塞和处理，会引起较严重的隧道不均匀纵向沉陷和横向变形，导致工程事故的发生。

要比较完美地解决隧道漏水的问题，必须从管片生产工艺、衬砌结构设计、接缝防水材料等几个方面进行综合处理，其中尤以接缝防水材料的选择为突出的技术关键。

(1) 衬砌的抗渗

衬砌埋设在含水地层内，承受着一定的静水压力，衬砌在这种静水压力的作用下必须具有相当的抗渗能力，衬砌本身的抗渗能力在下列几个方面得到满足后才能具有相应的保证：

① 合理提出衬砌本身的抗渗指标。

② 合适的配合比，严格控制水灰比，一般不大于 0.4，另加塑化剂以增强混凝土的和易性，配制的混凝土需通过抗渗实验。

③ 衬砌构件的最小混凝土厚度和钢筋保护层。

④ 管片生产工艺：振捣方式和养护条件的选择。

⑤ 严格的产品质量检验制度。

⑥ 减少管片在堆放、运输和拼装过程中的损坏率。

(2) 管片制作精度

国内外隧道施工实践表明，管片制作精度对于隧道防水效果具有很大的影响。钢筋混凝土管片在含水地层中的应用和发展往往受到限制，其主要原因就在于管片制作精度不够而引起隧道漏水。制作精度较差的管片，再加上拼装误差的累积，往往导致衬砌装缝不密贴，出现较大的初始裂隙，当管片防水密封垫的弹性变形量不能适应这一初始裂隙时就出现了漏水现象。另外，管片制作精度不够，在盾构推进过程中，管片被顶碎、开裂，同样造成了漏水现象。初始缝隙越大，则对防水密封垫的要求越高，也就越难满足防水要求。从已有的试验资料来看，以合成橡胶（氯丁橡胶或丁苯橡胶）为基材的齿槽形管片定型密封垫防水效果较好。在静水压作用下，其容许弹性变形量为 2～3mm，不致漏水，并从密封垫的构造上，周密地解决了管片角部的水密问题。要能生产出高精度的钢筋混凝土管片，就必须要有一个高精度的钢模。这种钢模必须采用机械加工，并具有足够的刚度（特别是要确保两侧模的刚度），管片与钢模的重量比为 1:2。钢模的使用必须有一个严格的操作制度。采用这种高精度的钢模时最初生产的管片较易保证精度，而在使用一定时期之后，钢模就会产生翘曲、变形、松脱等现象，必须随时注意精度的检验，对钢模做相应的维修和保养。

(3) 接缝防水的基本技术要求

① 保持永久的弹性状态和具有足够的承压能力，使之适应因隧道长期处于"蠕动"状态而产生的接缝张开和错动。

② 具有令人满意的弹性性能和工作效能。

③ 与混凝土构件具有一定的黏结力。

④ 能适应地下水的侵蚀。

环、纵缝上的防水密封垫除了要满足上述的基本要求外，还得按各自所承担的工作效能提出不一样的要求。环缝密封垫需要有足够的承压能力和弹性复原力，能承受均布盾构千斤顶压力，防止管片顶碎，并在千斤顶压力往复作用下，仍能保持良好的弹性变形性能。纵缝密封垫需要对管片的纵缝初始缝隙进行填平补齐，并对局部的集中应力具有一定的缓冲和抑制作用，对承压能力的要求相对环缝密封垫较低。

管片接缝防水除了设置防水密封垫外，根据已有的施工实践资料来看，较可靠的是在环、纵缝沿隧道内侧设置嵌缝槽，在槽内填嵌密封防水材料，要求嵌缝防水材料在衬砌外壁的静水压作用下，能适应隧道接缝变形达到防水的要求。嵌缝材料最好在隧道变形已趋于稳定的情况下进行施工。一般情况下，正在施工的隧道内，盾构千斤顶压力影响不到的区段，即可进行嵌缝作业。

　　（4）二次衬砌

　　在目前隧道接缝防水尚未能完全满足要求的情况下，地铁区间隧道内较多采用双层衬砌：在外层装配式衬砌已趋稳定的情况下，进行二次内衬浇捣。在内衬混凝土浇筑前应对隧道内侧的渗漏点进行修补堵漏，污泥以高压水冲浇、清理。内衬混凝土层的厚度根据防水和内衬混凝土施工的需要，至少不得小于 150mm，也有厚达 300mm 的。内层衬砌的做法不一，有在外层衬砌结构内直接浇捣两次内衬混凝土的，也有在外层衬砌的内侧面先喷筑 20mm 厚的找平层，再铺设油毡或合成橡胶类的防水层，在防水层上浇筑内衬混凝土层的。

　　内衬混凝土的施工一般都采用混凝土泵再加钢模台车配合分段进行，每段大致为 8～10m 左右。内衬混凝土每 24h 进行一个施工循环。但这种内衬施工方法往往使隧道顶拱部分混凝土质量不易得到保证，尚需预留压浆孔进行压注填实。一般城市地下铁道的区间隧道大都采用这种方法。除了上述方法外，也有用喷射混凝土进行二次衬砌的施工。

12.6　人防工程防护构造

　　人防工程面临的主要威胁有常规武器、核武器、生化武器以及其他偶然冲击爆炸作用等。针对以上威胁，人防工程一般分为口部和主体两大部分来进行防护，口部包括出入口和通风口，是抵御各种威胁的第一道防护，必须满足相关的战术技术的要求。主体是人员主要的使用空间，有的人防工程不考虑常规武器直接命中，且结构不具备抗炸弹直接命中的能力。此类人防工程（主要指掘开式）主要通过用设置各种单元来抗击常规武器打击，以提高工程抗破坏能力和掩蔽人员、物资的安全。主体构造相对简单，本章不予以详细介绍。本节主要以口部为例，对人防工程防护构造进行初步介绍。

12.6.1　出入口类型

　　明挖人防工程主要出入口口部形式有四种，即穿廊式、直通式、竖井式和单向式，如图 12-15 所示。

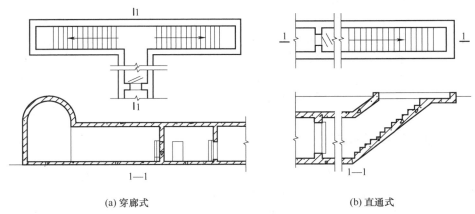

(a) 穿廊式　　　　　　　　　　　　　(b) 直通式

图 12-15

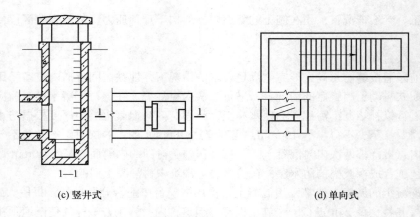

(c) 竖井式　　　　　　　　　　　　(d) 单向式

图 12-15　明挖人防工程口部形式

(1) 穿廊式口部类型

穿廊式口部除能够有效消减冲击波外还能够有效保护口部免遭炮弹、航空弹的破坏，不宜被堵塞，对防早期核辐射、防热辐射均有利。穿廊部分混凝土的受力情况根据不同等级的战技要求进行结构计算确定。

(2) 直通式口部类型

防护密闭门外的通道在水平方向上无转折的称为直通式出入口。直通式出入口形式简单，出入方便，造价较低，但对防炸弹射入和防早期核辐射及防热辐射不利，特别是遭袭击后，大量的抛掷物可能会从地面进入通道内，并直接堆积在防护密闭门外，从而影响防护密闭门的开启。

(3) 单向式口部类型

单向式（亦称拐弯式）出入口结构形式简单，人员出入较方便，同时可以避免直通式出入口的诸多缺点，但大型设备进出不便，其造价也略高于直通式。人防工程经常采用此种出入口形式。

(4) 竖井式口部类型

小型竖井式出入口主要是指结合通风竖井设置的应急出入口。竖井式出入口占地面积小，造价低，防护密闭门上受到的荷载小，防早期核辐射、防热辐射性能好，但进出十分不便，结合应急出入口的竖井平面净尺寸不宜小于 1.0m×1.0m，并应设置爬梯。

另外，根据不同材料对武器破坏效应有不同的抵御能力这一特点，口部的加固构造也应采用复合形式，以提高口部的抗打击能力。暗挖人防工程穿廊式口部结构构造示意图如图 12-16 所示。

出入口口部一般分为主要出入口、次要出入口、备用出入口等。主要出入口为战时空袭前、空袭后，人员或车辆进出较有保障，且使用较为方便的出入口。次要出入口指战时主要供空袭前使用，当空袭使地面建筑遭破坏后可不使用的出入口。备用出入口是在战时一般情况下不使用，当其他出入口遭到破坏或被堵塞时应急使用的出入口。

12.6.2　次要出入口构造

在防空地下室人防工程中，由于功能之间的相互关系，次要出入口多与人防工程的密闭通道和进风口结合设计。密闭通道是由防护密闭门与密闭门之间或两道密闭门之间所构成的，并仅依靠该空间的密闭隔绝作用阻挡毒剂侵入室内的密闭空间。当室外投掷毒剂时，密闭通道的防护密闭门和密闭门始终是关闭的，不允许有人员出入。进风口主要包括竖井及扩散室、滤毒室和进风机房等。

滤毒室的功能是过滤通风系统中外部进入工程内的空气中的有毒物质，使达到通风标准后的空气进入工程内部，如图 12-17 所示。战时，室外空气通过进风竖井进入扩散室，风管再将空气从扩散室接到滤毒室，经过处理后进入进风机房。平时，室外空气只经过油网滤尘器，直接接入进风机房。

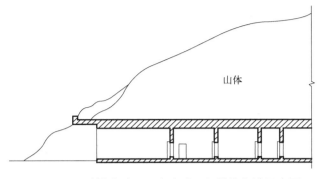

图 12-16　暗挖人防工程穿廊式口部结构构造示意图

12.6.3　主要出入口构造

　　主要出入口是战时人员或车辆进出的主要通道，由于功能之间的相互关系，主要出入口多与人防工程的防毒通道和排风口结合设计。防毒通道是防护密闭门与密闭门之间或两道密闭门之间所构成的，具有通风换气条件，依靠超压排气阻挡毒剂侵入室内的空间。在室外染毒情况下，通道允许人员出入。防毒通道一般附设洗消间或简易洗消间等。洗消间由脱衣间、淋浴间、穿衣间组成，其功能为避免外部有害物质由进入工程内部的人员带入，如图 12-18 所示。

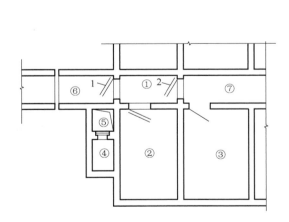

图 12-17　次要出入口结合滤毒室平面示意图
1—防护密闭门；2—密闭门；
①—密闭通道；②—滤毒室；③—进风机室；
④—扩散室；⑤—进风竖井；
⑥—出入口通道；⑦—室内清洁区

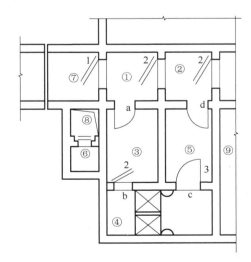

图 12-18　主要出入口结合洗消间平面示意图
1—防护密闭门；2—密闭门；3—普通门；
a—脱衣室入口；b—淋浴室入口；c—淋浴室出口；
d—检查穿衣室出口；
①—第一防毒通道；②—第二防毒通道；③—脱衣室；
④—淋浴室；⑤—检查穿衣室；⑥—扩散室；
⑦—室外通道；⑧—排风竖井；⑨—室内清洁区

脱衣间在防护门和防护密闭门之间，这个空间属于半污染区，从穿衣间进入室内，属于清洁区。

12.6.4　通风口竖井构造

在防护工程中，竖井有两种：一种是如前所述的泄冲击波竖井，另一种是通风竖井。

通风竖井在防护区之外，自身不具备防护能力。设置通风竖井的目的是确保工程内部通风需要，如图 12-19 所示。

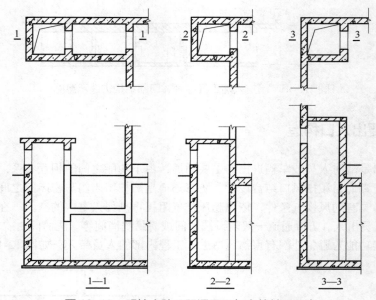

图 12-19　明挖人防工程通风口与室外关系示意

12.7　明挖人防工程的防水构造

明挖人防工程的防水可归纳为六个面一个节点：四个墙面、一个地面一个顶板、管道进入建筑内部与六个面的交接点和出入口。六个面和管道节点防范的都是地下水，出入口要防的是雨水倒灌和空气对流形成的凝结水。

12.7.1　明挖人防工程防雨水倒灌的技术措施

雨水倒灌是影响地下建筑正常使用的主要隐患。这几年城市地下建筑的建设量越来越大，全国各大城市如北京、上海、南京等，夏季遇大暴雨都有地下建筑雨水倒灌的事故发生，如图 12-20、图 12-21 所示，造成严重的经济损失。

（1）防止城市洪涝灾害的技术措施

使整个城市免遭洪涝灾害，这是一个大议题，涉及地理地质、气象及历史等多门学科，我们仅从工程技术的角度来分析研究。

城市建设用地的选址必须慎之又慎，做大量的调查研究，选择能避开自然灾害的地区作为城市的建设用地。从工程技术方面而言，市政建设必须科学合理，有超前理念。雨水污水的分开排放不仅是生态环境保护的要求，同时也是城市抵御洪涝灾害的重要措施。一般的做法，污水需要经过处理达到排放标准时方能流入江河湖泊，而雨水可以直接排放。城市雨水向河流排放，多为利用地势的高差自然排入，如果城市处于低洼地带，自然排放就会有困难，可能要借助机械设备进行排放，不仅成本高，也存在隐患，一旦遇到大暴雨，就会因为来不及排放而导致洪涝灾害。

图 12-20　某处地下车库被淹

图 12-21　暴雨冲过断水槽进入地下室

自然排放也存在隐患，城市雨水管道与接受排放的河流或湖泊必须有足够的高差，否则河流湖泊水位暴涨时洪水会通过雨水管道进入城市，使城市的雨水排放系统瘫痪，不仅雨水无法排放，反而使城市遭受洪涝灾害。

上述问题，在市政建设中必须予以重视，这不是地理地质问题，也不是气象问题，而是纯粹的工程技术问题。

（2）防止地下建筑雨水倒灌的技术措施

根据前面对地下建筑出现雨水倒灌原因的分析，提出下列防范技术措施。

① 地下建筑的口部在设计时就要谨慎处之，设计人员应到现场调查，了解 10 年一遇的降雨对该区域的影响情况，使口部有足够的防雨水倒灌高度，保证口部使用的安全。

② 改善地下建筑口部周边区域的城市雨水排放系统，应有目的地增加雨水排水口的数量，加大雨水管道的排水量，使地下建筑口部周边区域的雨水排放功能明显高于城市其他区域，在遭受大暴雨时不出现积水现象。

③ 地下建筑口部断水设施应科学合理。地下建筑口部从交通形式来讲可分为两种形式：一种是人行，另一种是车行。人行口部如过街地下通道、地下商场、地铁等的出入口。车行的有隧道、地下车库等的出入口。对于人行出入口，防止雨水倒灌不是难事，只要在口部处设置几阶踏步，就可以有效地防止雨水倒灌，如图 12-22 所示。

图 12-22　地铁出入口处台阶，防止雨水倒灌

对于车行出入口，设置台阶的方法显然是不可行的，为了保障车辆驶入驶出的顺畅，口部不能有明显的凸出物，防止雨水倒灌的技术措施主要靠断水沟槽，如图 12-23。除了前述提高口部的标高外，断水沟槽设计是否科学合理就是主要的技术措施了。依据以往的经验教训，断水

第12章

沟槽需要改进之处有二：一是把单一的沟槽改为复式的，即在合适的位置再加建一条沟槽，加大防倒灌的力度；二是改进沟槽盖板，把盖板上的孔洞由常见的顺着流水方向改为垂直于流水方向或开成梅花形的孔洞，可以有效地阻断雨水进入建筑内部。断水沟槽内的水排入集水井，由井中水泵排入城市雨水排放系统。

12.7.2　明挖人防工程防凝结水的技术措施

地下建筑凝结水现象主要发生在夏季，室外空气潮湿、温度高，进入地下室后遇低温产生凝结水。地下室出现大量凝结水如图 12-24 所示。

图 12-23　地下车库断水沟槽

图 12-24　地下室出现大量凝结水

凝结水对地下建筑的正常使用影响很大，对地下建筑的设备会产生破坏作用，人在内部工作也会很不舒服。解决凝结水的问题，需要借助专门的除湿设备，用设备对地下建筑进行除湿，可以有效消除凝结水现象。

（1）侧墙防水

明挖工程地下建筑侧墙的防水，与底板方法类似，地下建筑侧墙防水施工场景如图 12-25 所示。照片中可以看出侧墙的防水采用了防水卷材，使用胶黏剂贴于墙外侧，为了保护防水卷材不被破坏，卷材敷设完成后又做砖砌护墙。

（2）顶板防水

顶板防水技术与底板类似，所不同的是工序与底板正相反，先做好混凝土结构层，然后再做防水，如图 12-26。防水层上部用细石混凝土按 1% 找坡，其作用是避免土壤中的水在顶板上部积存滞留，保证顶板的防水效果。

图 12-25　侧墙防水施工场景

图 12-26　顶板防水做法

（3）底板防水

地下建筑的底板，是明挖工程地下建筑中结构受力的重要部分，对人防地下室更是如此。地下建筑的底板一方面，要承受一部分建筑的结构荷载和地下水的反作用力；另一方面，在战时遭炸弹攻击时还要承受爆炸的冲击力，故一般地下建筑的地板都比较厚，规范要求钢筋混凝土板厚不小于 250mm。底板比较厚对防水比较有利。

底板防水的一般构造做法是在浇注底板混凝土之前先要把附加防水材料这道工序做好，在此基础上再进行混凝土底板施工。地下建筑底板防水卷材施工如图 12-27 所示，地下建筑底板在防水完成后浇筑混凝土，如图 12-28 所示。

图 12-27　地下建筑底板防水卷材施工　　图 12-28　地下建筑底板在防水完成后浇筑混凝土

对面积大的地下建筑，底板在施工时需要设施工缝或变形缝。施工缝是底板防水的重要部位，通常的做法是在设施工缝处放置钢板止水带或橡胶止水带，并辅以聚合物防水砂浆，能达到很好的防水效果。

 知识拓展　盾构法联络通道施工技术

2018 年 2 月 3 日，国内首条盾构法联络通道——宁波地铁 3 号线联络线顺利贯通，该通道也是世界上首条采用盾构法施工的轨道交通联络通道。该技术施工速度快，可以实现零沉降，拥有安全、优质、高效、环保等技术优势，是地下工程全机械化、盾构工程全系统化的关键技术。

 课后习题

在线题库
参考答案

1. 什么是地下建筑？什么是地下建筑结构？
2. 地下建筑结构在计算理论上与地面建筑结构最主要的差别是什么？
3. 土层地下建筑结构形式有哪些？
4. 岩层地下建筑结构形式有哪些？
5. 明挖人防工程主要出入口口部形式有哪些？
6. 衬砌的分类有哪些？
7. 如何解决隧道防水问题？
8. 沉井的类型有哪些？

第六部分
变形缝

第13章
建筑变形缝

13.1　变形缝的概念及类型

在工业与民用建筑中，由于气温变化、地基不均匀沉降以及地震等因素的影响，建筑结构内部将产生附加应力和变形，如处理不当，将会造成建筑物产生裂缝、破坏甚至倒塌，影响使用与安全。其解决办法有：加强建筑物的整体性，使之具有足够的强度与刚度来克服这些破坏应力，而不产生破坏；预先在这些变形敏感部位将结构断开，留出一定的缝隙，以保证各部分建筑物有足够的变形宽度而不造成建筑物的破损。这种将建筑物垂直分割开来的预留缝隙被称为变形缝。

变形缝沿建筑物的全高设置，给屋面和墙面带来了防水、防风、保温等问题，同时造成了楼地面的不连续，给使用造成不便，在顶棚处也有观瞻上的问题。因此，变形缝处的盖缝处理，是处理变形缝的重要内容。盖缝节点往往需同时处理缝的两侧和中间部分，而且往往要与建筑的面装修结合起来一起考虑。所选择的盖缝板形式必须能够符合所属变形缝类别的变形需要。

在建筑变形缝里配置止水带、阻火带和保温层，可以使变形缝满足防水、防火、保温等设计要求。止水带采用 1.5mm 厚的三元乙丙橡胶片材，能够长期在阳光、潮湿、寒冷的自然环境下使用。当长度方向需要连接时，可用搭接胶黏结。阻火带是由两层不锈钢衬板中间夹硅酸铝耐火纤维毡共同组成的专用配件，阻火带的两侧与主体结构固定。在变形缝内部应当用具有自防水功能的柔性材料进行塞缝，例如挤塑型聚苯板、沥青麻丝、橡胶条等，以防止热桥的产生。

墙体能够通过变形缝的设置分为各自独立的区段。变形缝包括伸缩缝、沉降缝和防震缝三种。

（1）伸缩缝

伸缩缝亦称温度缝，是指为防止建筑构件因温度变化而热胀冷缩使建筑物出现裂缝或破坏的变形缝。伸缩缝可以将过长的建筑物分成几个长度较短的独立部分，以此来减少由于温度的变化而对建筑物产生的破坏。在建筑施工中设置伸缩缝时，一般是每隔一定的距离设置一条伸缩缝，或者是在建筑平面变化较大的地方预留伸缩缝，将基础以上建筑构件全部断开，分为各自独立的、能在水平方向自由伸缩的部分，因为基础埋于地下，受温度影响较小，不必断开。在具体的建筑设计工作中，伸缩缝设置的间距一般为 60m，伸缩缝宽度为 20~30mm。

（2）沉降缝

沉降缝是指当建筑物的建筑地基土质差别较大或者是建筑物与相邻的其他建筑的高度、荷载和结构形式差别较大时设置的变形缝，因为如果建筑物地基土质差别较大或者是与周围的建筑环境不统一，就会造成建筑物的不均匀沉降，甚至会导致建筑物中一些部位出现位移。为了预防上述不良情况的出现，建筑物在施工过程中一般会在适当的位置设置垂直缝隙，把一个建筑物按刚度划分为若干个独立的部分，从而使建筑物中刚度不同的各个部分可以自由地沉降。沉降缝可以在建筑物基础到屋顶的全部构件设置，宽度一般为 70~100mm，同时沉降缝的宽度也可以随着建筑物地基状况和建设高度的不同而不同。

（3）防震缝

防震缝是指将形体复杂和结构不规则的建筑物划分成为体型简单、结构规则的若干个独立单元的变形缝。防震缝的主要目的是提高建筑物的抗震性能。防震缝的两侧一般采用双墙、双柱的模式建造，缝隙一般是从建筑物的基础面以上沿建筑物的全高设置的。防震缝的缝隙尺寸一般为 50~100mm。缝的两侧应有墙体将建筑物分为若干体型简单、结构钢度均匀的独立单元。

有很多建筑物对这三种接缝进行了综合考虑，即所谓的"三缝合一"，缝宽按照防震缝宽度处理，基础按沉降缝断开。

（4）变形缝的其他分类标准及分类结果

除上述分类外，按照变形缝装置的种类和构造特征、使用功能的特殊要求和建筑使用部位分类结果亦有不同。

按变形缝装置的构造特征分为金属盖板型（简称"盖板型"）、金属卡锁型（简称"卡锁型"）和橡胶嵌平型（简称"嵌平型"）。

按使用功能的特殊要求分为防震型和承重型，如图 13-1 所示为楼面承重型变形缝装置，有一定荷载要求的盖板型楼面变形缝装置，其基座和盖板断面应该加厚。

按建筑使用部位分为墙体变形缝、楼地层变形缝、屋顶变形缝和基础变形缝等。其中，墙体变形缝分为外墙变形缝和内墙变形缝，外墙变形缝构造设计时应满足变形缝处的防水和保温节能的要求，内墙变形缝构造设计时应考虑变形缝的防火封堵，以防止从变形缝处形成水平蹿火，通常在缝内设置阻火带。砖墙变形缝一般做成平缝或错口缝，砖半厚外墙应做成错口缝或企口缝，如图 13-2 所示。外墙外侧常用浸沥青的麻丝或木丝板及泡沫塑料条、油膏弹性防水材料塞缝，缝隙较宽时，可用镀锌铁皮、铝皮做盖缝处理。

图 13-1　楼面承重型变形缝装置

楼地层变形缝的位置和宽度应与墙体变形缝一致，其构造特点为方便行走、防火和防止灰尘下落，卫生间等有水环境的还应考虑防水处理，如图 13-3 所示。楼地层的变形缝内常填塞具有弹性的油膏、沥青麻丝、金属或橡胶塑料类调节片，上铺与地面材料相同的活动盖板、金属板或橡胶片等。

屋顶变形缝在构造上主要应解决好防水、保温等问题。如图 13-4 所示，屋顶变形缝一般设于建筑物的高低错落处，缝口用镀锌铁皮、铝板或混凝土板覆盖。盖板的形式和构造应满足两侧结构自由变形的要求。寒冷地区为了加强变形缝处的保温，缝中填沥青麻丝、岩棉、泡沫塑料等保温材料。

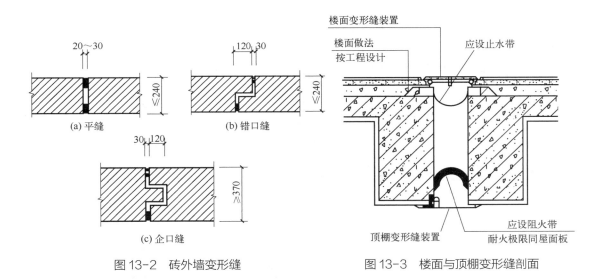

图 13-2　砖外墙变形缝

图 13-3　楼面与顶棚变形缝剖面

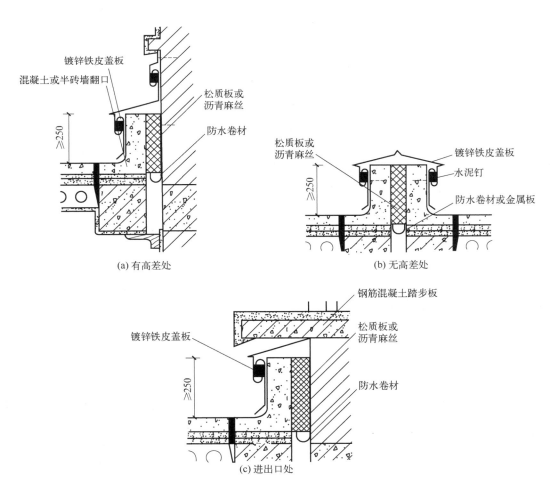

图 13-4　屋顶变形缝

　　常见的基础变形缝的处理方案有双墙基础方案、双墙挑梁基础方案、单墙基础方案、双墙基础交叉排列方案和悬挑基础方案几种，如图 13-5 所示。

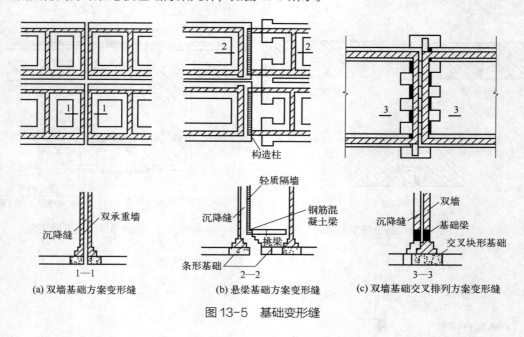

构造柱

(a) 双墙基础方案变形缝　　　　(b) 悬梁基础方案变形缝　　　　(c) 双墙基础交叉排列方案变形缝

图 13-5　基础变形缝

　　① 双墙基础方案。双墙基础方案地面以上独立的结构单元都有封闭连续的纵横墙，结构空间刚度大，但基础偏心受力，并在沉降时相互影响。

　　② 双墙挑梁基础方案。双墙挑梁基础方案的特点是保证一侧墙下条形基础正常受压，另一侧采用纵向墙悬挑梁，梁上架设横向托墙梁，再做横墙。

　　③ 单墙基础方案。单墙基础方案也叫挑梁式方案，即两侧墙体均为正常均匀受压条形基础。两个基础之间互不影响，用上部结构出挑来实现变形缝的要求宽度。这种方案适合于新旧建筑相毗连的情况。处理时应注意旧建筑与新建筑的沉降不同对楼地面标高的影响，一般要计算新建筑的预计沉降量。

13.2　变形缝的设置

13.2.1　伸缩缝

　　《混凝土结构设计规范（2015 年版）》（GB 50010—2010）对砖石墙体伸缩缝的最大间距有相应规定，如表 13-1 所示。伸缩缝间距与墙体的类别有关，特别是与屋顶和楼板的类型有关，整体式或装配整体式钢筋混凝土结构，因屋顶和楼板本身没有自由伸缩的余地，当温度变化时，在结构内部产生的温度应力大，因而伸缩缝间距比其他结构形式小些。大量性民用建筑用的装配式无檩体系钢筋混凝土结构，有保温层或隔热层的瓦顶，相对来说其伸缩缝间距要大些。

表 13-1　砖石墙体温度伸缩缝的最大间距

砌体类别	屋顶或楼板类别	间距/m
各种砌体	整体式或装配整体式钢筋混凝土结构	50
		30
	装配式无檩体系钢筋混凝土结构	60
		40
	装配式有檩体系钢筋混凝土结构	75
		60

注：1. 层高大于 5m 的混合结构单层房屋伸缩缝的间距可按表中数值乘以 1.3 后采用。但当墙体采用硅酸盐砖、硅酸盐砌块和混凝土砌筑时，不得大于 75m。

2. 严寒地区、温度差较大且变化频繁地区，墙体伸缩缝的间距应按表中数值予以适当减少后采用。

3. 墙体的伸缩缝内应嵌以轻质可塑材料，在进行立面处理时，必须使缝隙能起伸缩作用。

　　根据建筑物的长度、结构类型和屋盖刚度以及屋面是否设保温或隔热层来考虑，伸缩缝应设在因温度和收缩变形引起应力集中、砌体产生裂缝可能性最大处。伸缩缝的间距可按如表 13-2 和表 13-3 所示考虑设置。

表 13-2　砌体房屋伸缩缝的最大间距

屋盖或楼盖类别		间距/m
整体式或装配整体式钢筋混凝土结构	有保温层或隔热层的屋盖、楼盖	50
	无保温层或隔热层的屋盖	40
装配式无檩体系钢筋混凝土结构	有保温层或隔热层的屋盖、楼盖	60
	无保温层或隔热层的屋盖	50
装配式有檩体系钢筋混凝土结构	有保温层或隔热层的屋盖	75
	无保温层或隔热层的屋盖	60
瓦材屋盖、木屋盖或楼盖、轻钢屋盖		100

注：1. 对烧结普通砖、烧结多孔砖、配筋砌块砌体房屋，取表中数值；对石砌体、蒸压灰砂普通砖、蒸压粉煤灰普通砖、混凝土砌块、混凝土普通砖和混凝土多孔砖房屋，取表中数值乘以 0.8 的系数；当墙体有可靠外保温措施时，其间距可取表中数值。

2. 在钢筋混凝土屋面上挂瓦的屋盖应按钢筋混凝土屋盖采用。

3. 层高大于 5m 的烧结普通砖、烧结多孔砖、配筋砌块砌体结构单层房屋，其伸缩缝间距可按表中数值乘以 1.3 取值。

4. 温差较大且变化频繁地区和严寒地区不采暖的房屋及构造物墙体的伸缩缝的最大间距，应按表中数值予以适当减小。

5. 墙体的伸缩缝应与结构的其他变形缝相重合，缝宽度应满足各种变形缝的变形要求；在进行立面处理时，必须保证缝隙的变形作用。

表 13-3　钢筋混凝土结构伸缩缝最大间距

结构类别		室内或土中/m	露天/m
排架结构	装配式	100	70
框架结构	装配式	75	50
	现浇式	55	35
剪力墙结构	装配式	65	40
	现浇式	45	30

结构类别		室内或土中/m	露天/m
挡土墙或地下室墙壁等结构	装配式	40	30
	现浇式	30	20

注：1. 装配整体式结构的伸缩缝间距，可根据结构的具体情况取表中装配式结构与现浇式结构之间的数值。

2. 框架-剪力墙结构或框架-核心筒结构房屋的伸缩缝间距，可根据结构的具体情况取表中框架结构与剪力墙结构之间的数值。

3. 当屋面无保温或隔热措施时，框架结构、剪力墙结构的伸缩缝间距宜按表中露天栏的数值取用。

4. 现浇挑檐、雨罩等外露结构的局部伸缩缝间距不宜大于12m。

13.2.2　沉降缝

沉降缝一般在下列部位设置：平面形状复杂的建筑物的转角处、建筑物高度或荷载差异较大处、结构类型或基础类型不同处、地基土层有不均匀沉降处、不同时间内修建的房屋各连接部位。

13.2.2.1　沉降缝的设置条件

沉降缝的设置条件如下：

(1) 平面形状复杂、高度变化较大、连接部位比较薄弱。

(2) 同一建筑物相邻部分的层数相差两层以上或层高相差超过10m。

(3) 建筑物相邻部位荷载差异较大。

(4) 建筑物相邻部位结构类型不同。

(5) 地基土压缩性有明显差异。

(6) 房屋或基础类型不同。

(7) 房屋分期建造。

13.2.2.2　沉降缝的宽度

在一般地基上修建的建筑物高度 $H < 5m$ 时，沉降缝宽度为30mm；建筑物高度 $H=5 \sim 10m$ 时，沉降缝宽度为50mm；建筑物高度 $H=10 \sim 15m$ 时，沉降缝宽度为70mm。在软弱地基上修建的建筑物高度为 $2 \sim 3$ 层时，沉降缝宽度为 $50 \sim 80mm$；建筑物高度为 $4 \sim 5$ 层时，沉降缝宽度为 $80 \sim 120mm$；建筑物高度为5层以上时，沉降缝宽度>120mm。在湿陷性黄土地基上修建的建筑物的沉降缝宽度为 $30 \sim 70mm$。

沉降缝的宽度与地基情况及建筑高度有关，地基越弱的建筑物，沉降的可能性越高，沉降后所产生的倾斜距离越大，其沉降缝宽度一般为 $30 \sim 70mm$，在软弱地基上的建筑其缝宽应适当增加。沉降缝宽度如表13-4所示。

表13-4　沉降缝的宽度

地基性质	房屋高度 H	缝宽 B/mm
一般地基	<5m	30
	5~10m	50
	10~15m	70
软弱地基	2~3层	50~80

续表

地基性质	房屋高度 H	缝宽 B/mm
软弱地基	4~5 层	80~120
	5 层以上	>120
湿陷性黄土地基	—	30~70

注：沉降缝两侧单元层数不同时，由于高层影响，低层倾斜往往很大，因此宽度按高层确定。

13.2.3　防震缝

防震缝是针对地震时容易产生应力集中而引起建筑物结构断裂，在容易发生破坏的部位设置的缝。

对于设计烈度在 6~9 度的地震区，当房屋体型比较复杂时，必须将房屋分成几个体型比较规则的结构单元，防震缝可以将建筑物划分成若干体型简单、结构刚度均匀的独立单元。

13.2.3.1　设置条件

防震缝的设置条件如下：

（1）建筑平面复杂，如图 13-6 所示，有较大突出部分时。

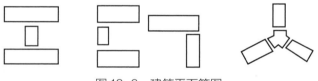

图 13-6　建筑平面简图

（2）建筑物立面高差在 6m 以上时。

（3）建筑物有错层且楼板高差较大时。

（4）建筑物相邻部分的结构刚度、质量相差较大时。

13.2.3.2　构造要求

防震缝的构造要求如下：

（1）设防震缝处基础可以断开，也可以不断开。

（2）缝的两侧设置墙体或双柱或一柱一墙，使各部分封闭并具有较好的刚度。

（3）防震缝应同伸缩缝和沉降缝协调布置，做到一缝多用。

13.2.3.3　宽度要求

当防震缝与沉降缝结合设置时，基础也应断开。防震缝的宽度 B，在多层砖墙房屋中，按设计烈度的不同取 50~70mm。在多层钢筋混凝土框架建筑中，建筑物高度小于或等于 15m 时，缝宽为 70mm。当建筑物高度超过 15m，设计烈度为 7 度时，建筑每增高 4m，缝宽在 70mm 基础上增加 20mm；设计烈度为 8 度时，建筑每增高 3m，缝宽在 70mm 基础上增加 20mm；设计烈度为 9 度时，建筑每增高 2m，缝宽在 70mm 基础上增加 20mm。

根据《建筑抗震设计规范（2016 年版）》（GB 50011—2010）的规定，钢筋混凝土房屋设置防震缝时应符合下列要求：

（1）框架结构（包括设置少量抗震墙的框架结构）房屋的防震缝宽度，当高度不超过 15m 时不应小于 100mm；高度超过 15m 时，6 度、7 度、8 度和 9 度分别每增加高度 5m、4m、3m

和 2m，宜加宽 20mm。

(2) 框架-抗震墙结构房屋的防震缝宽度不应小于（1）项规定数值的 70%，抗震墙结构房屋的防震缝宽度不应小于（1）项规定数值的 50%，且均不宜小于 100 mm。

(3) 防震缝两侧结构类型不同时，宜按需要较宽防震缝的结构类型和较低房屋高度确定缝宽。

(4) 8、9 度框架结构房屋防震缝两侧结构层高相差较大时，防震缝两侧框架柱的箍筋应沿房屋全高加密，并可根据需要在缝两侧沿房屋全高各设置不少于两道垂直于防震缝的抗撞墙。抗撞墙的布置宜避免加大扭转效应，其长度可不大于 1/2 层高，抗震等级可同框架结构；框架构件的内力应按设置和不设置抗撞墙两种计算模型的不利情况取值。

13.3   变形缝处的结构布置与注意事项

13.3.1   设变形缝处的结构布置方案

伸缩缝应保证建筑构件在水平方向自由变形，沉降缝应满足构件在垂直方向自由沉降变形，防震缝主要是防地震水平波的影响，但三种缝的构造基本相同。变形缝的构造要点是：将建筑构件全部断开，以保证缝两侧自由变形。砖混结构变形处，可采用单墙或双墙承重方案，框架结构可采用悬挑方案。变形缝应力求隐蔽，如设置在平面形状有变化处，还应在结构上采取措施，防止风雨对室内的侵袭。

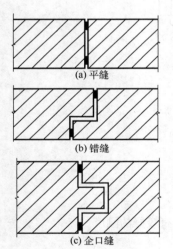

(a) 平缝

(b) 错缝

(c) 企口缝

图 13-7   变形缝形式

变形缝的形式因墙厚不同处理方式可以有所不同，如图 13-7 所示。其构造在外墙与内墙的处理中，可以因位置不同而各有侧重，缝的宽度不同，构造处理也不同，如图 13-8 所示。外墙变形缝为保证自由变形，并防止风雨影响室内，应用沥青麻丝填嵌缝隙，当变形缝宽度较大时，缝口可采用镀锌铁皮或铅板盖缝调节；内墙变形缝应着重做表面处理，可采用木条或金属盖缝，仅一边固定在墙上，允许自由移动。

13.3.2   设变形缝注意事项

在建筑物设变形缝的部位必须全部做盖缝处理，其主要目的是满足使用的需求，例如通行等。此外，处于外围护结构部分的变形缝还应防止渗漏，并防止热桥的产生。建筑变形缝中盖缝处理的几大要点：

(1) 所用的材料及构造方式必须符合变形缝所在部位的其他功能需要。例如用于屋面和外墙面部位的盖缝板应选择不易腐蚀的材料，如镀锌铁皮、彩色薄钢板、铝皮等，并做好节点防水；而用于室内地面、楼板地面及内墙面的盖缝板，可以根据内部面层装修的要求来做。

(2) 对于高层建筑物及防火要求较高的建筑物，室内变形缝四周的基层，应采用不燃材料，面装饰层也应采用不燃材料或难燃材料。在变形缝内不应敷设电缆，可燃气体管道和易燃、可燃液体管道，若这类管道必须穿过变形缝时，应在穿过处加设不燃材料套管，并应采用不燃材料将套管两端空隙紧密填塞。

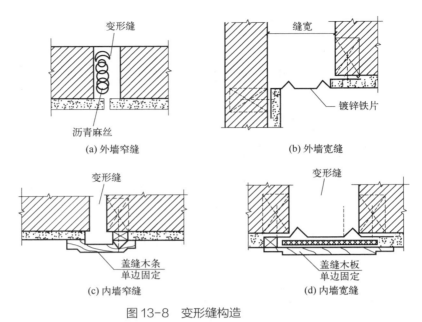

图 13-8　变形缝构造

（3）所选择盖缝板的形式必须符合所属变形缝类别的变形需要。例如伸缩缝上的盖缝板不必适应上下方向的位移，而沉降缝上的盖板则必须满足这一要求。

13.4　变形缝的盖缝处理

13.4.1　墙体变形缝构造

墙体变形缝一般做成平缝、错缝或企口缝等截面形式，如图 13-9 所示，主要视墙体的材料、厚度及施工条件而定。

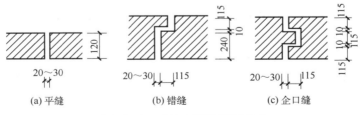

图 13-9　砖墙变形缝截面形式

为防止外界自然条件对墙体及室内环境的侵袭，变形缝外墙一侧常用浸沥青的麻丝或木丝板及泡沫塑料条、橡胶条、油膏等有弹性的防水材料塞缝，当缝隙较宽时，缝口可用镀锌铁皮、彩色薄钢板、铝皮等金属调节片做盖缝处理。内墙可用具有一定装饰效果的金属片、塑料片或木盖缝条覆盖。所有填缝及盖缝材料和构造应保证结构在水平方向或垂直方向能自由伸缩而不产生破裂。外墙变形缝和内墙变形缝构造分别如图 13-10 和图 13-11 所示。

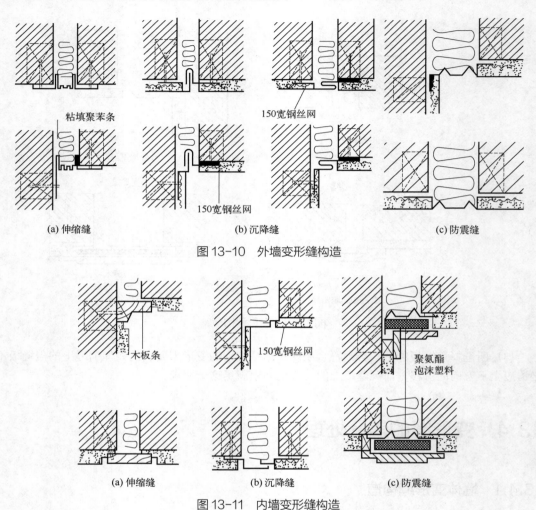

图 13-10　外墙变形缝构造

图 13-11　内墙变形缝构造

13.4.2　楼地层变形缝构造

楼地层变形缝的位置与缝宽大小应与墙体、屋顶变形缝一致，构造上要求变形缝应贯通楼地层的各个层次，并在构造上保证楼板层和地坪层能够满足美观和变形需求。缝内常用可压缩变形的金属调节片、沥青麻丝等材料做封缝处理，上铺活动盖板或橡、塑地板等地面材料，以满足地面平整、光洁、防滑、防水及防尘等功能。顶棚的盖缝条只能固定于一端，以保证两端构件能自由伸缩变形，如图 13-12 所示。

13.4.3　屋面变形缝构造

屋面变形缝构造的处理原则是既不能影响屋面的变形，又要防止雨水从变形缝处渗入室内。屋面变形缝常见的有等高屋面变形缝和高低屋面变形缝两种。上人屋面用嵌缝油膏嵌缝，不上人屋面，一般可在变形缝处加砌矮墙，并做好屋面防水和泛水处理，其基本要求同屋顶泛水构造，不同之处在于盖缝处应能允许自由变形而不造成渗漏。通常缝内填充泡沫塑料或沥青麻丝，用金属调节片封缝，上部填放衬垫材料，并用卷材封盖，顶部用镀锌铁皮、铝板或预制钢筋混凝土板等盖缝。等高屋面变形缝构造处理如图 13-13 和图 13-14 所示，高低屋面变形缝构造处理如图 13-15 所示。

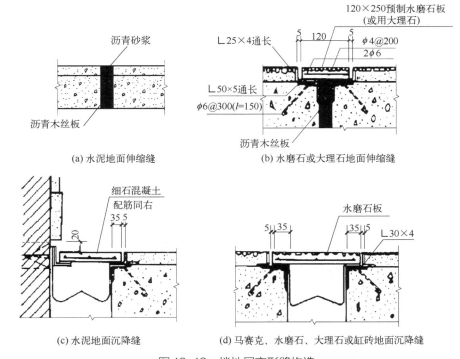

图 13-12　楼地层变形缝构造

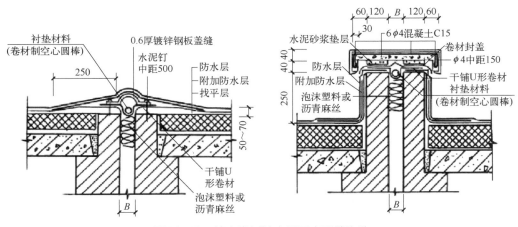

图 13-13　等高卷材防水屋面变形缝构造

13.4.4　地下室变形缝构造

在地下室设置变形缝时，为使变形缝处能保持良好的防水性，必须做好地下室墙身及底板的防水构造，其措施是在结构施工时，在变形缝处预埋止水带。止水带有橡胶止水带、塑料止水带及金属止水带等，如图 13-16 所示。其构造做法有内埋式和可卸式两种，对水压大于

0.3MPa、变形量为 20～30mm、结构厚度大于或等于 300mm 的变形缝,应采用中埋式橡胶止水带;对环境温度高于 50℃处的变形缝,可采用 2mm 厚的紫铜片或 3mm 厚不锈钢等金属止水带,其中间呈圆弧形,以适应变形。如图 13-17 所示为地下室底板及立墙变形缝构造。

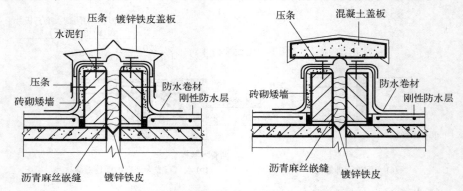

图 13-14   等高刚性防水屋面变形缝构造

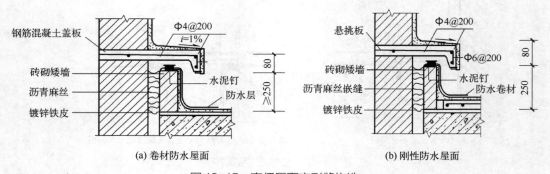

(a) 卷材防水屋面   (b) 刚性防水屋面

图 13-15   高低屋面变形缝构造

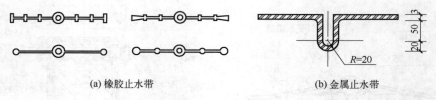

(a) 橡胶止水带   (b) 金属止水带

图 13-16   止水带形式

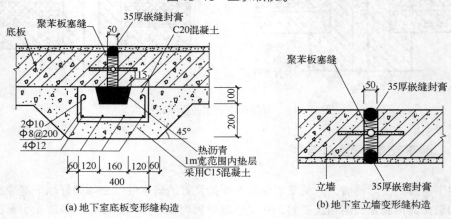

(a) 地下室底板变形缝构造   (b) 地下室立墙变形缝构造

图 13-17   地下室变形缝构造

知识拓展　可以隔震的变形缝

　　汶川地震震后调研发现，很多建筑物的变形缝在地震时起到了隔震作用。以变形缝为界的相邻建筑在地震时，各自产生了不同的变形，有效地避免或减轻了相邻结构单元震害的相互影响。有相当一部分建筑物受损是由于变形缝宽度设置不够，导致缝两侧建筑构件相互碰撞而造成的。变形缝的合理留设非常必要，可能在关键时刻挽救人们的生命财产安全。

 课后习题

　　1. 什么是变形缝？变形缝可分为哪几种类型？
　　2. 什么是伸缩缝？它的设置应符合哪些要求？
　　3. 当建筑物有哪些情况时应考虑设置沉降缝？
　　4. 当建筑物有哪些情况时应考虑设置防震缝？

第13章

第七部分
装配式建筑

第 14 章
装配式建筑构造与设计

14.1 装配式混凝土建筑概述

装配式建筑是指把传统建造方式中的大量现场作业工作转移到工厂进行,在工厂加工制作好建筑用构件和配件(如楼板、墙板、楼梯、阳台等),运输到建筑施工现场,通过可靠的连接方式在现场装配安装而成的建筑。

装配式建筑主要包括预制装配式混凝土结构、钢结构、现代木结构建筑等,因为采用标准化设计、工厂化生产、装配化施工、信息化管理、智能化应用,是现代工业化生产方式的代表。

14.1.1 装配式混凝土建筑的含义

装配式建筑是指由预制部件通过可靠连接方式建造的建筑。装配式建筑有两个主要特征:第一个特征是构成建筑的主要构件特别是结构构件是预制的;第二个特征是预制构件的连接必须可靠。

按照国家标准《装配式混凝土建筑技术标准》(GB/T 51231—2016)的定义,装配式建筑是"结构系统、外围护系统、设备与管线系统、内装系统的主要部分采用预制部品部件集成的建筑"。这个定义强调装配式建筑是四个系统(不仅仅是结构系统)的主要部分采用预制部件集成。装配式混凝土建筑是指"建筑的结构系统由混凝土部件(预制构件)构成的装配式建筑"。

14.1.2 装配式建筑的优势

如图 14-1 所示,以某建筑工地为例,由于道路狭窄,运送预制构件的大型车辆无法通过,施工企业选择在现场建一个临时露天工厂,在现场预制构件后吊装,而不直接采用现浇混凝土。采用这种方法的原因包括预制构件质量好、装配式成本低等。

一般而言,装配式混凝土建筑较之传统建筑有如下优势:

(1)保证工程质量,工业化生产的构件和装配式的建造方式更容易形成一套规范化系统,确保产品品质。传统建造方式对人工的依赖性较高,工人素质参差不齐,质量事故时有发生,品质监控难度大。而装配式建筑构件在预制工厂生产,生产过程中可对温度、湿度等条件进行控制,能最大限度地改善墙体开裂、渗漏等质量通病,并提高住宅整体安全等级、防火性和耐久性。装配式建筑的构件运输到现场后,由专业安装队伍严格遵循流程进行装配,大大提高了

图 14-1　某工地现场安装预制构件

工程质量并降低了安全隐患。

（2）缩短工期，整体交付比传统建筑快。装配式施工的预制件在工厂生产完成后，再运送至施工现场进行组装。区别于传统现浇式施工，该种施工方式具备预制性的特点：装配化建造施工和其他施工建设不冲突，二者可以同时进行，施工的进度和周期相较以往的现浇式建造更短；可以免受季节性气候的影响，例如东北地区，不会再因冬季气候寒冷影响施工进度，可以大幅度缩短总工期，能有效地预防和保护构件免受气候的影响。

（3）节能环保，垃圾、材料损耗都更少。传统建造方式材料浪费现象严重，建造过程还伴有粉尘、噪声、建筑垃圾等，而装配式建筑现场以干法作业为主，现场原始现浇作业极少，现场无火、无水、无尘、无味，不用焊割、水泥、不搭纱布。另外，装配式建筑由于其可拆除的特性还可以实现重复利用，比如钢模板等重复利用率较高。

（4）节省成本，有助于实现施工环节上效益和效率的提升。传统施工建筑规划设计反复，材料采购不一；预算不可控因素多，目标成本难以准确制订；细分项目多，过程成本控制难度大。而装配化建造的成本优势之一就是合理选材和协调装配化预制件供应资源，相较传统浇筑式建造，装配式建造能够根据实际建造需要，合理安排预制件生产量；伴随产业链逐步成熟，预制件产能提升，规模效应显现。在人工用量方面，由于装配式建造人工用量主要集中在预制件安装方面，该种建造方式能够综合优化施工现场的人工成本，现场装配施工，机械化程度高，减少现场施工及管理人员数量。从建筑全生命周期角度来看，装配式建筑未来将具有更大的成本优势。

14.1.3　装配式建筑的限制条件

从理论上讲，现浇混凝土结构都可以进行装配式建造，但实际上装配式建造也存在挑战和约束限制条件。例如，尽管是工厂化生产，预制构件也可能存在一定的尺寸偏差；由于现场施工时的人为误差，拼装时可能产生缝隙过大或不均匀的现象；对预留孔洞位置精度要求较高，装配式混凝土结构，要求在预留预埋时，尺寸、位置尽量精确，否则要重新开槽、开洞，增加施工难度，甚至影响结构。环境条件不允许、技术条件不具备或增加成本太多，都可能使建筑装配化不可行。建筑能否开展装配式建造，必须进行限制条件分析和可行性研究。

14.1.3.1　环境条件

（1）构件工厂与工地的距离。建筑工地附近没有预制构件工厂，工地现场又没有条件建立临时工厂，就不具备装配式条件。

（2）道路条件。如果预制工厂到工地的道路无法通过大型构件运输车辆或道路过窄，大型车辆无法转弯调头或途中有限重桥、限高天桥、隧洞等，对能否进行装配式建造或构件的重量与尺寸形成限制。

（3）工厂生产条件。预制构件工厂的起重能力、模台可以生产的最大构件尺寸等，是对建筑构件进行拆分设计的限制条件。

14.1.3.2　技术条件

（1）高度限制。按现行国家标准，装配式建筑最大适用高度比现浇混凝土结构要低一些。

（2）形状限制。装配式建筑不适宜形体复杂的建筑。或里出外进，或造型不规则，可能会导致以下情况：

① 模具成本很高；

② 复杂造型不易脱模；

③ 连接和安装节点比较复杂。

14.1.3.3　成本约束

不适宜的结构体系，复杂的连接方式，预制构件伸出钢筋多、模具摊销次数少和楼板、外墙的厚度增大等，都会提高成本。

14.1.3.4　与个性化、复杂化的冲突

尽管装配式建筑在实现个性化方面可能比现浇混凝土便利，但仅是对个别标志性建筑而言，如悉尼歌剧院。装配式建筑的主要应用场景是普通住宅，个性化、复杂化的设计使装配式建造过程也变得复杂，装配式建筑更适合于简单的建筑立面。

14.1.3.5　对建设规模和体量的要求

装配式建筑必须有一定的建设规模才能发展起来。一座城市或一个地区建设规模过小，厂房设备摊销成本过高，很难维持运营。装配式建筑的发展需要建筑体量。高层建筑、超高层建筑和多栋设计相同的多层建筑适用装配式建筑。数量少的小体量建筑不适合采取装配式建筑。

14.1.3.6　装配式企业投资较大

构件制作工厂和施工企业投资较大，如果不能形成经营规模，有较大的风险。以年产 5 万件构件的构件工厂为例，购置土地、建设厂房、购买设备设施需要投资几千万元甚至过亿元。从事构件安装的施工企业需要购置大吨位长吊臂塔式起重机，一台要数百万元，同时开几个工地，仅塔式起重机一项就要投资上千万元。

14.2　装配式混凝土建筑设计

装配式建筑的设计是以现浇混凝土结构设计为基础的，更多的工作需在常规设计完成后展开，但装配式建筑设计不是附加环节，更不能由拆分设计单位或制作厂家承担设计责任。

装配式建筑的设计应当由工程设计单位承担责任。即使将拆分设计和构件设计交由有经验的专业设计公司分包，也应当在工程设计单位的指导下进行，并由工程设计单位审核出图。拆分设计必须在原设计基础上进行，必须清楚地了解原设计意图和结构计算情况。装配式混凝土建筑的设计应当是建筑师、结构设计师、装饰设计师、水电暖通设计师、拆分和构件设计师、制造厂家工程师与施工安装企业工程师共同参与的过程。

14.2.1　装配式混凝土建筑设计注意事项与艺术风格

14.2.1.1　装配式混凝土建筑设计注意事项

装配式混凝土建造工艺适于住宅、写字楼、商场、学校、大型公共建筑等各种功能的建筑，采用预应力楼板，在实现大跨度空间方面比现浇建筑更有优势。就建筑物的安全性而言，在设计中有以下几点注意事项：

（1）夹心保温板的拉结件设计，包括类型与材质选择、耐久性措施、锚固方式的可靠性等，

必须保证拉结牢固，避免外叶板脱落。

（2）预制构件连接方式（如套筒灌浆、浆锚搭接、后浇混凝土）的可靠性，包括连接方式、材料和连接节点可靠性。

（3）防雷引下线的耐久性，包括材料的选择、防锈蚀措施和连接节点的防锈蚀措施等。

（4）禁止在预制构件上砸墙凿洞或打孔后锚固预埋件，避免凿断受力钢筋和破坏保护层，特别要防止对钢筋接头区域的破坏。

14.2.1.2 装配式混凝土建筑与艺术风格

装配式建筑可以实现各种建筑风格，包括现代主义、后现代主义、自然主义、典雅主义、地域主义、解构主义和新现代主义等，对简单简洁的风格最为适应。随着装配式建筑工艺技术的进步，结合装配式结构的特点和当前的施工条件，通过在装配式建筑结构类型、尺度和韵律的变化等方面的构思研究，设计出一种简洁的、新颖的和高品质的建筑。

14.2.2 装配式混凝土建筑结构体系与结构设计

装配式建筑结构分为混凝土结构、钢结构、木结构等体系。装配式混凝土体系下又细分为多种结构体系，有双面叠合板式剪力墙结构体系、全装配整体式剪力墙结构体系、装配式框架-现浇剪力墙结构体系、"外挂内浇" PCF（预制装配式外挂墙板）剪力墙结构体系、全装配整体式框架结构体系等。

装配式建筑设计人员，无论是建筑设计师还是结构设计师，都需要了解装配式建筑与结构体系的适宜性，选择合适的结构体系，或者对某种结构体系进行适宜的设计。

装配式混凝土建筑结构设计也须按照现浇混凝土结构进行设计计算，但装配式混凝土结构有自身的结构特点，国家标准《装配式混凝土建筑技术标准》中有一些不同于现浇混凝土结构的规定，这些特点和规定，必须从结构设计工作开始，并贯穿整个结构设计过程。

14.2.2.1 结构设计原则与内容

装配式混凝土建筑设计原则，包括依据规范、借鉴国外经验、专家论证、协同设计和一张图原则。这些原则都是结构设计所要遵循的。还包括从结构设计角度强调或提出的一些具体原则。

（1）符合规范。国家标准《装配式混凝土建筑技术标准》是装配式建筑结构设计必须遵循的依据，但不能机械地照搬规范条文和图例，结构设计师应当熟悉规范，对规定知其所以然，灵活运用规范做好结构设计。

例如关于剪力墙结构，规范规定当接缝位于纵横交接处边缘构件区域时，边缘构件宜全部采用后浇混凝土。设计者不应据此凡纵横交接处都用后浇混凝土。如此设计导致建筑物外墙后浇混凝土部位太多，预制构件出筋多，工厂制作和现场施工的工作量多，装配式优势体现不出来。设计者也可以依据规范做另外的方案进行比较，例如将接缝避开边缘构件区域，设计 T 形和 L 形预制构件，如此设计，外墙基本没有后浇混凝土部位。

（2）概念设计。装配式结构设计不是简单的"规范+计算+画图（照搬标准图）"，更不能让计算软件代替"设计"。在结构设计中，概念设计往往比精确计算更重要。一个工程如能很好地进行概念设计，再辅以计算机计算，会得到更合理的设计结果。

（3）灵活拆分。根据每个项目的实际情况，因地制宜进行拆分设计，尽可能实现装配式建筑的效益与效率，是结构设计的重要任务。设计师了解到施工企业的塔式起重机吨位比较大，工厂也有相应的制作能力，拆分时就应充分利用塔式起重机的吊能，设计比"常规"构件重的构件，包括梁柱一体化构件，既提高了吊装效率，也减少了连接部位和后浇混凝土作业。

（4）聚焦结构安全。需要结构设计师聚焦于结构安全有关的问题包括：

① 夹心保温墙拉结件及其锚固的可靠性。

② 预制构件连接的可靠性。

③ 预制构件吊点、外挂墙板安装节点的可靠性等。

（5）协同清单。装配式结构设计必须与各个环节各个专业密切协同，避免预制构件遗漏预埋件预埋物等，需要列出详细的协同清单，核对确认是否设计到位。

14.2.2.2 结构概念设计

结构概念设计是依据结构原理对结构安全进行分析判断，特别是对结构计算解决不了的问题，进行定性分析，做出正确设计。

在装配式结构设计中，概念设计比具体计算和画图更重要。结构设计师除了需具有结构概念设计的意识，还应具有装配式结构概念设计意识。

（1）装配式混凝土结构整体式概念设计。装配整体式混凝土结构设计的基本原理是等同原理，"等同"的含义是通过采用可靠的连接技术和必要的结构构造措施，使装配整体式混凝土结构与现浇混凝土结构的效能基本等同，使得装配式混凝土结构具有与现浇混凝土结构完全等同的整体性、稳定性和延性。因此，在装配式建筑结构方案设计和拆分设计中，必须贯彻结构整体性的概念设计，对于需要加强结构整体性的部位，应注意加强。

如图 14-2 所示的平面布置图，楼梯间外凸，其剪力墙的整体性相对较差，需要利用楼梯板的水平约束作用加强楼梯间的整体性。此时，设计师就不应只强调预制，按标准图设计一端固定铰和一端滑动铰的楼梯，而应当将楼梯板现浇并将钢筋锚入剪力墙，对剪力墙形成类似"竹节"效应的侧向约束，有利于增强整体抗震性能。

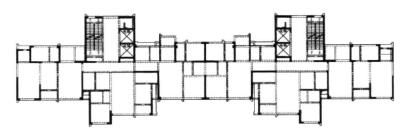

图 14-2　楼梯间外凸整体性差

通过概念设计确保结构整体性的关注点还包括不规则的特殊楼层及特殊部位的关键构件、平面凹凸及楼板不连续形成的弱连接部位、层间受剪承载力突变的薄弱层、侧向刚度不规则的软弱层、挑空空间形成的穿层柱、部分框支剪力墙结构框支层及相邻上一层、转换梁、转换柱、预制叠合楼板传递不同方向地震力的作用分析等。总之，结构设计师不可仅追求预制率，要有区分地采用预制方案。

（2）"强柱弱梁"设计。"强柱弱梁"的目的是框架柱不先于框架梁破坏。框架梁的破坏是局部性构件破坏，而框架柱的破坏将危及整个结构的安全，可能造成建筑整体倒塌。"强柱弱梁"是一个相对概念，要保证竖向承载构件相对安全。由于预制构件及其连接可能会带来一些对"强柱弱梁"的不利影响，所以需要设计师足够重视，确保装配式混凝土结构形成合理的"梁铰"屈服机制，如图 14-3（a）所示，避免出现"柱铰"屈服机制如图 14-3（b）所示。

（3）"强剪弱弯"设计。"弯曲破坏"是延性破坏，有显性预兆特征，如开裂或下挠变形过大等。而"剪切破坏"是一种脆性破坏，没有预兆，瞬时发生。装配式建筑结构设计要避免先发生剪切破坏，设定"强剪弱弯"的目标。

第 14 章

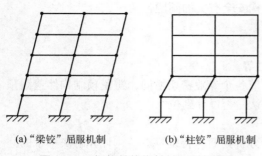

(a)"梁铰"屈服机制   (b)"柱铰"屈服机制

图14-3   框架结构塑性铰屈服机制

(4)"强节点弱构件"设计。"强节点弱构件"是指连接核心区不能先于构件破坏，以确保整体结构的安全。在装配式柱梁结构设计中，应考虑采用合适的（或者说宽松一些）的梁柱截面，以避免钢筋、套筒等在后浇节点区密集拥挤，影响混凝土浇筑密实度，削弱节点承载力。

14.2.2.3   结构体系选择

一般而言，多数结构体系的混凝土建筑都可以做装配式，但有的结构体系更适宜一些，有的结构体系则存在不足，有的结构体系技术与经验已经成熟，有的结构体系则正在研究中。

(1) 柱梁结构体系分析。住宅项目适合什么样的结构体系，是结构设计师需要思考的问题。柱梁结构体系的特征是，框架结构的荷载传递体系是板—梁—柱，也就是梁将荷载传递到柱上。所以如果将较大的附加荷载放到梁上时，需同时校验梁体承重和柱体承重，二者有一不满足结构要求都不能加载。就装配式适宜性而言，框架结构、框剪结构和筒体结构等柱梁体系结构最适宜。

但是柱梁结构体系采取装配式的问题主要是柱、梁、外挂墙板等预制构件的制作目前还很难实现自动化，即使在装配式混凝土结构技术发达、装配式建筑比例高、装配式混凝土高层建筑最多的国家，其自动化比例也很低。

就我国住宅市场的认知度和施工成熟度而言，剪力墙结构应该是首选。不过在目前技术水平和规范规定的情况下，剪力墙结构体系做装配式存在成本高、效率低、质量优势不明显的问题。就装配式结构体系的选择而言，框架和其他梁柱结构体系也成为装配式建筑探索的方向。

(2) 剪力墙结构体系分析。剪力墙结构体系采用装配式比现浇有以下优势：构件在工厂制作，比现场浇筑质量要好；外墙板可以实现结构保温一体化，防火性能提高，省去了外墙保温作业环节与工期；石材反打或者瓷砖反打，节省了干挂石材工艺的龙骨费用，也省去了外装修环节和工期；瓷砖的黏结力大大加强，减小了脱落概率；各个环节协调得好，计划合理调度得当，可以缩短主体结构施工以外的内外装修工期；无需满堂红外架，施工现场整洁干净。剪力墙结构还有一个优势是可以将预制构件拆分成以板式构件为主的构件，适于流水线制作工艺。但按照剪力墙的结构特点和国家标准、行业标准的规定，墙板三边出筋，一边是套筒或浆锚孔，制作过程麻烦，上了流水线也较难实现自动化。

剪力墙结构体系也存在一定缺点：剪力墙结构混凝土用量大；竖向构件连接面积大，钢筋连接节点多，连接点局部加强的构造也较多，连接作业量大；边缘构件处、水平现浇带、双向叠合楼板间现浇带，叠合板现浇叠合层等后浇混凝土比较多，工地虽然总的来说比现浇施工方式减少了混凝土现浇量，但增加了作业环节；剪力墙板和叠合楼板的侧边都出筋，制作环节不仅无法实现自动化，手工作业也比较耗费工时；剪力墙竖向连接虽然采用套筒灌浆或浆锚搭接方式，但剪力墙之间都有水平现浇带，一般在现浇带浇筑第二天，混凝土强度还很低的时候，就开始安装上一层墙板，每一装配楼层都是如此。

以上问题致使剪力墙结构装配式建筑效率低，工期难以压缩、结构成本增加较多。问题多是剪力墙结构自身特性带来的，需要进一步研究解决。

14.2.2.4   结构连接方式选择

结构连接是装配式混凝土建筑结构安全最关键的环节，也是对成本影响较大的环节，结构设计师既要确保结构安全，又要避免功能过剩导致成本过高。

14.2.3　装配式混凝土结构拆分设计

拆分设计是装配式混凝土建筑设计中最关键的环节，对结构安全、建筑功能、建造成本影响非常大。装配式混凝土结构的拆分设计需要考虑建筑功能性和艺术性、结构合理性、制作运输安装环节的可行性和便利性等多方面因素。

14.2.3.1　拆分设计原则

拆分设计须遵循以下原则：

（1）符合标准和政策要求的原则。装配式混凝土建筑结构拆分设计应当依据国家标准、行业标准和项目所在地的地方标准进行。有些地方政府还制定了具体的装配式建筑政策，或要求预制外墙面积比达到一定比例；或强调三板（预制楼梯板、叠合楼板、预制墙板）的应用比例等，拆分设计须符合这些要求。

（2）各专业各环节协同原则。结构拆分设计须兼顾建筑功能性，艺术性，结构合理性，制作、运输、安装环节的可行性和便利性等，也包含对约束条件的调查和经济分析。拆分设计应当由各环节技术人员协作完成。

（3）结构合理性原则。结构拆分应考虑结构的合理性。构件接缝应选在应力小的部位。高层建筑柱梁结构体系套筒连接节点应避开塑性铰位置。尽可能统一并减少构件规格。相邻、相关构件拆分协调一致，如叠合板拆分与支座梁拆分需协调一致。

（4）符合制作、运输、安装环节约束条件原则。从安装效率和便利性考虑，构件越大越好，但必须考虑工厂起重机能力、模台或生产线尺寸、运输限高限宽限重约束、道路路况限制、施工现场塔式起重机或其他起重机能力限制等。

（5）经济性原则。拆分对成本影响非常大，成本高背离了装配式建筑的宗旨。拆分设计人员必须遵循经济性原则，进行多方案比较，给出经济上可行的拆分设计。尽可能减少构件规格是最重要的经济性原则。

14.2.3.2　拆分设计步骤

拆分设计步骤如图 14-4 所示。

14.2.3.3　拆分设计内容与总说明

拆分设计主要内容：①拆分界线确定；②连接节点设计；③预制构件设计。拆分设计图构成：①拆分设计总说明；②拆分布置图；③连接节点图；④构件制作图。

14.2.3.4　拆分布置图与节点图

在平面拆分布置图中，需要绘制出完整的预制构件范围，给出预制构件的完整信息以及详图索引等具体内容，需要符合以下具体要求：

（1）平面拆分布置图应给出一个标准层的拆分布置，并标明适用的楼层范围。

（2）凡是布置不一样或拆分有差异的楼层都应当另行给出该楼层的拆分布置图。

（3）平面面积较大的建筑，除整体完整的拆分布置图外，还可以分成几个区域给出区域拆分布置图。

（4）需要在平面拆分布置图中给出构件类型、构件尺寸标注、构件重量、构件安装方向等具体信息。

（5）构件名称宜包含预制构件的位置信息、对称信息、结构信息，以方便生产管理、运输存放及施工管理。

（6）在平面拆分布置图中给出必要的详图索引号。

对于立面拆分布置图，要求如下：

（1）东西南北四个立面宜分别给出立面拆分布置图，各立面布置图要表达各层预制构件的外轮廓线，拼缝线，门、窗、洞口及外部装饰线条等信息。

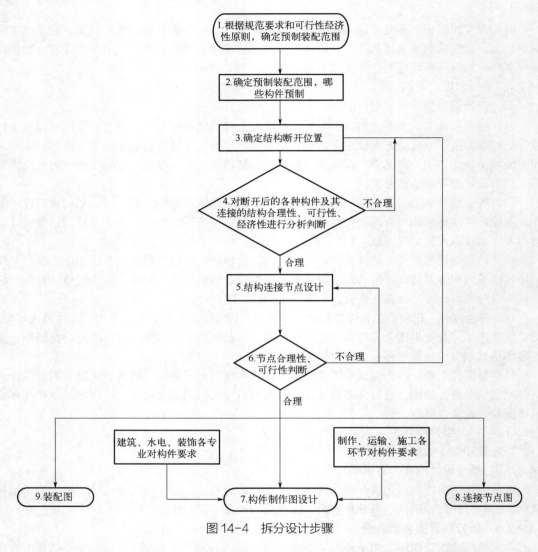

图 14-4   拆分设计步骤

（2）立面图上需将现浇部分与预制部分清晰区分开，每块预制构件的名称需表达准确且与平面图一致。

（3）给出建筑两端或分段的轴线轴号信息；给出各层的标高线及标高，给出每层预制构件的竖向尺寸关系。

对于剖面拆分图，剖面拆分图是拆分图极为重要的图样内容，能反映构件与主体结构的相对关系。

（1）原则上每一个预制墙都应给出墙身剖面图，剖面关系一致时则应采用同一个墙身索引号。

（2）剖切位置应选择该墙身有代表性的位置，如孔、洞、槽位置（孔、洞、槽若有对称性则应经过其中心线）。

（3）墙身剖面图中应将预制构件之间及预制构件与主体结构之间的相对关系尺寸准确标注绘出，绘出各层层高及每层预制构件间的竖向尺寸关系。

（4）对于在墙身剖面图上不能清晰表达的一些细部构造节点，需通过详图索引后另行绘制索引详图。

连接节点图就是把装配式混凝土结构连接做法、构造等局部细节采用较大比例（通常采用 20∶100 的比例）的图绘制出来，详细表达出节点所集成项之间的相互关系、构造做法、尺寸、材料规格等信息。

14.3 装配式混凝土建筑的材料与配件

装配式混凝土建筑所用材料大多数与现浇混凝土建筑相近，主要包括装配式混凝土建筑的连接材料、结构材料、建筑与装饰材料，其中，装配式混凝土结构在应用常规材料时，要注意材料的使用条件、要求与注意事项等。

14.3.1 连接方式与材料

预制构件与现浇混凝土的连接、预制构件之间的连接，是装配式混凝土结构关键的技术环节，是设计的重点。装配式混凝土结构的连接方式分为两类：湿连接和干连接。

湿连接是混凝土或水泥基浆料与钢筋结合的连接方式，适用于装配整体式混凝土结构连接。湿连接的核心是钢筋连接，包括套筒灌浆、浆锚搭接、机械套筒连接、注胶套筒连接、绑扎连接、焊接、锚环钢筋连接、钢索钢筋连接、后张法预应力连接等。湿连接还包括预制构件与现浇接触界面的构造处理（如键槽和粗糙面）以及其他方式的辅助连接（如型钢螺栓连接）。

干连接主要借助于埋设在预制混凝土构件的金属连接件进行连接，如螺栓连接、焊接等。如图 14-5 所示，为装配式混凝土结构连接方式。

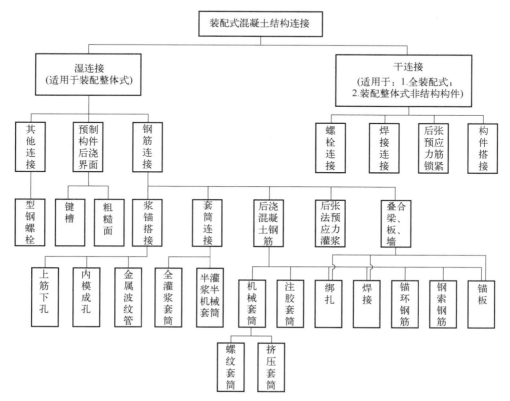

图 14-5 装配式混凝土结构连接方式

　　装配式混凝土结构的连接材料包括灌浆套筒、套筒灌浆料、浆锚孔金属波纹管、浆锚搭接灌浆料、浆锚孔螺旋筋、灌浆导管、灌浆孔塞、灌浆堵缝材料、夹心保温构件拉结件、机械套筒、注胶套筒和钢筋锚固板。除机械套筒、注胶套筒和钢筋锚固板在现浇混凝土结构建筑中也有应用外，其余材料都是装配式混凝土结构连接的专用材料（连接用主材和辅材）。

　　(1) 灌浆套筒连接。灌浆套筒分为全灌浆套筒和半灌浆套筒。全灌浆套筒是两端均采用灌浆连接的灌浆套筒，半灌浆套筒是一端采用套筒灌浆连接，另一端采用机械连接方式连接的灌浆套筒。

　　(2) 灌浆套筒构造。灌浆套筒构造包括筒壁、剪力槽、灌浆口、排浆口、钢筋定位销。

　　(3) 灌浆套筒材质。灌浆套筒材质有碳素结构钢、合金结构钢和球墨铸铁。碳素结构钢和合金结构钢套筒采用机械加工工艺制造；球墨铸铁套筒采用铸造工艺制造。球墨铸铁和各类钢灌浆套筒的材料性能，如表 14-1 和表 14-2 所示。

表 14-1　球墨铸铁灌浆套筒的材料性能

项目	性能指标
抗拉强度 σ_b/MPa	≥550
断后伸长率 σ_h/%	≥5
球化率/%	≥85
硬度/HBW	180～250

表 14-2　各类钢灌浆套筒的材料性能

项目	性能指标
屈服强度 σ_s/MPa	≥355
抗拉强度 σ_b/MPa	≥600
断后伸长率 σ_h/%	≥16

　　(4) 灌浆套筒尺寸偏差要求。灌浆套筒尺寸偏差如表 14-3 所示。

表 14-3　灌浆套筒尺寸偏差表

序号	项目	灌浆套筒尺寸偏差					
		铸造灌浆套筒			机械加工灌浆套筒		
1	钢筋直径/mm	12～20	22～32	36～40	12～20	22～32	36～40
2	外径允许偏差/mm	±0.8	±1.0	±1.5	±0.6	±0.8	±0.8
3	壁厚允许偏差/mm	±0.8	±1.0	±1.2	±0.5	±0.6	±0.8
4	长度允许偏差/mm	±0.01L			±2.0		
5	锚固段环形凸起部分的内径允许偏差/mm	±1.5			±1.0		
6	锚固段环形凸起部分的内径最小尺寸与钢筋公称直径差值/mm	≥10			≥10		
7	直螺纹精度	—			GB/T 197—2018		

注：L 为灌浆套筒总长。

（5）灌浆套筒尺寸选用。在预制构件连接设计时，需要知道对应各种直径钢筋的灌浆套筒外径，以确定受力钢筋在构件断面中的位置，便于计算和配筋等；还需要知道套筒的总长度和钢筋的插入长度，以确定下部构件伸出钢筋的长度和上部构件受力钢筋的长度。

（6）灌浆套筒灌浆最小内径要求。灌浆套筒灌浆端最小内径与连接钢筋公称直径的差值不宜小于表 14-4 规定的数值。

表 14-4　灌浆套筒灌浆端最小内径尺寸要求

钢筋直径/mm	套筒灌浆端最小内径与连接钢筋公称直径差最小值/mm
12 ~ 25	10
28 ~ 40	15

（7）灌浆套筒对所连接钢筋的要求。灌浆套筒所连接钢筋应是热轧带肋钢筋；钢筋直径不宜小于 12mm，且不宜大于 40mm。

（8）灌浆套筒连接筋的锚固深度。灌浆连接端用于钢筋锚固的深度不宜小于 8 倍钢筋直径。

（9）接头性能要求。采用钢筋套筒灌浆连接时，应在构件生产前对灌浆套筒连接接头做抗拉强度试验，每种规格试件数量不应少于 3 个。

① 钢筋套筒灌浆连接接头的抗拉强度不应小于连接钢筋抗拉强度标准值，且破坏时应断于接头外钢筋。

② 钢筋套筒灌浆连接接头的屈服强度不应小于连接钢筋屈服强度标准值。

③ 套筒灌浆连接接头单向拉伸、高应力反复拉压、大变形反复拉压试验加载过程中，当接头拉力达到连接钢筋抗拉荷载标准值的 1.15 倍而未发生破坏时，应判为抗拉强度合格，可停止试验。

④ 套筒灌浆连接接头的变形性能应符合表 14-5 的规定。在频遇荷载组合下，构件中的钢筋应力高于钢筋屈服强度标准值的 0.6 倍时，可对单向拉伸残余变形的加载峰值 u_0 提出调整要求。

表 14-5　套筒灌浆连接接头的变形性能

项目		工作性能要求
对中单向拉伸	残余变形/mm	$u_0 \leq 0.10$（$d \leq 32$） $u_0 \leq 0.14$（$d > 32$）
	最大力下总伸长率/%	$A_{spt} \geq 6.0$
高应力反复拉压	残余变形/mm	$u_{20} \leq 0.3$
大变形反复拉压	残余变形/mm	$u_4 \leq 0.3$ 且 $u_8 \leq 0.6$

注：u_0—接头试件加载至 0.6 倍钢筋屈服强度标准值，并卸载后在规定标距内的残余变形；A_{spt}—接头试件的最大力下总伸长率；u_{20}—接头试件按规定加载制度经高应力反复拉压 20 次后的残余变形；u_4—接头试件按规定加载制度经大变形反复拉压 4 次后的残余变形；u_8—接头试件按规定加载制度经大变形反复拉压 8 次后的残余变形。

（10）套筒灌浆连接的优点。

① 套筒灌浆连接安全可靠，已经应用了 40 多年，是装配整体式混凝土建筑竖向构件钢筋连接的主要方式，是超高层装配式混凝土建筑竖向构件钢筋连接的唯一方式。

② 操作简单。

③ 适用范围广。

（11）套筒灌浆连接的缺点。

① 成本高。

② 套筒直径大，钢筋密集时排布相对困难。

③ 安装精度要求略高。

（12）套筒灌浆连接的适用范围。适用于各种结构体系多层、高层、超高层装配式建筑，特别是高层、超高层建筑竖向构件的钢筋连接。

（13）灌浆料。装配式混凝土结构用到的灌浆料有套筒灌浆用的灌浆料、浆锚搭接用的灌浆料和坐浆料。

（14）浆锚孔金属波纹管。金属波纹管可以用在受力结构构件浆锚搭接连接上，也可以当作非受力填充墙预制构件限位连接筋的预成孔内模。

浆锚孔波纹管预埋于预制构件中，形成浆锚孔内壁，如图14-6所示。直径大于20mm的钢筋连接不宜采用金属波纹管浆锚搭接连接，直接承受动力荷载的构件纵向钢筋连接不应采用金属波纹管浆锚搭接连接。

行业标准和一些地方标准对镀锌金属波纹管的要求归纳如下：

① 材质金属波纹管宜采用软钢带制作，性能应符合现行国家标准《碳素结构钢冷轧钢板及钢带》（GB/T 11253—2019）的规定。

② 镀锌双面镀锌层重量不宜小于 $60g/m^2$。

③ 金属波纹管的钢带厚度宜根据金属波纹管的直径及刚度指标要求确定。具体参照 GB/T 2518—2019。

（15）灌浆导管、孔塞、堵缝料。

① 灌浆导管。当灌浆套筒或浆锚孔距离混凝土边缘较远时，需要在预制构件中埋置灌浆导管。灌浆导管一般采用 PVC 中型（M 型）管，壁厚 1.2mm，即电气用的套管，外径应为套筒或浆锚孔灌浆出浆口的内径，一般是 16mm。

② 灌浆孔塞。灌浆孔塞用于封堵灌浆套筒和浆锚孔的灌浆口与出浆口，避免孔道被异物堵塞灌浆孔塞可用橡胶塞或木塞。橡胶塞形状如图 14-7 所示。

图14-6　浆锚孔波纹管

图14-7　灌浆孔塞

③ 灌浆堵缝材料。如图 14-8 所示，灌浆堵缝材料用于灌浆构件的接缝，有橡胶条、PE 棒、木条和封堵坐浆料等，也有用充气橡胶条的，灌浆堵缝材料要求封堵密实，不漏浆、作业便利。

封堵坐浆料是一种高强度水泥基砂浆，强度大于 50MPa，应具有可塑性好、成型后不塌落、凝结速度快和无收缩变形的性能。

（16）机械套筒。如图 14-9 所示，机械连接套筒与钢筋连接方式包括螺纹连接和挤压连接。

在装配式混凝土结构中，螺纹连接一般用于预制构件与现浇混凝土结构之间的纵向钢筋连接，与现浇混凝土结构中直螺纹钢筋接头的要求相同，应符合《钢筋机械连接技术规程》（JGJ 107—2016）的规定；预制构件之间钢筋的连接主要是挤压连接。

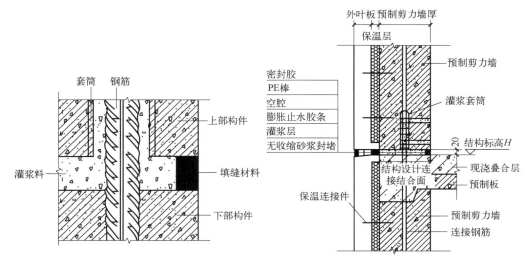

图 14-8　灌浆堵缝材料示意图

图 14-9　机械连接套筒示意图

挤压套筒连接是通过钢筋与套筒咬合作用将一根钢筋的力传递到另一根钢筋，适用于热轧带肋钢筋的连接。对于两个预制构件之间进行机械套筒挤压连接，困难之处主要是生产和安装精度控制，钢筋对位要准确，预制构件之间后浇段应留有足够的施工操作空间，对于施工中常用的钢筋尺寸而言，一般情况下该连接方式的作业空间一般需要 100mm（含挤压套筒）左右。

如图 14-10 所示，常用挤压套筒可分为标准型和异径型。两种挤压套筒连接的要求如下：

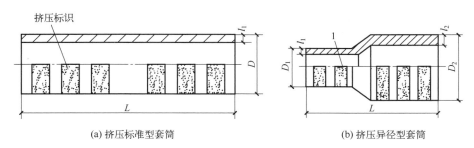

(a) 挤压标准型套筒　　　　　　　(b) 挤压异径型套筒

图 14-10　挤压套筒示意图

① 用于钢筋机械连接的挤压套筒，其原材料及实测力学性能应符合现行行业标准《钢筋机械连接用套筒》（JG/T 163）的有关规定（《装配式混凝土建筑技术标准》第 5.2.3 条）。

② 连接框架柱、框架梁、剪力墙边缘构件纵向钢筋的挤压套筒接头应满足 Ⅰ 级接头的要求，连接剪力墙竖向分布筋、楼板分布筋的挤压套筒接头应满足 Ⅰ 级接头抗拉强度的要求。

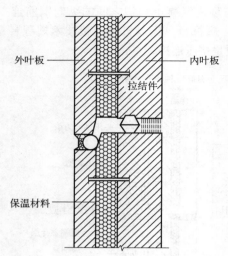

外叶板

内叶板

拉结件

保温材料

图 14-11　夹心保温板构造示意图

（17）夹心保温构件拉结件。

① 夹心保温板是两层钢筋混凝土板中间夹着保温材料的预制外墙构件。两层钢筋混凝土板（内叶板和外叶板）靠拉结件连接，如图 14-11 所示。

拉结件涉及建筑安全和正常使用，须满足以下要求：

a. 在内叶板和外叶板中锚固牢固，在荷载作用下不能被拉出。

b. 拉结件有足够的强度，在荷载作用下不能被拉断剪断。

c. 拉结件有足够的刚度，在荷载作用下不能变形过大，导致外叶板位移。

d. 热导率尽可能小，减少因热桥效应散失的热量。

e. 具有耐久性。

f. 具有防锈蚀性。

g. 具有防火性能。

h. 埋设方便。

拉结件有非金属和金属两类，如图 14-12 所示。

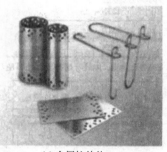

(a) 金属拉结件

(b) 树脂拉结件

图 14-12　金属和非金属拉结件

② 非金属拉结件。非金属拉结件材质由高强玻璃纤维和树脂制成，热导率低，应用方便。当采用增强纤维拉结件（FRP）时，其材料力学性能指标应符合表 14-6 的要求，其耐久性应符合国家现行标准《纤维增强复合材料工程应用技术标准》（GB 50608—2020）的有关规定。

表 14-6　纤维增强复合材料力学性能指标

项目	技术要求	试验方法
拉伸强度	≥700MPa	GB/T 1447
弹性模量	≥42GPa	GB/T 1447
剪切强度	≥30MPa	JC/T 773

Thermomass 拉结件分为 MS 和 MC 型两种。MS 型有效嵌入混凝土中 38mm；MC 型有效嵌入混凝土 51mm。Thermomass 拉结件的物理力学性能如表 14-7 所示。

表 14-7　Thermomass 拉结件的物理力学性能

型号	锚固长度/mm	混凝土换算强度	允许剪切力 V_1/N	允许锚固抗拉力 P_1/N
MS	38	C40	462	2706
		C30	323	1894
MC	51	C40	677	3146
		C30	502	2567

注：1. 单只拉结件允许剪切力和允许锚固抗拉力已经包括了安全系数 4.0，内外叶墙的混凝土强度均不宜低于 C30，否则允许承载力应按照混凝土强度折减。

2. 设计时应进行验算，单只拉结件的剪切荷载 V_0 不允许超过 V_1，拉力荷载 P_0，不允许超过 P_1，当同时承受拉力和剪力时，要求 $(V_0/V_1)+(P_0/P_1)\leqslant 1$。

③ 金属拉结件。欧洲夹心保温板较多使用金属拉结件，德国哈芬公司的拉结件材质是不锈钢，包括不锈钢杆、不锈钢板和不锈钢圆筒。

哈芬的金属拉结件在力学性能、耐久性和确保安全性方面有优势，但热导率比较高，埋置麻烦，价格也比较贵。

当采用不锈钢拉结件时，其材料力学性能应符合表 14-8 的要求。

表 14-8　不锈钢拉结件材料力学性能

项目	技术要求	试验方法
屈服强度	≥380MPa	GB/T 228
抗拉强度	≥500MPa	GB/T 228
弹性模量	≥190GPa	GB/T 228
抗剪强度	≥300MPa	GB/T 6400

④ 拉结件选用注意事项。技术成熟的拉结件厂家会向使用者提供拉结件抗拉强度、抗剪强度、弹性模量、热导率、耐久性、防火性等力学物理性能指标，并提供布置原则、锚固方法、力学和热工计算资料等。

由于拉结件成本较高，一些预制构件厂自制或采购价格便宜的拉结件，有的工厂用钢筋做拉结件；还有的工厂用煨成 "Z" 字形塑料钢筋做拉结件。对此，提出以下注意事项：

a. 鉴于拉结件对建筑安全和正常使用的重要性，宜向专业厂家选购拉结件。

b. 拉结件在混凝土中的锚固方式应当有充分可靠的试验结果支持；外叶板厚度较薄，一般只有 60mm 厚，最薄的板只有 50mm，对锚固的不利影响要充分考虑。

c. 拉结件位于保温层温度变化区，也是水蒸气结露区，用钢筋做拉结件时，表面涂刷防锈漆的防锈蚀方式耐久性不可靠；镀锌方式要保证 50 年，必须保证一定的镀层厚度。应根据当地的环境条件计算，且不应小于 70μm。

d. 塑料钢筋做的拉结件，应当进行耐碱性能试验和模拟气候条件的耐久性试验。塑料钢筋一般用普通玻纤制作，而不是耐碱玻纤。普通玻纤在混凝土中的耐久性得不到保证，塑料钢筋目前只是作为临时项目使用的钢筋。

e. 拉结件检验，拉结件需具有专门资质的第三方进行相关材料力学性能的检验。夹心保温板外叶板的重量较大，一旦拉结件失效，导致外叶板脱落会酿成重大质量和安全事故。《装配式混凝土建筑技术标准》对拉结件的承载力、变形能力、耐久性等提出了须进行试验验证的要求。

（18）钢筋锚固板。钢筋锚固板是设置于钢筋端部用于锚固钢筋的承压板，在装配式混凝土建筑中用于后浇区节点受力钢筋的锚固，如图 14-13 所示。

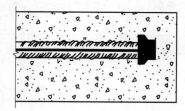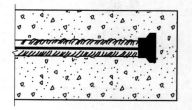

图 14-13　钢筋锚固板

钢筋锚固板的材质有球墨铸铁、钢板、锻钢和铸钢四种，具体材质牌号和力学性能应符合现行行业标准《钢筋锚固板应用技术规程》（JGJ 256—2011）的规定。

14.3.2　结构材料

装配式混凝土建筑的结构材料主要包括混凝土及其原材料、钢筋、钢板等。装配式混凝土建筑关于混凝土的要求如下。

14.3.2.1　普通混凝土

装配式混凝土建筑往往采用比现浇建筑强度等级高一些的混凝土和钢筋。《装配式混凝土建筑技术标准》要求预制构件的混凝土强度等级不宜低于 C30；预应力混凝土预制构件的强度等级不宜低于 C40，且不应低于 C30；现浇混凝土的强度等级不应低于 C25。装配式混凝土建筑混凝土强度等级的起点比现浇混凝土建筑高了一个等级。

混凝土强度等级高一些，对套筒在混凝土中的锚固有利；高强度等级混凝土与高强钢筋的应用可以减少钢筋数量，避免钢筋配置过密、套筒间距过小影响混凝土浇筑，这对柱梁结构体系建筑比较重要；高强度等级混凝土和钢筋对提高整个建筑的结构质量和耐久性有利，需要注意的是：

（1）预制构件结合部位和叠合梁板的后浇混凝土，强度等级应当与预制构件的强度等级一样。

（2）不同强度等级结构件组合成一个构件时，如梁与柱结合的梁柱一体构件，柱与板结合的柱板一体构件，混凝土的强度等级应当按结构件设计的各自的强度等级制作。例如，一个梁柱结合的莲藕梁，梁的混凝土强度等级是 C30，柱的混凝土强度等级是 C50，就应当分别对梁、柱浇筑 C30 和 C50 混凝土。

（3）预制构件混凝土配合比不宜照搬当地商品混凝土配合比。商品混凝土配合比考虑配送运输时间，往往延缓了初凝时间，预制构件在工厂制作，搅拌站就在车间旁，混凝土不需要缓凝。

（4）工地后浇混凝土用商品混凝土，强度等级和其他力学物理性能应符合设计要求，需考虑的一个因素是，剪力墙结构水平后浇带一般在浇筑次日强度很低时就开始安装上一层剪力墙板，且养护条件不好，因此可以使用早强混凝土，这在气温较低的时候尤其必要。

14.3.2.2　轻质混凝土

轻质混凝土可以减轻构件重量和结构自重荷载。重量是预制构件拆分的制约因素。例如，开间较大或层高较高的墙板，常常由于重量太重，超出了工厂或工地起重能力而无法做成整间板，而采用轻质混凝土就可以做成整间板，轻质混凝土为装配式混凝土建筑提供了便利性。

轻质混凝土的"轻"主要靠用轻质骨料替代砂石实现。用于装配式混凝土建筑的轻质混凝土的轻质骨料必须是憎水型的。目前国内已经有用憎水型陶粒配置的轻质混凝土，强度等级 C30 的轻质混凝土重力密度为 17kN/m³，可用于装配式混凝土建筑中。

14.3.2.3　装饰混凝土

装饰混凝土是指具有装饰功能的水泥基材料，包括清水混凝土、彩色混凝土、彩色砂浆。装饰混凝土用于装配式混凝土建筑表皮（外表直接裸露的构件），包括直接裸露的柱梁构件、剪力墙外墙板、外挂墙板、夹心保温构件的外叶板等。

清水混凝土其实就是原貌混凝土，表面不做任何饰面，真实地反映模具的质感，模具光滑，它就光滑；模具是木质的，就出现木纹质感；模具是粗糙的，它就粗糙。

清水混凝土与结构混凝土的配制原则上没有区别。但为实现建筑师颜色均匀和质感柔和的要求，需选择色泽合意质量稳定的水泥和合适的骨料，并进行相应的配合比设计、试验。

彩色混凝土和彩色砂浆一般用于预制构件表面装饰层，色彩靠颜料、彩色骨料和水泥实现，深色用普通水泥，浅色用白水泥。彩色骨料包括彩色石子、花岗石彩砂、石英砂、白云石砂等。露出混凝土中彩色骨料的办法有三种：

（1）缓凝剂法。浇筑前在模具表面涂上缓凝剂，构件脱模后，表面尚未完全凝结，用水把表面水泥浆料冲去，露出骨料。

（2）酸洗法。表面为彩色混凝土的构件脱模后，用稀释的盐酸涂刷构件表面，将表面水泥石中和掉，露出骨料。

（3）喷砂法。表面为彩色混凝土的构件脱模后，用空气压力喷枪向表面喷打钢砂，打去表面水泥石，形成凸凹质感并露出骨料。

彩色混凝土和彩色砂浆配合比设计除需要保证颜色、质感、强度等建筑艺术功能要求和力学性能外，还应考虑与混凝土基层的结合性和变形协调，需要进行相应的试验。

14.3.2.4　水泥

一般情况下，可用于普通混凝土结构的水泥都可以用于装配式混凝土建筑。预制构件制作工厂应当使用质量稳定的优质水泥。预制构件制作工厂一般自设搅拌站，使用灌装水泥。表面装饰混凝土可能用到白水泥，白水泥一般是袋装。装配式混凝土结构工厂生产不连续时，应避免过期水泥被用于构件制作。

14.3.2.5　骨料

（1）石子。粗骨料应采用质地坚实、均匀洁净、级配合理、粒形良好、吸水率小的碎石。应符合现行国家标准《建设用卵石、碎石》（GB/T 14685—2022）的规定。

（2）砂子。细骨料应符合现行国家标准《建设用砂》（GB/T 14684—2022）的规定。

（3）彩砂。彩砂为人工砂，是人工破碎的粒径小于 5mm 的白色或彩色岩石颗粒，包括各种花岗石彩砂、石英砂和白云石砂等。彩砂应符合现行国家标准《建设用砂》（GB/T 14684—2022）的规定。

14.3.2.6　水和混合物

拌制混凝土宜采用饮用水，一般能满足要求，使用时可不经试验。拌制混凝土用水须符合《混凝土用水标准》（JGJ 63—2006）的规定。

用于装配式混凝土结构的混合物主要为粉煤灰、磨细矿渣、硅灰等。使用时应保证其产品品质稳定，来料均匀。粉煤灰应符合标准《粉煤灰混凝土应用技术规范》（GB/T 50146—2014）的规定。磨细矿渣应符合标准《用于水泥、砂浆和混凝土中的粒化高炉矿渣粉》（GB/T 18046—2017）的规定。硅灰应符合标准《砂浆和混凝土用硅灰》（GB/T 27690—2011）的规定。

14.3.2.7　混凝土外加剂

（1）内掺外加剂。内掺外加剂是指在拌制混凝土拌和前或拌和过程中掺入用以改善混凝土性能的物质。包括减水剂、引气剂、加气剂、早强剂、速凝剂、缓凝剂、防水剂、阻锈剂、膨胀剂、防冻剂等。

预制构件所用的内掺外加剂与现浇混凝土常用外加剂品种基本一样，只是不用泵送剂，也不用像商品混凝土那样为远途运输混凝土而添加延缓混凝土凝结时间的外加剂。预制构件最常用的外加剂包括减水剂、引气剂、早强剂、防水剂等。外加剂应符合现行国家标准《混凝土外加剂应用技术规范》（GB 50119—2013）的规定。

（2）外涂外加剂。外涂外加剂是预制构件为形成与后浇混凝土接触界面的粗糙面而用的缓凝剂。涂刷或喷涂在要形成粗糙面的模具表面，延缓该处混凝土凝结，构件脱模后，用压力水枪将未凝结的水泥浆料冲去，形成粗糙面。为保证粗糙面形成的均匀性，宜选用外涂外加剂专业厂家的产品。

14.3.2.8　颜料

在制作装饰一体化预制构件时，可能会用到彩色混凝土，需要在混凝土中掺入颜料。混凝土所用颜料应符合现行行业标准《混凝土和砂浆用颜料及其试验方法》（JC/T 539—1994）的规定。

彩色混凝土颜料掺量不仅要考虑色彩需要，还要考虑颜料对强度等力学物理性能的影响。颜料配合比应当做力学物理性能的比较试验。颜料掺量不宜超过 6%。颜料应当储存在通风、干燥处，防止受潮，严禁与酸碱物品接触。

14.3.2.9　钢筋间隔件

钢筋间隔件即保护层垫块，是用于控制钢筋保护层厚度或钢筋间距的物件。按材料分为水泥基类、塑料类和金属类。

装配式混凝土建筑不可以用石子、砖块、木块、碎混凝土块等作为间隔件。选用原则如下：

（1）水泥砂浆间隔件强度较低，不宜选用。

（2）混凝土间隔件的强度应当比构件混凝土强度等级提高一级，且不应低于 C30。不得使用断裂、破碎的混凝土间隔件。

（3）塑料间隔件不得采用聚氯乙烯类塑料或二级以下再生塑料制作。

（4）塑料间隔件可作为表层间隔件，但环形塑料间隔件不宜用于梁、板底部。

（5）不得使用老化断裂或缺损的塑料间隔件。

（6）金属间隔件可作为内部间隔件，不应用作表层间隔件。

14.3.2.10　钢筋

钢筋在装配式混凝土结构构件中除了用于结构设计配筋外，还用于制作浆锚连接的螺旋加强筋、构件脱模或安装用的吊环、预埋件或内埋式螺母的锚固"胡子筋"等。钢筋的材质要求与现浇混凝土一样。

14.3.2.11　钢材

装配式混凝土结构中用到的钢材包括埋置在构件中的外挂墙板安装连接件等。钢材的力学性能指标应符合现行国家标准《钢结构设计标准》（GB 50017—2017）的规定。钢板宜采用 Q235 钢和 Q345 钢。

14.3.2.12　焊条

钢材焊接所用焊条应与钢材材质和强度等级对应，并符合现行国家标准《混凝土结构设计规范（2015 年版）》（GB 50010—2010）、《钢结构设计标准》（GB 50017—2017）、《钢结构焊接规范》（GB 50661—2011）和《钢筋焊接及验收规程》（JGJ 18—2012）等的规定。

14.3.2.13 钢丝绳

钢丝绳在装配式混凝土结构中主要用于竖缝柔性套箍连接和大型构件脱模吊装用的柔性吊环。钢丝绳应符合现行国家标准《钢丝绳通用技术条件》（GB/T 20118—2017）的规定。

14.3.3 建筑与装饰材料

建筑与装饰材料无论是装配式混凝土建筑还是现浇混凝土建筑都会用到，在装配式混凝土建筑里常用的包括接缝密封材料、夹芯保温板填充保温材料、饰面材料、装饰用 GRC 材料、在构件表面采用反打施工工艺的石材和瓷砖等。

14.3.3.1 建筑密封胶

外挂墙板和剪力墙外叶板的接缝需要采用密封胶等材料进行密闭防水处理。混凝土接缝建筑密封胶基本要求如下：

（1）建筑密封胶应与混凝土具有相容性。没有相容性的密封胶粘不住，容易与混凝土脱离。国外装配式混凝土结构密封胶特别强调这一点。

（2）应当有较好的弹性，可压缩比率大。

（3）具有较好的耐候性、环保性以及可涂装性。

（4）接缝中的背衬可采用发泡氯丁橡胶或聚乙烯塑料棒。

装配式建筑预制外墙板接缝常用的密封材料是 MS 密封胶，其特点是：

（1）对混凝土、预制构件表面以及金属都有着良好的黏结性。

（2）可以长期保持材料性能不受影响。

（3）在低温条件下有着非常优越的操作施工性。

（4）能够长期维持弹性（橡胶的自身性能）。

（5）耐污染性好；MS 胶在实际工程的应用中无污染效果。

（6）MS 密封胶对地震以及部件活动所造成的位移能够长期保持其追随性（应力缓和等）。

14.3.3.2 密封橡胶条

装配式混凝土建筑所用橡胶密封条用于板缝节点，与建筑密封胶共同构成多重防水体系。密封橡胶条应具有较好的弹性、可压缩性、耐候性和耐久性，如图 14-14 所示。

14.3.3.3 保温材料

夹芯保温板夹芯层中的保温材料，宜采用挤塑型聚苯乙烯板（XPS）、硬泡聚氨酯（PUR）、酚醛泡沫保温板等轻质高效保温材料。保温材料应符合国家现行有关标准的规定。

图 14-14 不同形状的橡胶密封条

14.3.3.4 石材反打材料

石材反打是将石材反铺到预制构件模板上，用不锈钢挂钩将其与钢筋连接，然后浇筑混凝土，使装饰石材与混凝土构件结合为一体的施工工艺。用于反打工艺的石材要符合行业标准《金属与石材幕墙工程技术规范》（JGJ 133—2001）的要求。石材厚 25～30mm。

反打石材背面安装不锈钢挂钩，直径不小于 4mm，如图 14-15 和图 14-16 所示。

反打石材工艺须在石材背面涂刷一层隔离剂，该隔离剂是低黏度的，具有耐温差、抗污染、附着力强、抗渗透、耐酸碱等特点。隔离剂用在反打石材背面的一个目的是防止泛碱，避免混凝土中的"碱"析出石材表面；另一个目的是防水；还有一个目的是减弱石材与混凝土因温度变形不同而产生的应力。

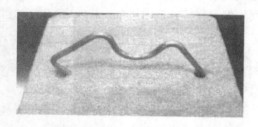

图14-15　安装中的反打石材挂钩

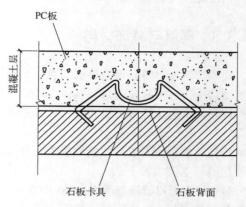

图14-16　反打石材挂钩示意图

14.3.3.5　GRC

非夹芯保温的预制外墙板，其保温层的保护板可以采用 GRC 装饰板。GRC 为 Glass Fibre Reinforced Concrete 的缩写，含义为"玻璃纤维增强的混凝土"，是由水泥、砂子、水、玻璃纤维、外加剂以及其他骨料与混合物组成的复合材料。GRC 装饰板厚度为 15mm，抗弯强度可达 18MPa，是普通混凝土的 3 倍，具有壁薄体轻、造型随意、质感逼真的特点，GRC 板表面可以附着 5~10mm 厚的彩色砂浆面层。GRC 也可用作建筑外立面装饰造型线条的制作。

14.3.3.6　超高性能混凝土

非夹芯保温的预制外墙板，其保温层的保护板也可以采用超高性能混凝土墙板。超高性能混凝土简称 UHPC（Ultra-High Performance Concrete），也称为活性粉末混凝土（RPC，Reactive Powder Concrete），是最新的水泥基工程材料，主要材料有水泥、石英砂、硅灰和纤维（钢纤维或复合有机纤维）等。板厚 10~15mm，抗弯强度可达 20MPa 以上，是普通混凝土的 3 倍以上，具有壁薄体轻、造型随意、质感逼真、强度高、耐久性好的特点，表面可以附着 5~10mm 厚的彩色砂浆面层。

14.3.3.7　饰面漆料及表面保护剂

建筑抹灰表面用的漆料都可以用于预制构件。包括乳胶漆、氟碳漆、真石漆等。预制构件由于在工厂制作，表面可以做得非常精致。

表面不做乳胶漆、真石漆、氟碳漆处理的装饰性预制墙板或构件，如清水混凝土质感构件、彩色混凝土质感构件、剔凿质感构件等，应涂刷透明的表面保护剂，以防止污染或泛碱，增强耐久性。

表面污染包括空气灰尘污染、雨水污染、酸雨作用、微生物污染等。表面保护剂对这些污染有防护作用，有助于抗冻融性、抗渗性的提高，抑制盐的析出。

按照工作原理分有两类表面保护剂：涂膜和浸渍。涂膜就是在构件表面形成一层透明的保护膜，浸渍则是将保护剂渗入构件表面层，使之形成致密层。这两种办法也可以同时采用。

表面保护剂多为树脂类，包括丙烯酸硅酮树脂、聚氨酯树脂、氟树脂等。表面防护剂需要保证防护效果，不影响色彩与色泽，耐久性好。

14.4 BIM 与装配式建筑设计

BIM 的概念最早在 20 世纪 80 年代被提出，是信息化技术与数字化技术结合的必然产物，BIM（Building Information Modeling）是信息化模型技术在建筑行业的具体应用，是通过软件技术创建并利用数字化模型对建设项目进行设计、建造和运营管理的过程和方法，并贯穿于建筑的全生命周期。BIM 并非任何一款软件也不是一项单一的新技术，而是先进的信息化管理及多专业协同平台。

14.4.1 BIM 在装配式建筑设计上的应用

BIM 与装配式建筑的共同点是"集成"。装配式建筑的核心是"集成"，而 BIM 技术是"集成"的主线。可以说 BIM 和装配式建筑是天然的伴侣。应用 BIM 技术有利于装配式建筑的设计、生产、装配、运维系统的一体化协同发展。

BIM 和装配式建筑结合起来可服务于设计、建设、运维、拆除的全生命周期，可以数字化虚拟、信息化描述各种系统要素，实现信息化协同设计、可视化装配、工程量信息的交互和节点连接模拟及检验等全新运用，整合建筑全产业链，实现全过程、全方位的信息化集成。

预制装配式建筑项目传统的建设模式是设计→工厂制造→现场安装，但设计、工厂制造、现场安装三个阶段是分离的，不合理的设计，往往在安装过程中才会被发现，造成变更和浪费，甚至影响质量。

BIM 技术的引入则可以有效解决以上问题，它具有信息集成的优势，可以将设计方案、制造需求、安装需求集成在 BIM 模型中，在实际建造前统筹考虑设计、制造、安装的各种要求，把实际制造、安装过程中可能产生的问题提前解决。

利用 BIM 的三维可视化信息技术及一体化系统平台，可基于多专业、多环节的信息共享，实现建筑、结构、机电、装修一体化，设计、加工、装配一体化。在 2D 环境下，每一张图样都是一个单独的"平面蓝图"，先从平面开始绘制，然后画立面、剖面，再按照项目进展更改所有的图样。无休止地修改、再修改是建筑师工作繁重的一个重要原因，占用了建筑师大量宝贵的时间和精力。而 BIM 技术改变了这种工作方式。在虚拟建筑中做设计，设计过程的核心是模型而不是图样，所有的图样都直接从模型中生成，图样成为设计的副产品。每一个视图都是同一个数据库中的数据在不同视角的表现。利用虚拟建筑模型，建筑师可以根据自己的需要在任何时候生成任意视图。平面图、立面图、剖面图、3D 视图甚至大样图，以及材料统计、面积计算、造价计算等都可以从建筑模型中自动生成。事实上，只是根据需要从一个存储了所有信息的数据库中提取资料，所有的图样都是同样的数据信息的不同表达方式，所有的报表都是对相关信息的归类和统计。

运用 BIM 技术创建的虚拟建筑模型中包含着丰富的非图形数据信息，提取模型中的数据，导入各专业分析模拟软件中，即可进行结构性能分析、日照分析、风流体分析、能耗分析、消防疏散分析等。

BIM 技术的参数化、协调性、可视化、模拟性等特点，给建筑产业化带来了前所未有的机会。BIM 的 3D 协同设计利用 3D 可视化技术建立 BIM 模型，建筑、结构、设备在同一模型上共享数字化模型信息进行协同设计，虚拟三维施工模型，完成碰撞检测，修改碰撞，得到最佳施工方案，进行施工协调，最终完成项目。主要特点体现在以下几个方面：

（1）设计从 2D 设计转向 3D 设计；

（2）从各工种单独完成项目转向各工种协同完成项目；

（3）从离散的分布设计转向基于同一模型的全过程整体设计；

（4）从线条绘图转向构件布置。

14.4.2　装配式建筑启动 BIM 技术的方式

根据国家的相关政策要求，发展装配式技术的第一要素就是使用建筑信息模型，即 BIM 技术。利用 BIM 技术可以提高建筑领域各专业协同设计能力，加强对装配式建筑建设全过程的指导和服务，这样建筑效率至少可以提高 20%，成本至少降低 15%。因此，当 BIM 技术遇上装配式建筑，会引起建筑装饰领域的技术性革新。

装配式建筑启动 BIM 技术的前提是需要制定 BIM 应用标准，确定协同规范、建模标准、操作手册、交付标准以及其他流程制度，最后形成一套完整的装配式 BIM 应用标准。下面就几个关键点做一些简明的阐述。

14.4.2.1　BIM 建模标准

装配式建筑 BIM 设计工作中的协同建模工作标准包含的基本内容有：建模任务拆分原则与标准、模型的保存标准、模型及构建文件命名规则、编码标准、文档结构、色彩规则、BIMLOD、坐标标准、权限分配等。

14.4.2.2　BIM 设计软件

由于装配式建筑的综合需求，BIM 设计软件可以实现三维结构模型的精确建立和细致管理，将建筑的结构施工图设计、建筑做法、工厂加工、装配式施工等环节完全体现在模型中；同时，通过 BIM 设计软件可以根据需要自动生成并输出相关图表，以提高设计效率。基于 BIM 的理念，通过 BIM 设计软件建立三维数字模型，可以实现数据资源共享，构建各个专业协同工作的平台，提高工作效率，减少设计错误，避免返工劳动，降低工程成本。

BIM 设计软件可精确统计模型的工程量（包括混凝土、钢筋），并可根据需要定制输出各种形式的统计报表，清单的输出内容包括截面尺寸、编号、材质、混凝土的用量、钢筋的编号及数量、钢筋的用量等信息。根据模型对建筑的构件数量及材料用量可自动进行分类汇总，既可以对某个构件进行详细的工程量统计，也可以获得定制的整体工程量清单。

14.4.2.3　BIM 构件库

利用 BIM 技术建立装配式构件库和装配式组件库，可以使构件标准化，减少设计错误，提高出图效率，尤其在构件的加工和现场安装上可明显提高工作效率。

BIM 组件库应具有高度的参数化性质，可以根据不同的工程项目改变组件库在项目中的参数，通用性和拓展性强。

14.4.2.4　BIM 构件库的拆分和深化设计

如图 14-17 所示，在装配式建筑设计中要做好预制构件的"拆分设计"，从前期的策划阶段就需要专业的介入，确定好装配式建筑的技术路线和产业化目标，在方案设计的阶段根据既定目标，依据构件拆分原则进行设计方案创作，避免方案性的不合理导致后期技术经济性的不合理，避免由于前后脱节造成的设计失误。

BIM 模型中单个外墙构件的几何属性经过可视化分析，可以对于预制外墙板的类型数量进行优化，减少预制构件的类型和数量。在建立三维深化设计模型后，建筑的平面图、立面图等表达的建筑信息更加清晰准确，方便加工制造，从而降低深化设计的成本。

BIM 设计软件自带碰撞校核管理器来检查钢筋，打开后选定所需校核的构件和模型，直接点击校核即可，碰撞检查完成后，管理器对话框会将所遇到的碰撞位置全部列出来，包括碰撞对象的名称、碰撞的类型、构件及对象的 ID 等。

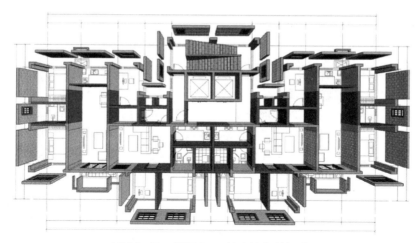

图 14-17　基于 BIM 的建筑构件拆分

　　BIM 设计软件具有强大的智能出图和自动更新功能，对图样的模板做相应的定制后即可自动生成所需的深化设计图样，整个出图过程无需人工干预，而且有别于传统的 CAD 创建的数据孤立的二维图样，自动生成的 BIM 图样和模型动态链接，一旦模型数据发生修改，与其关联的所有图样都将会自动更新。图样能精确表达构件的相关钢筋的构造布置，各种钢筋的弯起做法，钢筋的用量等，可直接用于预制构件的生产，避免了人工出图可能出现的错误。

14.4.3　装配式建筑 BIM 设计协同平台

　　装配式建筑对技术和管理要求较高，实施过程也较为复杂，BIM 作为核心信息的集成管理技术，其本质在于信息，核心在于模型，应用在于协同，正是建筑业集信息创建、管理、共享多方面功能为一体的系统。

　　建筑工程设计涉及不同的专业，如建筑设计、结构设计、机电设计等，建筑工程各专业的设计人员需要的专业设计软件，同专业不同软件之间、各专业软件之间的信息互读还存在障碍，所以打造装配式建筑 BIM 设计协同平台成为当前设计工作的必备架构之一。基于 BIM 的 3D 协同设计将有效地解决建筑产业化面临的技术和管理问题。借助 BIM 技术，构件在工厂实际开始制造以前，统筹考虑设计、制造和安装过程中的各种要求，设计方利用 BIM 建模软件（如 Revit）将参数化设计的构件建立 3D 可视化模型，在同一数字化模型信息平台上使建筑、结构、设备协同工作，并对此设计进行构件制造模拟和施工安装模拟，有效进行碰撞检测，再次对参数化构件协调设计以满足工厂生产制造和现场施工的需求，使施工方案得到优化与调整并确定最佳施工方案。最后施工方根据最优设计方案施工，完成工程项目要求。

　　协同设计是 BIM 的核心，3D 建模及模拟是 BIM 的基础。BIM 技术的应用不但为建筑产业化解决了信息创建、管理、传递的问题，而且 BIM 模型、三维图纸、装配模拟、采购制造运输存放安装的全程跟踪等手段也为工业化建造方法的普及奠定了坚实的基础。装配式建筑 BIM 设计协同平台的打造对于今后施工阶段的进度模拟、设计与加工一体化、运维等都有重要的信息传递作用。

知识拓展　中国南极长城站的建设

中国南极长城站地处南极洲，是为南极地区进行科学考察而设立的常年性科学考察站。在长城站建设中，中国工程技术人员充分利用了现代科技手段，将建筑材料提前生产并制造成模块，然后现场进行组装、安装，大大缩短了建设时间并降低了成本。中国南极长城站的装配式建筑体现了现代化建筑技术在极端环境下的应用和创新，是中国预制装配式建筑的标志性建筑。

 课后习题

1. 请阐述装配式混凝土结构连接材料包含的内容。
2. 概述装配式混凝土建筑相比于传统建筑的优势。
3. 装配式混凝土结构主要用到哪几种灌浆料？
4. 机械挤压套筒连接接头有哪几种形式？
5. 试分析柱梁结构体系和剪力墙结构体系在装配式结构建筑中应用的适用性。
6. 举例说明 BIM 在装配式混凝土结构建筑中的应用。

第八部分
工业建筑

第 15 章
工业建筑概论

现代工业建筑体系的发展已有两百多年的历史，其中以 1945 年之后的数十年进步最大，显示出了自己独有的特征和建筑风格。工业建筑起源于工业革命最早的英国，随后在美国、德国以及欧洲的几个工业发展较快的国家发展开来，大量厂房的新建对工业建筑的提高和发展也起了重要的推动作用。我国在新中国成立后新建和扩建了大量工厂和工业基地，在全国已形成了比较完整的工业体系。我国在工业建筑设计中，贯彻了"坚固适用、经济合理、技术先进"的设计原则，设计水平不断提高，设计力量迅速壮大。

15.1 工业建筑的特点和分类

15.1.1 工业建筑的特点

工业建筑是进行工业生产的建筑物，在其中根据一定的工艺过程及设备组织进行工业生产。它与民用建筑一样具有建筑的共同性，在设计原则、建筑技术及建筑材料等方面有相同之处，但由于生产工艺不同，建筑平面空间布局、建筑构造、建筑结构等与民用建筑不同，这对工业建筑的设计有影响。因此，在工业建筑设计中必须注意以下几方面的特点：

（1）工业建筑必须紧密结合生产，满足工业生产的要求，并为工人创造良好的劳动卫生条件。工业生产类型很多，每种工业都有各自不同的生产工艺和特征，满足生产要求，有利于提高产品质量及劳动生产率。

（2）工业生产类别很多、差异很大。有重型的、轻型的；有冷加工、热加工；有的要求恒温、密闭，有的要求开敞。这些对建筑平面空间布局、层数、体型、立面及室内处理等有直接的影响。因此，生产工艺不同的厂房具有不同的特征。

（3）大型的生产设备和起重机械决定了厂房的空间尺度大，体量大，为使各部生产联系密切，多种起重运输设备通行便利，厂房内部需有较大的畅通空间。因此工业建筑在采光、通风、屋面排水及构造处理上都较一般民用建筑复杂。例如：机械制造厂金工装配车间主要进行机器零件的加工及装配，车间分成若干工段，各工段之间需相互联系和运送原材料、半成品及成品。厂房内设有各种起重运输设备，如车辆、吊车等。因此，厂房常需修建为多跨畅通的空间，并多采用排架结构承重。这种方式不但能适应工段之间的相互联系，而且能满足组织工艺、布置设备和改变工艺的要求。由于采用多跨厂房，为了解决好天然采光及自然通风的问题，厂房常需设置天窗，屋面也加强了排水与防水的复杂性。当厂房宽度较大，特别是多跨厂房，为满足室内采光、通风的需要，屋顶上设有天窗；为了屋面防水、排水的需要，还应设置屋面排水系统。

（4）厂房荷载大决定了需采用大型承重骨架，在单层厂房中，多用钢筋混凝土排架结构承重；在多层厂房中，用钢筋混凝土骨架承重；对于特别高大的厂房，或有重型吊车的厂房，或高温厂房，或地震烈度较高地区的厂房，宜采用钢骨架承重。

15.1.2　工业建筑的分类

随着科学技术及生产力的发展，工业生产的种类越来越多，生产工艺亦更加先进复杂，技术要求也更高，相应地对建筑设计提出的要求亦更为严格。为了掌握建筑物的特征和标准，便于进行设计和研究，工业建筑可归纳为如下几种类型。

15.1.2.1　按用途分类

（1）主要生产厂房。指从原料、材料至半成品、成品的整个加工装配过程中直接从事生产的厂房。如在拖拉机制造厂中的铸铁车间、铸钢车间、锻造车间、冲压车间、铆焊车间、热处理车间、机械加工及装配车间等，这些车间都属于主要生产厂房。"车间"一词，本意是指工业企业中直接从事生产活动的管理单位，后亦被用来代替"厂房"。

（2）辅助生产厂房。指间接从事工业生产的厂房。如拖拉机制造厂中的机器修理车间、电修车间、木工车间、工具车间等。

（3）动力用厂房。指为生产提供能源的厂房。这些能源有电、蒸汽、煤气、乙炔、氧气、压缩空气等。其相应的建筑是发电厂、锅炉房、煤气发生站、乙炔站、氧气站、压缩空气站等。

（4）储存用房屋。指为生产提供储备各种原料、材料、半成品、成品的房屋。如炉料库、砂料库、金属材料库、木材库、油料库、易燃易爆材料库、半成品库、成品库等。

（5）运输用房屋。指管理、停放、检修交通运输工具的房屋。如机车库、汽车库、电瓶车库、消防车库等。

（6）其他。如水泵房、污水处理站等。

15.1.2.2　按层数分类

（1）如图 15-1 所示，为单层厂房。这类厂房主要用于重型机械制造工业、冶金工业、纺织工业等。

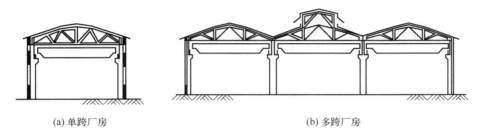

(a) 单跨厂房　　　　　　　　　　　　(b) 多跨厂房

图 15-1　单层厂房

（2）如图 15-2 所示，为多层厂房。这类厂房广泛用于食品工业、电子工业、化学工业、轻型机械制造工业、精密仪器工业等。

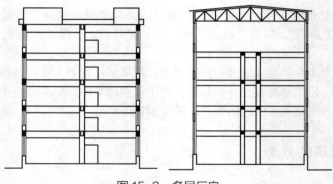

图 15-2 多层厂房

　　（3）混合层次厂房。厂房内既有单层跨，又有多层跨。如图 15-3（a）所示，为热电厂主厂房，汽轮发电机设在单层跨内，其他为多层。如图 15-3（b）所示，为化工车间，高大的生产设备位于中间的单层跨内，边跨则为多层。

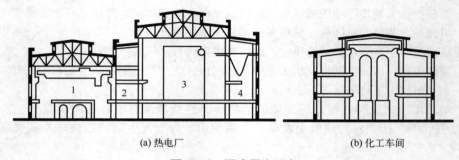

(a) 热电厂　　　　　　　　　　　(b) 化工车间

图 15-3　混合层次厂房
1—汽机间；2—除氧间；3—锅炉间；4—煤斗间

15.1.2.3　按生产状况分类

　　（1）冷加工车间。生产操作在常温下进行，如机械加工车间、机械装配车间等。
　　（2）热加工车间。生产中散发大量余热，有时伴随烟雾、灰尘、有害气体。如铸工车间、锻工车间等。
　　（3）恒温恒湿车间。为保证产品质量，车间内部要求稳定的温湿度条件。如精密机械车间、纺织车间等。
　　（4）洁净车间。为保证产品质量，防止大气中灰尘及细菌的污染，要求保持车间内部高度洁净，如精密仪表加工及装配车间、集成电路车间等。
　　（5）其他特种状况的车间。如有爆炸可能性、有大量腐蚀物、有放射性散发物、防微振、高度隔声、防电磁波干扰的车间等。

15.2　工业建筑的设计

15.2.1　工业建筑设计的任务

　　建筑设计人员根据设计任务书和工艺设计人员提出的生产工艺资料，设计厂房的平面形状、柱网尺寸、剖面形式、建筑体型；合理选择结构方案和围护结构的类型，进行细部构造设计；协调建筑、结构、水、暖、电、气、通风等各工种；正确贯彻"坚固适用、经济合理、技术先进"的原则。

15.2.2　工业建筑设计应满足的要求

15.2.2.1　满足生产工艺的要求

生产工艺是工业建筑设计的主要依据，生产工艺对建筑提出的要求就是该建筑使用功能上的要求。因此，建筑设计在建筑面积、平面形状、柱距、跨度、剖面形式、厂房高度以及结构方案和构造措施等方面，必须满足生产工艺的要求。同时，建筑设计还要满足厂房所需的机器设备的安装、操作、运转、检修等方面的要求。

15.2.2.2　满足建筑技术的要求

（1）工业建筑的坚固性及耐久性应符合建筑的使用年限。由于厂房静荷载和活荷载比较大，建筑设计应为结构设计的经济合理性创造条件，使结构设计更利于满足坚固性和耐久性的要求。

（2）由于科技发展日新月异，生产工艺不断更新，生产规模逐渐扩大，因此，建筑设计应使厂房具有较大的通用性和改建扩建的可能性。

（3）应严格遵守《厂房建筑模数协调标准》及《建筑模数协调标准》（GB/T 50002—2013）规定，合理选择厂房建筑参数（柱距、跨度、柱顶标高等），以便采用标准的、通用的结构构件，使设计标准化、生产工厂化、施工机械化，从而提高厂房建筑工业化水平。

15.2.2.3　满足建筑经济的要求

（1）在不影响卫生、防火及室内环境要求的条件下，将若干个车间（不一定是单跨车间）合并成联合厂房，对现代化连续生产极为有利。因为联合厂房占地较少，外墙面积相应减小，缩短了管网线路，使用灵活，能满足工艺更新的要求。

（2）建筑的层数是影响建筑经济性的重要因素。因此，应根据工艺要求、技术条件等，确定采用单层或多层厂房。

（3）在满足生产要求的前提下，设法缩小建筑体积，充分利用建筑空间，合理减少结构面积，提高使用面积。

（4）在不影响厂房的坚固、耐久、生产操作、使用要求和施工速度的前提下，应尽量降低材料的消耗，从而减轻构件的自重和降低建筑造价。

（5）设计方案应便于采用先进的、配套的结构体系及工业化施工方法。但是，必须结合当地的材料供应情况、施工机具的规格和类型，以及施工人员的技能来选择施工方案。

15.2.2.4　满足卫生及安全要求

（1）应有与厂房所需采光等级相适应的采光条件，以保证厂房内部工作面上的照度；应有与室内生产状况及气候条件相适应的通风措施。

（2）排除生产余热、废气，提供正常的卫生、工作环境。

（3）对散发出的有害气体、有害辐射、严重噪声等应采取净化、隔离、消声、隔声等措施。

（4）美化室内外环境，注意厂房内部的水平绿化、垂直绿化及色彩处理。

15.2.3　工业建筑设计应考虑的因素

工业生产技术发展迅速，厂房在向大型化和微型化两极发展；同时为了便于运输机具的设置和改装，以利发展和扩建，要求工业建筑在使用上具有更大的灵活性。例如锅炉房的建筑外观大多呈现出阶梯式的梯形建筑，侧面还附带有烟囱；纺织类工厂的顶棚设计是非常特殊的，因为纺织类产品对于湿度和温度具有很高的要求，而且对于阳光的直射性要严格控制，所以它们的顶棚大多呈现出锯齿状，以保证整个生产过程的连续性。

综上所述，要想对工业建筑的外观进行完美的设计，需要根据多方面的原因进行综合考虑。工业建筑设计中需要考虑的因素主要包括：

（1）生产工艺特征。在工业厂房建筑外观设计的过程之中，建筑师们要全面考虑所需生产工艺的特点，然后按照生产之中的差异化特点，在保证完整建筑群组合的基础上，要设计能够直接凸显出工业厂房特点的标志性建筑，要尽最大能力把这些特点形式与功能进行完美的结合并呈现给大众。这样看见了带有烟囱并且具有阶梯式的梯形建筑物，人们的第一反应就是这属于一个锅炉厂房等等。人们的这些联想都源于这些工业厂房的工业生产特点。

（2）厂房的建筑体型。简单来说，生产工艺技术对于工业厂房体型设计的影响比较小，如果能保证技术条件和经济水平可行，那么在工业厂房的外观设计中就可以灵活地开展设计工作，如轻工业的厂房设计，其生产工艺要求比较低，在外观造型设计时可以根据民用的建筑外观处理方法进行设计。

（3）工业厂房的平面布置。对于工业厂房的平面布置而言，工程师要保证某些功能结构以及体型不同的特殊厂房分开进行设置，然后在设置的过程中要有一种渐进的思想来确保"天际线"呈现出一种均匀变化的规则性。但是如果出现工业厂房的平面布置受到一些外来特殊因素的限制，不能随意调整大小的情况时，工程师就要及时调整厂房门口的位置和外观颜色以及一些建筑材料，进行线性的区别，这样就可以改变工业厂房外观的不协调性。

（4）工业厂房的建筑风格。一般工业厂房都具有贯通的跨度，而不同地区的厂房自然条件以及地理条件存在不同，这些差异化因素会对工业厂房的外观设计造成一定的影响，使得属于同一种类型的工业厂房，在不同的气候条件下，即使满足相应的生产工艺，它们的外观设计也会有所不同。例如北方的一些工厂为了防止严寒，厂房必须设计得较大且体型同轴，而南方的工厂因为夏天较热，需要保证厂房具有良好的通风和散热性能，设计的厂房体型较小。

（5）对于新生代结构、材料、处理方法的开发利用。近些年来，工业建筑材料以及建筑结构和处理方法的不断更新，极大地改善了工业厂房外观设计的限制。尤其是近几年钢结构建筑的兴起，其结构形式和钢筋混凝土框架结构，砌体结构等都有所不同。尤其是围护结构方面，现在大多采用钢板材料，房屋表面的保温材料和防水措施比起过去的设计也有了显著的进步，建筑物内部的结构自重大幅度降低且屋盖的组成结构也没有过去笨重。新型建筑结构体系不但从外观设计上增加了工业厂房的活力和生气，更提高了工业厂房内部结构的稳定。

15.3 单层厂房的结构组成

在厂房建筑中，支承各种荷载作用的构件所组成的承重骨架，通常称为结构。单层工业厂房的结构类型按其承重结构的材料来分，有砖混结构、钢筋混凝土结构和钢结构等类型；按其主要承重结构的形式分有排架结构、刚架结构及其他结构形式。

（1）砖混结构。如图 15-4 所示，主要指由砖墙（砖柱）、屋面大梁或屋架等构件组成的结构形式。由于其结构的各方面性能都较差，只能适用于跨度、高度较小，无吊车或吊车荷载较小，以及地震烈度较低的单层厂房。

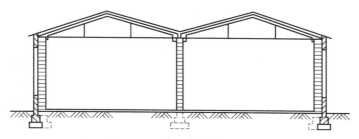

图 15-4 单层砖混结构厂房

（2）排架结构。排架结构是我国目前单层厂房中应用较多的一种基本结构形式，有钢筋混凝土排架（现浇或预制装配施工）和钢排架两种类型。它由柱基础、柱子、屋面大梁或屋架等横向排架构件和屋面板、连系梁、支撑等纵向连系构件组成。横向排架起承重作用，纵向连系构件起纵向支撑、保证结构的空间刚度和稳定性作用。排架结构主要适用于跨度、高度、吊车荷载较大及地震烈度较高的单层厂房建筑。如图 15-5 所示，为装配式钢筋混凝土排架结构厂房示意图。

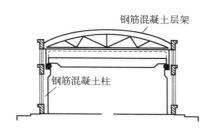

图 15-5 装配式钢筋混凝土排架结构厂房

（3）刚架结构。刚架结构的主要特点是屋架与柱子合并为同一构件，其连接处为整体刚接。如图 15-6 所示，单层厂房中的刚架结构主要是门式刚架，门式刚架依其顶部节点的连接情况有两铰钢架和三铰钢架两种形式。门式刚架构件类型少、制作简便，比较经济，室内空间宽敞、整洁。在高度不超过 10m、跨度不超过 18m 的纺织、印染等厂房中应用较普遍。

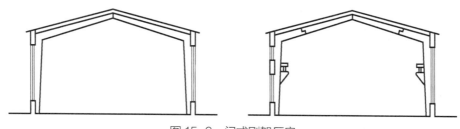

图 15-6 门式刚架厂房

（4）其他结构厂房形式。近年来，随着我国型材的推广，特别是压型彩色钢板等的推广运用，我国单层厂房中越来越多地采用钢结构或轻钢屋盖结构等，如图 15-7 所示。这类结构均属空间结构，其共同特点是受力合理，能充分地发挥材料的力学性能，空间刚度大，抗震性能较强。在实际工程中，钢筋混凝土结构、钢结构等可以组合应用，也可以采用网架、V 形折板、马鞍板和壳体等屋盖结构，如图 15-8 所示。

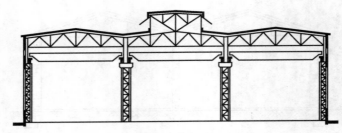

图 15-7　钢结构厂房

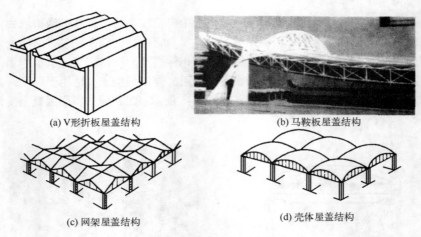

(a) V形折板屋盖结构

(b) 马鞍板屋盖结构

(c) 网架屋盖结构

(d) 壳体屋盖结构

图 15-8　其他结构厂房形式

15.3.1　房屋的组成

房屋的组成是指单层厂房内部生产车间的组成。生产车间是工厂生产的基本管理单位，它一般由四个部分组成：

(1) 生产工段（也称生产工部），是加工产品的主体部分。

(2) 辅助工段，是为生产工段服务的部分。

(3) 库房部分，是存放原料、材料、半成品、成品的地方。

(4) 行政办公生活用房。

每一幢厂房的组成应根据生产的性质、规模、总平面布置等因素来确定。

15.3.2　构件的组成

我国单层厂房的结构多采用排架结构，常用的排架结构有钢筋混凝土排架结构和钢结构排架两种。

15.3.2.1　钢筋混凝土排架结构的构件组成

传统的钢筋混凝土排架结构，主要针对跨度较大、高度较高、吊车吨位较大的厂房。这种结构受力合理，建筑设计灵活，施工方便，工业化程度较高。如图 15-9（a）所示，是典型的装配式钢筋混凝土排架结构的单层厂房，它的构件组成包括承重结构、围护构件以及其他附属构件。承重结构包括：

(1) 横向排架：由基础、柱、屋架（或屋面梁）组成。

（2）纵向连系构件：由基础梁、连系梁、圈梁、吊车梁等组成。它与横向排架构成骨架，保证厂房的整体性和稳定性。纵向构件承受作用在山墙上的风荷载及吊车纵向制动力，并将它们传递给柱子。

为了保证厂房的刚度，还设置屋架支撑、柱间支撑等支撑系统。围护结构包括：外墙、屋顶、地面、门窗、天窗等。其他：如散水、地沟、隔断、作业梯、检修梯等。

15.3.2.2　钢结构排架的构件组成

单层钢结构排架的构件组成与钢筋混凝土排架结构相似，但由于采用钢材，它的自重更轻、抗震性能好、施工速度快、工业化程度更高。

重型钢结构排架主要用于跨度大、空间高、吊车吨位或振动荷载大的厂房，如图 15-9（b）所示；轻型钢结构排架主要用于轻型工业建筑和各种仓库，如图 15-9（c）所示。

对于要求建设速度快、早投产、早受益的工业建筑，也常采用钢结构。钢结构易腐蚀、保护维修费用高，且防火性能差，故此结构应采取必要的防护措施。

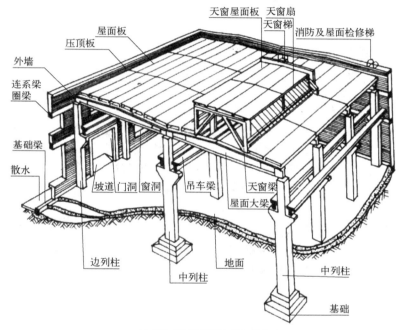

(a) 装配式钢筋混凝土排架结构单层厂房

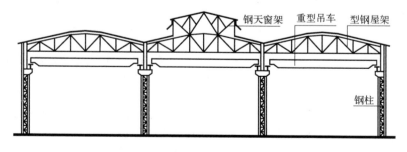

(b) 重型钢结构排架的单层厂房

图 15-9

第
15
章

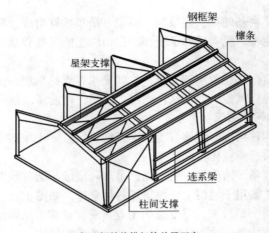

(c) 轻型钢结构排架的单层厂房

图 15-9   钢结构排架

15.3.3   外墙构造

单层厂房的外墙按其材料类别可分为砖墙、砌块墙、板材墙等；按其承重形式则可分为承重墙、自承重墙和框架墙等。如图 15-10 所示，当单层工业建筑跨度及高度不大，没有或只有较小的起重运输设备时，可采用承重砌体墙直接承担屋盖与起重运输设备等荷载。当单层工业建筑跨度及高度较大、起重运输设备较重时，通常由钢筋混凝土（或钢）排架柱来承担屋盖与起重运输设备等荷载，而外墙仅起围护作用。这种围护墙又分为自承重的砌体墙和大型板材墙以及挂板墙，如图 15-11 所示为自承重砖墙单层厂房。

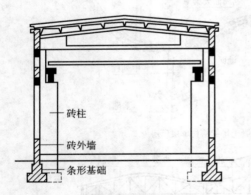

图 15-10   承重砌体墙单层厂房图

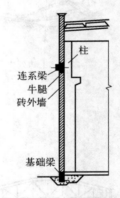

图 15-11   自承重砖墙单层厂房

15.3.3.1   承重砌体墙

承重砌体墙的高度一般不宜超过 11m。为了增加其刚度、稳定性和承载能力，通常平面每隔 4 ~ 6m 间距应设置壁柱。承重的砌体墙经济实用，但整体性差，抗震能力弱，这使它的适用范围受到很大的限制。根据《建筑抗震设计规范（2016 年版）》（GB 50011—2010）的规定，它只适用于以下范围：

（1）单跨和等高多跨且无桥式吊车的车间、仓库等。

（2）6 ~ 8 度设防时，跨度不大于 15m 且柱顶标高不大于 6.6m。

（3）9 度设防时，跨度不大于 12m 且柱顶标高不大于 4.5m。

15.3.3.2　自承重的砌体墙

自承重砌体墙是单层厂房常用的外墙形式之一，适用于跨度、高度、风荷载和振动荷载较大的大中型厂房，可以由砖或其他砌块砌筑。

（1）自承重墙的下部构造。厂房基础一般较深，自承重砌体墙采用带形基础不够经济，并会由于和排架柱基础沉降不一致而导致墙面开裂。所以通常自承重砌体墙直接支承在基础梁上，基础梁支承在杯形基础的杯口上，这样可以避免墙、柱、基础交接的复杂构造，同时加快施工进度，方便构件的定型化和统一化。

如图 15-12 所示，根据基础埋深不同，基础梁有不同的搁置方式。不论哪种形式，基础梁顶面的标高通常低于室内地面 50mm，并高于室外地面 100mm，车间室内外高差为 150mm，可以防止雨水倒流，也便于设置坡道，并保护基础梁。

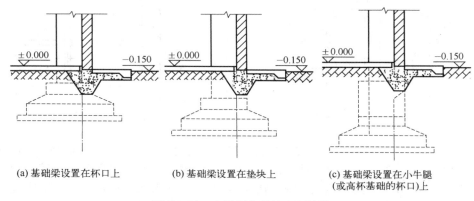

(a) 基础梁设置在杯口上　　(b) 基础梁设置在垫块上　　(c) 基础梁设置在小牛腿
　　　　　　　　　　　　　　　　　　　　　　　　　　　　　　（或高杯基础的杯口）上

图 15-12　自承重砌体墙下部构造

（2）墙和柱的相对位置。排架柱和外墙的相对位置通常有四种构造方案，如图 15-13 所示，其中图 15-13（a）所示的方案构造简单、施工方便、热工性能好，便于厂房构配件的定型化和统一化，采用最多；图 15-13（b）所示的方案把排架柱局部嵌入墙内，比前者略节约土地，可在一定程度上加强柱的刚度，但基础梁等构配件复杂，施工麻烦；图 15-13（c）所示方案和图 15-13（d）所示的方案基本相同，虽可加强排架柱的刚度，但结构外露易受气温变化影响，基础梁等构配件复杂化，施工不便。

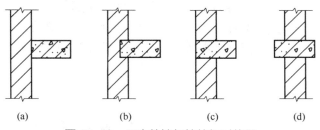

(a)　　　　　　(b)　　　　　　(c)　　　　　　(d)

图 15-13　厂房外墙与柱的相对位置

（3）墙和柱的连接构造。如图 15-14 所示，为使自承重墙与排架柱保持一定的整体性与稳定性，必须加强墙与柱的连接，其中最常见的做法是采用钢筋拉结。这种连接方式属于柔性连接，它既保证了墙体不离开柱子，同时又使自承重墙的重量不传给柱子，从而维持墙与柱子的相对整体关系。

（4）女儿墙的连接构造。女儿墙是墙体上部的外伸段，其厚度一般不小于 240mm，其高度应满足安全和抗震的要求。在非地震区，宜设置高度 1m 左右的女儿墙或护栏。在地震区或受振动影响较大的厂房，女儿墙高度不应超过 500mm，并设钢筋混凝土压顶。女儿墙连接构造，如图 15-15 所示。

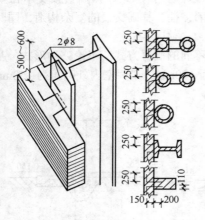

图 15-14　墙与柱的连接

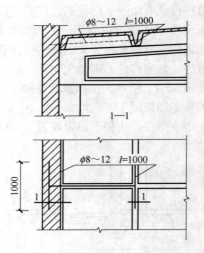

图 15-15　女儿墙与屋面的连接

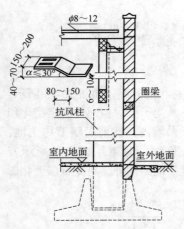

图 15-16　山墙与抗风柱的连接

（5）抗风柱的连接构造。厂房山墙比纵墙高，且墙面随跨度的增加而增加，故山墙承受的水平风荷载也较纵墙大。一般应设置钢筋混凝土抗风柱来保证自承重山墙的刚度和稳定性。抗风柱的间距以 6m 为宜，个别可采用 4.5m 和 7.5m 柱距。抗风柱的下端插入基础杯口，其上端通过一个特制的弹簧钢板与屋架相连接，使二者之间只传递水平力而不传递垂直力，如图 15-16 所示。

（6）连系梁构造。单层厂房在高度范围内，没有楼板层相连，一般靠设置连系梁与厂房的排架柱子连系，以增强厂房的纵向刚度，此外，还通过它向柱列传递水平风荷载，并承担上部墙体的荷载。连系梁多采用预制装配式和装配整体式的构造方式，跨度一般为 4～6m，支承在排架柱外伸的牛腿上，并通过螺栓或焊接与柱子连接，如图 15-17 所示。若梁的位置与门窗过梁一致，并在同一水平面上能交圈封闭时，可兼作过梁和圈梁。

15.3.4　大型板材墙

采用大型板材墙可成倍地提高工程效率，加快建设速度，同时它还具有良好的抗震性能。因此大型板材墙是我国工业建筑优先采用的外墙类型之一。

15.3.4.1　墙板的类型

墙板的类型很多，按其受力状况分有承重墙板和非承重墙板；按其保温性能分有保温墙板和非保温墙板；按所用材料分有单一材料墙板和复合材料墙板；按其规格分有基本板、异形板和各种辅助构件；按其在墙面的位置分有一般板、檐下板和山尖板等。

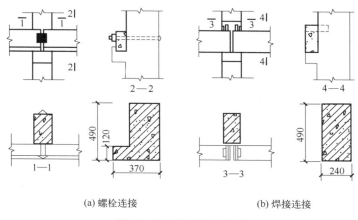

(a) 螺栓连接　　　　　　　　(b) 焊接连接

图 15-17　连系梁的构造

15.3.4.2　墙板的布置

大型板材墙板布置有横向布置、竖向布置和混合布置三种方案。在实际工程中，横向布置应用较多，混合布置次之，竖向布置用得较少。排列板材时要尽量减少板材的类型，如图 15-18 所示。

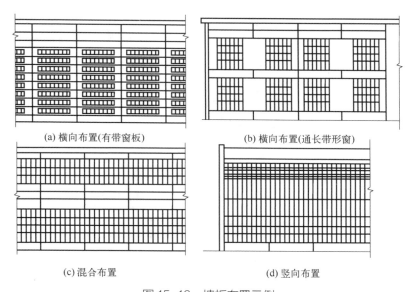

(a) 横向布置(有带窗板)　　　　　　　　(b) 横向布置(通长带形窗)

(c) 混合布置　　　　　　　　(d) 竖向布置

图 15-18　墙板布置示例

横向布置时板型少，以柱距为板长，板柱相连，板缝处理较方便。如图 15-19 所示，山墙墙板布置与侧墙同，山尖部位可布置成台阶形、人字形、折线形等。台阶形用墙板少，但连接用钢较多，人字形则相反，折线形介乎两者之间。

(a) 台阶形　　　　　　　　(b) 人字形　　　　　　　　(c) 折线形

图 15-19　山墙山尖处的墙板布置

15.3.4.3　墙板的规格

单层厂房基本板的长度应符合我国《厂房建筑模数协调标准》(GB/T 50006—2010) 的规定,并考虑山墙抗风柱柱距,一般墙板的长和高采用300mm为扩大模数,有4500mm、6000mm、7500mm、12000mm 等规格。根据生产工艺的需要,也可采用 9000 mm 的规格。如 6m 柱距一般选用 1200mm 或 900mm 高, 12m 柱距选用 1800mm 或 1500mm 高。基本板高度应符合 3M 倍数,规定为 1800mm、1500mm、1200mm 和 900mm 四种。基本板厚度应符合 1/5M 倍数,并按结构计算确定。

15.3.4.4　墙板连接

(1) 板柱连接。板柱连接应安全可靠,便于制作、安装和检修。一般分为柔性连接和刚性连接两类。柔性连接的特点是:墙板在垂直方向一般由钢支托支承,钢支托每 3～4 块板一个,水平方向由挂钩等拉连。因此,墙板与厂房骨架以及板与板之间在一定范围内可相对独立位移,能较好地适应振动引起的变形。设计烈度高于 7 度的地震区宜用此法连接墙板。如图 15-20 (a) 所示为螺栓挂钩柔性连接,其优点是安装时一般无焊接作业,维修换件也较容易,但用钢量较多,暴露的零件较多,在腐蚀性环境中必须严加防护。如图 15-20 (b) 所示为角钢挂钩柔性连接,其优点是用钢量较少,暴露的金属面较少,安装时上下板间有少许焊接作业,但对土建施工的精度要求较高。角钢挂钩连接施工方便快捷,但相对独立位移能力较差。

刚性连接,是将每块板材与柱子用型钢焊接在一起,无需另设钢支托。其突出的优点是连接件钢材少,构造简单,厂房纵向刚度大,施工迅速,如图 15-20 (c) 所示。但由于失去了能相对位移的条件,对不均匀沉降和振动较敏感,主要用在地基条件较好、振动影响小和地震烈度小于 7 度的地区。

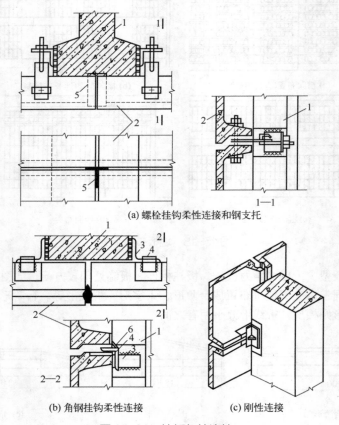

(a) 螺栓挂钩柔性连接和钢支托

(b) 角钢挂钩柔性连接　　(c) 刚性连接

图 15-20　墙板与柱连接

1—柱; 2—墙板; 3—柱侧预焊角钢; 4—墙板上预焊角钢; 5—钢支托; 6—上下板连接筋 (焊接)

（2）板缝处理。为了使墙板能起到防风雨、保温、隔热的作用，除了板材本身要满足这些要求外，还必须做好板缝的处理。对板缝处理的首要要求是防水，并应考虑制作及安装方便，对保温墙板尚应注意满足保温要求。如图 15-21 所示，板缝防水构造与民用建筑类似，有材料防水和构造防水。

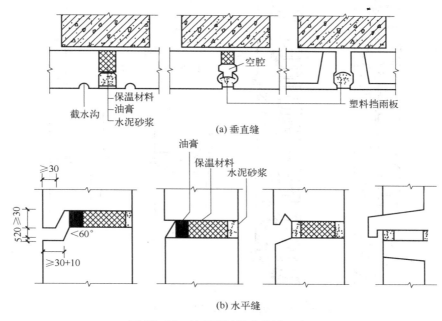

(a) 垂直缝

(b) 水平缝

图 15-21　墙板缝隙防水构造示意图

15.3.5　轻质板材墙

　　轻质板材墙是指用轻质的石棉水泥波形瓦、镀锌铁皮波形瓦、塑料或玻璃钢瓦、压型钢（铝）板等轻质材料做成的墙。这种墙一般起围护作用，墙板除传递水平风荷载外，不承受其他荷载，墙身自重也由厂房骨架来承担。目前常用的这些轻质板材墙，它们的连接构造基本相同，现以石棉水泥波形瓦墙为例简要叙述如下。

　　石棉水泥波形瓦墙具有自重轻、造价低、施工简便的优点，但石棉水泥波形瓦属于脆性材料，容易受到破坏。多用于南方中小型热加工车间、防爆车间和仓库，对于高温高湿和有强烈振动的车间不宜采用。

　　如图 15-22 所示，石棉水泥波形瓦通常是通过连接件悬挂在厂房骨架水平连系梁上，连系梁采用钢筋混凝土和钢材制作。其垂直距离应与瓦长相适应，瓦缝上下搭接不小于 100mm，左右搭接为一个瓦垄，搭缝应与主导风向相顺。为避免碰撞损坏，墙角、门洞和勒脚等部位可采用砌筑墙或钢筋混凝土墙板。

15.3.6　开敞式外墙

　　开敞式外墙是在厂房柱子上安装一系列挡雨板形成的围护结构，这种结构能迅速排出烟尘和热量，有利于通风、换气、避雨等。开敞式外墙适用于炎热地区的热工车间及某些化工车间。该外墙的主要特点是既能通风又能防雨，故其外墙构造主要就是挡雨板的构造，常用的有：

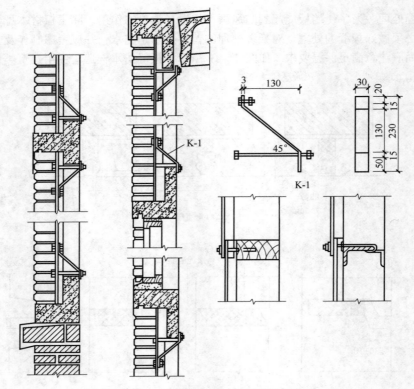

图 15-22   石棉水泥波形瓦墙板连接构造

（1）石棉水泥波形瓦挡雨板。其特点是轻，如图 15-23（a）即为其构造示例。该例中基本构件有：型钢支架（或钢筋支架）、型钢檩条、中波石棉水泥波形瓦挡雨板及防溅板。挡雨板垂直间距视车间挡雨要求与飘雨角而定。

（2）钢筋混凝土挡雨板，如图 15-23（b）、（c）所示。图 15-23（b）所示的挡雨板基本构件有三种，即支架、挡雨板、防溅板。图 15-23（c）所示的挡雨板构件最少，但风大雨多时飘雨多。室外气温高、风沙大的干热带地区不应采用开敞式外墙。

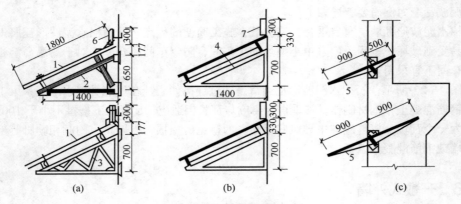

图 15-23   挡雨板构造示例

1—石棉水泥波形瓦；2—型钢支架；3—圆钢筋轻型支架；4—轻型混凝土挡雨板及支架；
5—无支架钢筋混凝土挡雨板；6—石棉水泥波形瓦防溅板；7—钢筋混凝土防溅板

15.4　多层厂房的特点和结构形式

新中国成立初期，多层厂房在工业建筑中占的比例较小。但随着国家产业结构的调整，精密机械、精密仪表、电子工业、轻工业的迅速发展，以及工业用地的日趋紧张，自改革开放以来，多层厂房迅速发展起来。

15.4.1　主要特点

（1）生产在不同标高的楼层上进行。多层厂房的最大特点是生产在不同标高的楼层上进行，每层之间不仅有水平方向的联系，还有垂直方向的联系。因此，在厂房设计时，不仅要考虑同一楼层各工段间应有合理的联系，还必须解决好楼层与楼层间的垂直联系，并安排好垂直方向的交通。

（2）节约用地。多层厂房具有占地面积少、节约用地的特点。例如建筑面积为 10000m² 的单层厂房，它的占地面积就需要 10000m²，若改为多层厂房，其占地面积仅需要 2000m² 就够了，比单层厂房节约用地 4/5。

（3）通用性受限。由于需要在楼层上布置设备进行生产，多层厂房的楼板荷载较大，受梁板结构经济合理性的制约，多层厂房柱网尺寸较单层厂房小很多，使得厂房的通用性受到限制。

此外，鉴于多层厂房的特点，其具有一定的适用范围。多层厂房主要适用于较轻型的工业、在工艺上利用垂直工艺有利的工业或利用楼层能创设较合理的生产条件的工业等。结合我国目前情况，较轻型的工业建筑结构形式首选采用多层厂房，如纺织、服装、针织、制鞋、食品、印刷、光学、无线电、半导体、轻型机械制造及各种轻工业等。许多工业厂房为了满足生产工艺条件的要求，往往设置多层厂房比单层厂房有利，如精密机械、精密仪表、无线电工业、半导体工业、光学工业等。需温度、湿度稳定的空调车间，选择多层厂房更加合适，空调车间采用单层厂房时，地面及屋面会增加冷负荷或热负荷条件，若改为多层厂房则可将有空调的车间放在中间层，可以减少冷、热负荷。要求高度洁净条件的车间，在多层厂房中放在较上层次洁净条件容易得到保证，在单层厂房中则难以得到保证。

15.4.2　多层厂房的结构形式

厂房结构形式的选择首先应该结合生产工艺及层数的要求进行。其次还应该考虑建筑材料的供应、当地的施工安装条件、构配件的生产能力以及基地的自然条件等。目前我国多层厂房承重结构按其所用材料的不同有以下类型：

（1）混合结构。包括砖墙承重和内框架承重两种形式。前者包括横墙承重和纵墙承重两种布置方式。但因砖墙占用面积较多，影响工艺布置。因而相比之下，内框架承重的混合结构形式使用较多。由于混合结构的取材和施工均较方便，费用又较经济，保温隔热性能较好，所以当楼板跨度为 4~6m，层数为 4~5 层，层高为 5.4~6.0m，在楼面荷载不大又无振动的情况下，均可采用混合结构。但当地基条件差，容易产生不均匀沉降时，应慎重选用。此外在地震区不宜选用。

（2）钢筋混凝土结构。钢筋混凝土结构是我国目前采用最广泛的一种结构。它的构件截面较小，强度大，能适应层数较多、荷载较大、跨度较宽的应用场景。钢筋混凝土框架结构，一般可分为梁板式结构和无梁楼板结构两种。其中梁板式结构又可分为横向承重框架、纵向承重框架及纵横向承重框架三种。横向承重框架刚度较好，适用于室内要求分间比较固定的厂房，是目前经常采用的一种形式。纵向承重框架的横向刚度较差，需在横向设置抗风墙、剪力墙，但由于横向连系梁的高度较小，楼层净空较高，有利于管道的布置，一般适用于需要灵活分间的厂房。纵横向承重框架，采用纵横向均为刚接的框架，厂房整体刚度好，适用于地震区及各种类型的厂房。无梁楼板结构由板、柱帽、柱和基础组成。它的特点是没有梁，因此楼板底面平整，室内净空可有效利用。它适用于布置大统间及需灵活分间布置的厂房，一般应用于荷载较大（1000kN/m² 以上）的多层厂房及冷库、仓库等类的建筑。

(3) 钢结构。钢结构具有重量轻、强度高、施工方便等优点，是国外采用较多的一种结构形式。目前，我国钢结构采用得较少，但从发展的趋势来看，钢结构和钢筋混凝土结构一样，将会得到更多的应用。钢结构虽然造价较高，但它施工速度快，能使工厂早日投产，因而，可以从提早投产来补偿损失。

15.5   工业建筑平面设计及柱网的选择

无论对单层厂房还是多层厂房，承重结构柱在平面上排列时所形成的网格都称为柱网。确定建筑物主要构件位置及标志尺寸的基准线称定位轴线，平行于厂房长度方向的定位轴线称为纵向定位轴线，垂直于厂房长度方向的定位轴线称为横向定位轴线。纵向定位轴线间距称为跨度，横向定位轴线间距称为柱距。柱网示意图如图 15-24 所示。柱网的选择实际上就是选择工业建筑的跨度和柱距。确定柱网尺寸的原则如下。

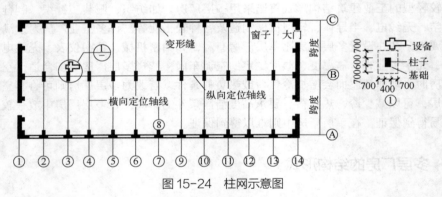

图 15-24   柱网示意图

(1) 满足生产工艺。跨度和柱距尺寸要满足生产工艺的要求，如设备的大小和布置方式，材料和加工件的运输，生产操作和维修所要求的空间等，如图 15-25 所示。

(2) 平面和结构经济合理。如图 15-26 所示，跨度和柱距的选择应使平面的利用和结构方案达到经济合理。如有的厂房由于工艺的要求扩大部分跨间距，常将个别大型设备跨越布置，采用抽柱方案，上部采用托架梁承托屋架。有的柱距满足不了生产工艺需要，可能形成大小柱距不同的现象，使设计和施工都比较复杂，因此应根据实际情况分析比较其经济合理性，调整柱距，达到柱距统一。

另外，一些可以灵活布置设备的厂房，总宽度不变，适当加大厂房的跨度，可节约生产面积，比较经济合理。此外还要考虑技术条件、施工能力，以达到较好的综合效益。

(3) 符合《厂房建筑模数协调标准》。满足《厂房建筑模数协调标准》（GB/T 50006—2010）的要求。该标准规定厂房的跨度在 18m 和 18m 以下时应采用扩大模数 30M 数列，分别为 6m、

9m、12m、15m、18m；在 18m 以上时应采用 60M 数列，分别为 18m、24m、30m、36m。柱距采用 60M 数列，即 6m 和 12m。根据这些尺寸可按相关构件标准图集选用不同材料的与跨度、柱距相统一的配套构件，如屋架、吊车梁、基础梁、屋面板、墙板等。

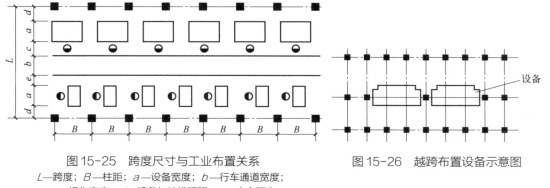

图 15-25　跨度尺寸与工业布置关系　　　　图 15-26　越跨布置设备示意图
L—跨度；B—柱距；a—设备宽度；b—行车通道宽度；
c—操作宽度；d—设备与轴线间距；e—安全距离

（4）扩大柱网。随着生产的发展、新产品的开发、新的科学技术和装备的不断采用、生产工艺的不断更新，要求厂房具有较大的通用性和灵活性，扩大柱网在一定程度上可以满足这种要求，也可更有效地利用生产面积。如图 15-27 所示，当柱的断面尺寸为 600mm×400mm 时，机床与柱的最小距离应为 700mm，因此，柱与周围最小距离所占的面积达 3.6m²。如减少柱子，则可排列更多的设备，减少设备基础与柱子基础的冲突，节约厂房面积。同时，因减少了构件数量，对减少工程量、加快施工速度、提高综合经济效益大为有利。

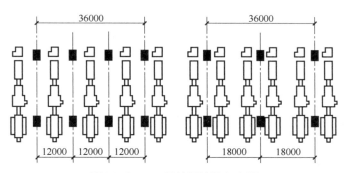

图 15-27　不同柱距的设备布置

近年来，国内外扩大柱网的应用日益增加，常用的柱网有 12m×12m、15m×12m、18m×12m、24m×12m、18m×18m 和 24m×24m。

　知识拓展　对川茶场的升级改造

升级改造老工业建筑不仅有利于城市经济发展和历史文化遗产的保护，也对能源利用效率的提升和环境保护有积极的贡献。对川茶厂就是其中成功的一员，建筑师们在对它的升级改造中，设立了室外观景台，最大化展露室内材质结构，打造顺畅的观光路线，在保留对川茶厂外表特征的前提下，把它打造成一座现代化、具有历史文化价值的观光建筑。

课后习题

1. 什么是工业建筑? 工业建筑如何进行分类?
2. 什么是柱网? 确定柱网尺寸的原则是什么?
3. 多层厂房的结构形式有哪些?
4. 单层厂房的结构类型有哪些?

参考文献

[1] 李纬，吴晓杰. 房屋建筑学［M］. 南京：东南大学出版社，2017.

[2] 朱合华. 地下建筑结构［M］. 北京：中国建筑工业出版社，2010.

[3] 刘建荣，翁季，孙雁. 建筑构造（下册）［M］. 北京：中国建筑工业出版社，2018.

[4] 李必瑜，魏宏杨，覃琳. 建筑构造（上册）［M］. 北京：中国建筑工业出版社，2013.

[5] 同济大学，西安建筑科技大学，东南大学，等. 房屋建筑学［M］. 北京：中国建筑工业出版社，2016.

[6] 央广网. 地下工程全机械化施工实现重大突破 盾构法联络通道技术国内首次应用［EB/OL］（2018-02-03）［2023-01-16］https://bai jiahao.baidu.com/s?id=1591376401897423967&wfr=spider&for=pc.

[7] 浩瀚宇宙. 传奇故事：北京富亚涂料有限公司总经理蒋和平.［EB/OL］（2011-08-07）［2023-01-16］https://www.docin.com/p-241040078.html.

[8] 迈博膜结构. 关于膜结构建筑——"水立方"的分析.［EB/OL］（2022-09-02）［2023-01-16］http://www.nxmbmo.com/NEWS/INDUSTRY/guan-yu-mo-jie-gou-jian-zhu-shui-li-fang-de-fen-xi.html.

[9] GB 50352—2019 民用建筑设计统一标准.

[10] GB/T 50104—2010 建筑制图标准.

[11] GB/T 50001—2017 房屋建筑制图统一标准.

[12] 丁士昭. 建筑工程管理与实务［M］. 北京：中国建筑工业出版社，2011.

[13] 李国豪. 中国土木建筑百科辞典［M］. 北京：中国建筑工业出版社，1999.

[14] 许少强. 浅谈框架结构中构造柱施工要求［J］. 科学之友，2010（24）：67-68.

[15] 张贺. 框架结构设计在建筑结构设计中的应用［J］. 工程技术研究，2016（08）：218，253.

[16] 黄汉江. 建筑经济大辞典［M］. 上海：上海社会科学院出版社，1990.

[17] Jiao, Tingting. 未雨绸缪，物联网让电梯安全系统更智能［EB/OL］（2015-11-6）［2023-01-17］https://news.microsoft.com/zh-cn/未雨绸缪，物联网让电梯安全系统更智能.

[18] 李必瑜，王雪松. 房屋建筑学［M］. 武汉：武汉理工大学出版社，2014.

[19] 郭学明. 装配式混凝土建筑构造与设计［M］. 北京：机械工业出版社，2018.

[20] 陈岚. 房屋建筑学［M］. 北京：北京交通大学出版社，2017.

[21] 柯龙，赵睿. 建筑构造［M］. 成都：西南交通大学出版社，2019.

[22] 魏华，王海军. 房屋建筑学［M］. 西安：西安交通大学出版社，2015.

[23] 董海荣，赵永东. 房屋建筑学［M］. 北京：中国建筑工业出版社，2017.

[24] 掌上春城. 水立方变身"冰立方"看科技如何赋能［EB/OL］（2022-01-12）［2023-01-17］https://baijiahao.baidu.com/s?id=1721719644952533139&wfr=spider&for=pc.

[25] 川江号. 史无前例！带你探访"高颜值"大兴机场背后的"硬核"工程奥秘［EB/OL］（2019-09-25）［2023-01-17］https://m.thepaper.cn/bai jiahao_4524951.

[26] 寒秋. 认识超高层系列|上海中心大厦(二)[EB/OL] (2020-05-24) [2023-01-17] https://zhuanlan.zhihu.com/p/143171900?ivk_sa=1024320u.

[27] 楠竹一. 上海中心大厦,斥资超过 100 亿,高 632 米,让人类矗立云端眺望世界 [EB/OL] (2022-06-14) [2023-01-17] https://bai jiahao. baidu. com/s?id=1735615511071510741&wfr= spider&for=pc.

[28] 央博. 透地面一轮月:古建中的拱形几何学 [EB/OL] (2022-09-14) [2023-01-17] https: //mp. weixin. qq. com/s?_biz=MzI2MzA3NzQ3MQ==&mid=2652644844&idx=1&sn=add2c4b89e98c8ff0f0aeffd89308 ce6&chksm=fla9eedcc6de67ca7cb86caaf 490ea7aadd13c233bac33fee77e7910e1ab21def8c1a9cf5c0c&scene=27.

[29] 趣谈百态人生. 故宫太和殿你所不知道的信息 [EB/OL] (2020-04-09) [2023-01-17] https: /www.163. com/dy/article/F9QCBJSB05444SWK. html.

[30] 刘昭如,周健. 房屋建筑构成与构造 [M]. 上海:同济大学出版社, 2011.

[31] 王旭东,范桂芳. 建筑构造 [M]. 哈尔滨:哈尔滨工业大学出版社, 2014.

[32] 杨慧,高晓燕. 基础工程 [M]. 北京:北京理工大学出版社, 2019.

[33] 焦欣欣,高琨,肖霞. 建筑识图与构造 [M]. 北京:北京理工大学出版社, 2018.

[34] 颜志敏,房屋建筑学 [M]. 2 版. 哈尔滨:哈尔滨工业大学出版社, 2017.

[35] 杨维菊. 建筑构造设计(上册)[M]. 2 版. 北京:中国建筑工业出版社, 2016.

[36] 杨维菊. 建筑构造设计(下册)[M]. 2 版. 北京:中国建筑工业出版社, 2019.

[37] 樊振和. 建筑构造原理与设计 [M]. 4 版. 天津:天津大学出版社, 2004.

[38] 王雪松,许景峰. 房屋建筑学 [M]. 3 版. 重庆:重庆大学出版社, 2018.